"十二五"职业教育国家规划教材

普通高等教育"十一五"国家级规划教材

数控技术及应用

第4版

主　编　郑晓峰
副主编　张光跃　沈则亮
参　编　王文浩　张　涛
主　审　周树锦

机械工业出版社

本书是"十二五"职业教育国家规划教材，经全国职业教育教材审定委员会审定。

本书详细介绍了数控技术的基础知识、数控机床的编程技术、典型计算机数控系统的硬件组成及连接方式、典型伺服系统的组成及应用、常用位置检测装置的工作原理及用途、数控机床的典型机械结构、数控系统中的 PLC 控制、典型数控设备及实例。本书力求体现高等职业教育的特色，体现现代数控技术最新发展的前沿知识，突出实用性和可操作性。本书以培养学生能力为主线，以较大篇幅介绍了与数控技术相关的应用实例，内容浅显、易懂、实用，具有很强的针对性。

本书配有电子课件，凡使用本书作为教材的教师可登录机械工业出版社教育服务网（http://www.cmpedu.com）注册后免费下载。咨询电话：010-88379375。

本书可作为高职院校数控技术、机电一体化技术、机械制造及自动化等相关专业的教材，同时可供有关专业技术人员参考。

图书在版编目（CIP）数据

数控技术及应用／郑晓峰主编. -- 4版. -- 北京：机械工业出版社，2025.1. --（"十二五"职业教育国家规划教材）（普通高等教育"十一五"国家级规划教材）. -- ISBN 978-7-111-77153-1

Ⅰ. TG659

中国国家版本馆 CIP 数据核字第 2024HH6578 号

机械工业出版社（北京市百万庄大街22号　邮政编码100037）
策划编辑：王英杰　　　　责任编辑：王英杰
责任校对：李　杉　张昕妍　　封面设计：王　旭
责任印制：张　博
北京建宏印刷有限公司印刷
2025年2月第4版第1次印刷
184mm×260mm・16.25 印张・402 千字
标准书号：ISBN 978-7-111-77153-1
定价：49.00元

电话服务　　　　　　　　　网络服务
客服电话：010-88361066　　机　工　官　网：www.cmpbook.com
　　　　　010-88379833　　机　工　官　博：weibo.com/cmp1952
　　　　　010-68326294　　金　书　网：www.golden-book.com
封底无防伪标均为盗版　　机工教育服务网：www.cmpedu.com

前言

本书是"十二五"职业教育国家规划教材,经全国职业教育教材审定委员会审定。"数控技术及应用"是数控技术、机电一体化技术、机械制造及自动化等专业主干课程之一。

本书是编者结合多年的实践经验和教学经验以及数控技术发展的最新成果,按照数控技术、机电一体化技术、机械制造及自动化等专业的教改思想编写而成的,力求取材科学、新颖。本书包括大量实例,以培养学生分析问题、解决问题以及动手能力为主线,从而达到理论够用、通俗易懂、实用性强的目的。

本书共分八章,第一章为数控技术概述,第二章为数控机床的程序编制,第三章为计算机数控系统,第四章为伺服系统,第五章为位置检测装置,第六章为数控机床的机械结构,第七章为数控系统中的 PLC 控制,第八章为典型数控设备。通过讲练结合、工学结合的教学模式,学生可对数控技术及应用有更进一步的理解和掌握。

本书由安徽机电职业技术学院郑晓峰担任主编,并编写了第一章、第三章、第四章的第一节~第四节;重庆工业职业技术学院张光跃担任副主编,并编写了第五章;安徽机电职业技术学院沈则亮担任副主编,并编写了第二章和第六章的第一节~第三节;安徽机电职业技术学院张涛编写了第四章的第五节,第六章的第四节、第五节,第七章和附录;安徽机电职业技术学院王文浩编写了第八章。

在本书编写过程中,安徽双鑫红旗重型机床有限公司马文慧高级工程师等给予了大力支持,并提出了宝贵的修改意见,在此,谨向他们表示诚挚的感谢!

本书由广东机电职业技术学院周树锦担任主审。

本书在编写过程中参阅了国内外同行的教材、资料及其他文献,在此对相关作者谨致谢意。

由于编者水平有限,经验不足,书中难免存在错误与不当之处,恳请读者给予批评指正。

编 者

二维码清单

名称	图形	名称	图形
1-1 数控机床的工作过程		1-8 按加工工艺分类的数控机床	
1-2 数控系统的组成		1-9 智能制造生产线单元	
1-3 数控机床的组成及工作原理		2-1 程序编制内容和过程	
1-4 按运动方式分类的数控机床		3-1 逐点比较法	
1-5 开环控制数控系统		3-2 SIEMENS 828D 硬件	
1-6 半闭环控制数控系统		4-1 伺服系统的介绍	
1-7 闭环控制数控系统		5-1 光栅尺的工作原理	

（续）

名称	图形	名称	图形
6-1 数控机床主传动概念		6-6 认识滚珠丝杠副	
6-2 数控主轴系统要求		6-7 滚珠丝杠副结构类型	
6-3 主轴传动方式—齿轮传动		6-8 滚珠丝杠副间隙消除方法	
6-4 主轴传动方式—带传动		7-1 FANUC I/O 装置	
6-5 主轴传动方式—调速电动机传动		7-2 PLC 控制系统的组成	

目录

前言
二维码清单
第一章 数控技术概述 ················ 1
第一节 数控技术的基本概念 ·········· 1
第二节 数控机床的组成及作用 ········ 2
第三节 数控系统的分类 ·············· 5
第四节 数控技术的发展趋势 ·········· 9
习题 ······························ 14

第二章 数控机床的程序编制 ········ 15
第一节 程序编制的基础知识 ········ 15
第二节 数控机床的坐标系统 ········ 20
第三节 数控加工程序编制 ·········· 22
第四节 数控自动编程应用简介 ······ 36
习题 ······························ 46

第三章 计算机数控系统 ············ 47
第一节 CNC 系统的硬件结构 ······ 47
第二节 CNC 系统的软件结构 ······ 58
第三节 CNC 系统的插补原理 ······ 65
第四节 CNC 系统的刀具补偿原理 ·· 75
第五节 典型计算机数控系统实例 ···· 78
习题 ······························ 88

第四章 伺服系统 ···················· 90
第一节 概述 ······················ 90
第二节 步进电动机及驱动电路 ······ 92
第三节 交流电动机伺服系统 ······ 101
第四节 直流伺服电动机 ·········· 110
第五节 主轴电动机及驱动装置 ···· 113
习题 ···························· 120

第五章 位置检测装置 ·············· 121
第一节 概述 ···················· 121
第二节 光电编码器 ·············· 123
第三节 光栅 ···················· 128
第四节 感应同步器 ·············· 135
第五节 旋转变压器 ·············· 139
第六节 磁栅 ···················· 142
习题 ···························· 145

第六章 数控机床的机械结构 ······ 146
第一节 主传动结构 ·············· 146
第二节 进给传动结构 ············ 153
第三节 滚珠丝杠副 ·············· 156
第四节 导轨副 ·················· 160
第五节 自动换刀装置及回转工作台 · 162
习题 ···························· 170

第七章 数控系统中的 PLC 控制 ···· 171
第一节 概述 ···················· 171
第二节 数控系统中的 PLC 概述 ···· 172
第三节 数控系统中 PLC 的信息交换 · 178
第四节 数控系统中的 PLC 控制
　　　 功能实现 ················ 180
习题 ···························· 199

第八章 典型数控设备 ·············· 200
第一节 数控车床 ················ 200
第二节 数控铣床 ················ 211
第三节 加工中心 ················ 215
第四节 其他典型数控机床 ········ 224
习题 ···························· 234

附录 FANUC 0i-D 报警表 ········ 235

参考文献 ·························· 254

第一章

数控技术概述

本章着重介绍数控技术的基本概念、数控机床的组成及作用、数控系统的分类、数控技术的最新发展趋势。通过学习掌握数控技术的基本概念,读者会对数控系统的组成及各部分的作用有一个较完整的认识,并掌握点位、直线和轮廓控制系统以及开环、半闭环和闭环控制系统的组成与特点。

通过数控技术基础知识学习,树立学生爱党爱国信念,具备专业使命感和社会责任感,培养学生绿色环保、健康和安全意识,树立制造强国的远大理想。

第一节 数控技术的基本概念

数控技术是指利用数字或数字化信号构成的程序对控制对象的工作过程实现自动控制的一门技术,简称数控(Numerical Control,NC)。数控系统(Numerical Control System,NCS)是指利用数控技术实现自动控制的系统。

数控设备则是采用数控系统进行控制的机械设备,其操作命令用数字或数字化信息的形式来描述,工作过程则是按照规定格式的指令程序自动进行的。装备了数控系统的机床称为数控机床。数控机床是数控设备的典型代表,其他数控设备还有数控雕刻机、数控火焰切割机、数控测量机、数控绘图机、数控插件机、电脑绣花机、工业机器人等。

数控技术综合运用了机械制造技术、信息处理技术、加工技术、传输技术、自动控制技术、伺服驱动技术、传感器技术和软件技术等方面的最新成果,具有动作顺序自动控制,位移和相对位置坐标自动控制,以及速度、转速和各种辅助功能自动控制等功能。

数控技术具有以下特点:

1. 生产率高

运用数控设备对零件进行加工,工序安排相对集中,而且所用辅助装置(如工装、夹具等)比较简单,这样既减少了生产准备时间,又大大缩短了产品的生产周期,并且在加工过程中减少了测量检验时间,有效地提高了生产率。

2. 加工精度高

由于采用了数字控制方式,同时在电子元器件、机械结构上采用了很多提高精度的措施,使数控设备能达到较高的加工精度。另外,由于实现加工过程自动控制,消除了各种人为误差,提高了同批产品加工质量的一致性。近年来,普通级数控机床的加工精度已由

10μm 提高到 5μm，精密级加工中心的加工精度则从 3~5μm 提高到 1~1.5μm，超精密加工精度已达到纳米级（0.01μm）。

3. 柔性和通用性强

数控设备特别适合于单件、小批量、轮廓复杂的零件加工。若被加工产品发生变化，只要改变相应的控制程序即可实现加工。另外，数控软件的不断升级、硬件电路的模块化、接口电路的标准化，可以满足不同层次用户的需求，系统具有很强的柔性和通用性。

4. 可靠性高

对于数控系统，用软件替代一定的硬件后，使系统中所需的元件数量减少，硬件故障率大大降低。日本 FANUC 公司数控系统的平均无故障时间（MTBF 值）已达 100000h，伺服系统的 MTBF 值达到 30000h 以上，表现出非常高的可靠性。

5. 易于实现多功能复杂程序控制

由于计算机具有丰富的指令系统，能进行复杂的运算处理，故而可实现多功能、复杂程序控制。

6. 具有较强的网络通信功能

随着数控技术的发展，可实现不同或相同类型数控设备的集中控制，CNC 系统必须具有较强的网络通信功能，便于实现 DNC、FMS、CIMS 等。

7. 具有自诊断功能

较先进的 CNC 系统自身配备故障诊断程序，具有自诊断功能，能及时发现故障，便于设备功能修复，生产率大大提高。

第二节 数控机床的组成及作用

数控机床一般由输入/输出装置、数控装置、伺服驱动装置、辅助控制装置和机床的机械部件五部分组成，有些数控机床还配有位置检测装置，如图 1-1 所示。

1. 输入/输出装置

在加工过程中，操作人员要向机床数控装置输入操作命令，数控装置要为操作人员显示必要的信息，如坐标值、报警信号等。此外，输入的程序并非全部正确，有时需要编辑、修改和调试。以上工作都是机床数控系统和操作人员进行信息交流的过程，而要进行信息交流，数控机床中必须具备必要的交互设备，即输入/输出装置。

键盘和显示器是数控系统不可缺少的人机交互设备，操作人员可通过键盘和显示器输入程序、编辑修改程序和发送操作命令，即进行手动数据输入（Manual Data Input，MDI），因而键盘是 MDI 最主要的输入设备。数控系统通过显示器为操作人员提供必要的信息，根据系统所处的状态和操作命令的不同，显示的信息可以是正在编辑的程序，或是机床的加工信息。较简单的显示器只有若干个数码管，显示的信息也很有限；较高级的系统一般配有 CRT 显示器或点阵式液晶显示器，显示的信息内容较丰富。其中，低档的显示器或液晶显示器只能显示字符，中高档的显示器能显示图形。

数控加工程序编制好后，一般存放在便于输入到数控装置的一种控制介质上。通常采用 U 盘、CF 卡等通用存储设备，存储密度大，存取速度快，存取方便，应用比较广泛。

第一章 数控技术概述

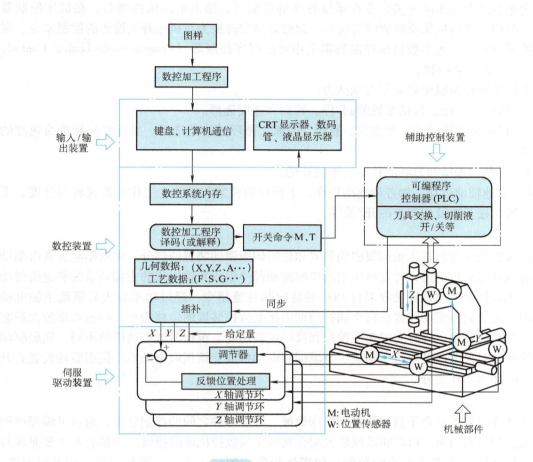

图 1-1 数控机床的组成

随着 CAD、CAM、CIMS 技术的发展，数控机床程序输入的方法除了这些通用存储介质外，还可以用串行通信以及网络传输等方式输入。

2. 数控装置

数控装置是数控系统的核心，其主要功能是将输入装置传送的数控加工程序，经数控系统软件进行译码、插补运算和速度预处理，产生位置和速度指令以及辅助控制功能信息等。系统进行数控加工程序译码时，将其区分成几何数据、工艺数据和开关功能。几何数据是刀具相对于工件运动路径的数据，利用这些数据可加工出要求的工件几何形状；工艺数据是主轴功能 S 和进给功能 F 等的数据；开关功能是对机床电器的开关命令，如主轴起/停、刀具选择和交换、切削液的开/关、润滑的起/停等。

数控装置的插补器根据曲线段已知的几何数据以及相应工艺数据中的速度信息，计算出曲线段起点、终点之间的一系列中间点，分别向机床各个坐标轴发出速度和位移信号，通过各个轴运动的合成，形成符合数控加工程序要求的工件轮廓的刀具运动轨迹。

1-1 数控机床的工作过程

1-2 数控系统的组成

1-3 数控机床的组成及工作原理

由数控装置发出的开关命令在系统程序的控制下，输出给机床控制器，在机床控制器中，开关命令和由机床反馈的回答信号一起被处理和转换为对机床开关设备的控制命令。现代数控系统中，绝大多数机床控制器都采用可编程序控制器（Programmable Logical Control，PLC）来实现开关控制。

数控装置控制机床的动作可概括为：

1) 机床主运动，包括主轴的起/停、转向和速度选择。

2) 机床的进给运动，如点位、直线、圆弧、循环进给的选择，坐标方向和进给速度的选择等。

3) 刀具的选择和刀具的长度、半径补偿。

4) 其他辅助运动，如各种辅助操作、工作台的锁紧和松开、工作台的旋转与分度、工件的夹紧与松开以及切削液的开/关等。

3. 伺服驱动装置

伺服驱动装置包括主轴伺服驱动装置和进给伺服驱动装置两部分。伺服驱动装置由驱动电路和伺服电动机组成，并与机床上的机械传动部件组成数控机床的主传动系统和进给传动系统。主轴伺服驱动装置接收来自 PLC 的转向和转速指令，经过功率放大后驱动主轴电动机转动。进给伺服驱动装置在每个插补周期内接受数控装置的位移指令，经过功率放大后驱动进给电动机转动，同时完成速度控制和反馈控制功能。根据所选电动机的不同，伺服驱动装置的控制对象可以是步进电动机、直流伺服电动机或交流伺服电动机。伺服驱动装置有开环、半闭环和闭环之分。

4. 辅助控制装置

辅助控制装置是介于数控装置和机床机械、液压部件之间的控制装置，通过可编程序控制器来实现装置功能。PLC 和数控装置配合共同完成数控机床的控制。数控装置主要完成与数字运算和程序管理等有关的功能，如零件程序的编辑、译码、插补运算、位置控制等。PLC 主要完成与逻辑运算有关的动作，如零件加工程序中的 M 代码、S 代码、T 代码等顺序动作信息，译码后转换成对应的控制信号，控制辅助装置完成机床的相应开关动作，如工件的装夹、刀具的更换、切削液的开/关等一些辅助功能；它接受来自机床操作面板和数控装置的指令，一方面通过接口电路直接控制机床的动作，另一方面通过伺服驱动装置控制主轴电动机的转动。

5. 位置检测装置

位置检测装置与伺服驱动装置配套组成半闭环或闭环伺服驱动系统。位置检测装置通过直接或间接测量将执行部件的实际进给位移量检测出来，反馈到数控装置并与指令（理论）位移量进行比较，将其误差转换放大后控制执行部件的进给运动，以提高机床加工精度。

6. 机床的机械部件

数控机床的机械部件包括主运动部件、进给运动部件（如机床工作台、滑板及其传动部件）和床身立柱等支承部件，此外，还有转位、夹紧、润滑、冷却、排屑等辅助装置。对于加工中心类的数控机床，还有存放刀具的刀库、交换工作台、机械手或机器人等部件。数控机床机械部件的组成与普通机床相似，但传动结构要求更为简单，在精度、刚度、摩擦、抗振性等方面要求更高，而且传动和变速系统要便于实现自动化。

第三节　数控系统的分类

数控系统的品种规格繁多，它是由输入/输出装置、数控装置、辅助控制装置、伺服驱动装置等组成，其中数控装置是核心。无论哪种数控系统，虽然各自的控制对象可能各不相同，但其控制原理基本相同。数控系统有以下几种不同的分类方法。

一、按运动轨迹分类

根据运动轨迹的不同，数控系统可分为点位控制、直线控制和轮廓控制数控系统。

1. 点位控制数控系统

点位控制数控系统仅控制机床运动部件从一点准确地移动到另一点，在移动过程中不进行加工，对运动部件的移动速度和运动轨迹没有严格要求，运动部件可先沿机床一个坐标轴移动完毕，再沿另一个坐标轴移动。为了提高加工效率，保证定位精度，系统常要求运动部件沿机床坐标轴快速移动接近目标点，再以低速趋近并准确定位。采用这类数控系统的机床有数控钻床（见图1-2）、数控镗床、数控冲床、数控测量机等。

1-4 按运动方式分类的数控机床

2. 直线控制数控系统

直线控制数控系统除了控制机床运动部件从一点到另一点的准确定位外，还要控制两相关点之间的移动速度和运动轨迹。在移动的过程中，刀具只能以指定的进给速度切削，其运动轨迹平行于机床坐标轴，一般只能加工刀具运动轨迹为矩形、台阶形的零件。采用这类数控系统的机床有数控车床（见图1-3）、数控铣床等。

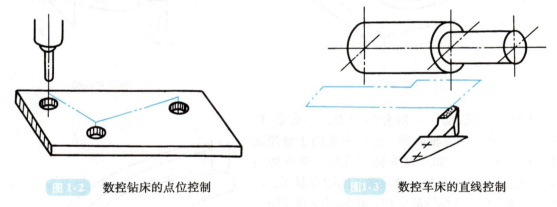

图1-2　数控钻床的点位控制　　　图1-3　数控车床的直线控制

3. 轮廓控制数控系统

轮廓控制数控系统也称为连续控制数控系统，它能够对两个以上机床坐标轴的移动速度和运动轨迹同时进行连续相关的控制。这类数控系统要求数控装置具有插补运算功能，并根据插补结果向坐标轴控制器分配脉冲，从而控制各坐标轴联动，进行各种斜线、圆弧、曲线的轮廓加工，实现连续控制。采用这类数控系统的机床有数控车床、数控铣床、数控线切割机床（见图1-4）、加工中心等。

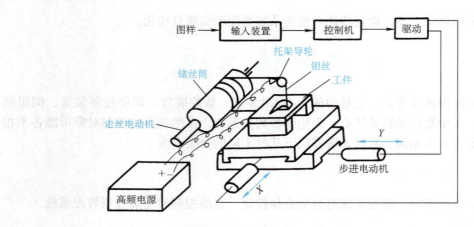

图 1-4　数控线切割机床加工示意图

轮廓控制数控系统按照所控制的联动轴数不同，可以分为下面几种主要形式：

（1）两轴联动　主要用于数控车床加工曲线旋转面或数控铣床加工曲线柱面，如图1-5所示。

（2）两轴半联动　主要用于控制三轴以上的机床，其中两个轴互为联动，而另一个轴做周期进给，如在数控铣床上用球头铣刀采用行切法加工三维空间曲面，如图1-6所示。

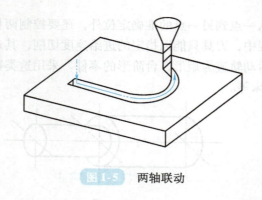

图 1-5　两轴联动

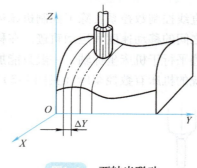

图 1-6　两轴半联动

（3）三轴联动　一般分为两类，一类是X、Y、Z三个直线坐标轴联动，比较多地用于数控铣床、加工中心等，如用球头铣刀铣切三维空间曲面，如图1-7所示；另一类是除了同时控制X、Y、Z其中两个直线坐标轴联动外，还同时控制围绕其中某一直线坐标轴旋转的旋转坐标轴，如车削加工中心除了纵向（Z轴）、横向（X轴）两个直线坐标轴联动外，还需同时控制围绕Z轴旋转的主轴（C轴）联动。

（4）四轴联动　即同时控制X、Y、Z三个直线坐标轴与某一旋转坐标轴联动。例如，图1-8所

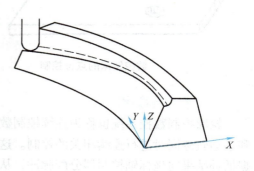

图 1-7　三轴联动

示为同时控制 X、Y、Z 三个直线坐标轴与一个工作台回转轴联动的数控机床。

（5）五轴联动 除了同时控制 X、Y、Z 三个直线坐标轴联动外，还同时控制围绕这些直线坐标轴旋转的 A、B、C 坐标轴中的两个，即同时控制五个轴联动。这时刀具可以被定在空间的任意方向，如图 1-9 所示。例如，控制切削刀具同时绕着 X 轴和 Y 轴两个方向摆动，使得刀具在其切削点上始终保持与被加工的轮廓曲面成法线方向，以保证被加工曲面的圆滑性，提高其加工精度和减小表面粗糙度值等。

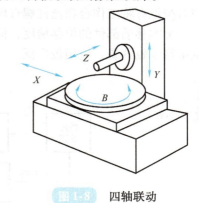

图 1-8　四轴联动

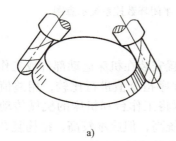
a)

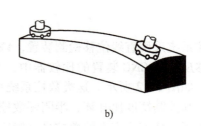
b)

图 1-9　五轴联动

二、按伺服系统分类

按照伺服系统的控制方式，数控系统可分为开环数控系统、半闭环数控系统和闭环数控系统。

1. 开环数控系统

开环数控系统没有任何检测反馈装置，CNC 装置发出的指令信号经驱动电路进行功率放大后，通过步进电动机带动机床工作台移动，信号的传输是单方向的，如图 1-10 所示。机床工作台的位移量、速度和运动方向取决于进给脉冲的个数、频率和通电方式，因此，这类数控系统结构简单，价格低廉，便于维护，控制方便，应用较广泛。

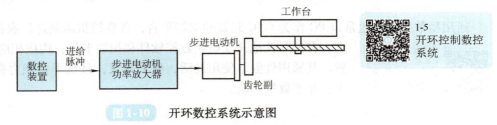

1-5 开环控制数控系统

图 1-10　开环数控系统示意图

2. 半闭环数控系统

半闭环数控系统采用角位移检测装置，该装置直接安装在伺服电动机轴或滚珠丝杠端部，用来检测伺服电动机或丝杠的转角，推算出工作台的实际位移量，反馈到 CNC 装置的比较器中，与程序指令值进行比较，用差值进行控制，直到差值为零，如图1-11所示。半闭环数控系统没有将工作台和丝杠螺母副的误差包括在内，因此，由这些装置造成的误差无法消除，会影响移动部件的位移精度，但其控制精度比开环数控系统高，成本较低，稳定性好，测试维修也较容易，应用较广泛。

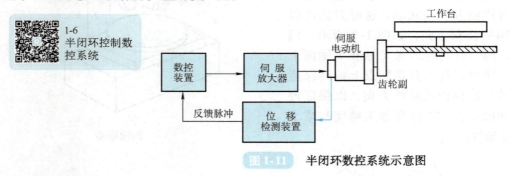

1-6 半闭环控制数控系统

图1-11 半闭环数控系统示意图

3. 闭环数控系统

闭环数控系统采用直线位移检测装置，该装置安装在机床运动部件或工作台上，将检测到的实际位移反馈到CNC装置的比较器中，与程序指令值进行比较，用差值进行控制，直到差值为零，如图1-12所示。这类数控系统可以将工作台和机床的机械传动链造成的误差消除，因此，其控制精度比开环、半闭环数控系统高，但成本较高，结构复杂，调试、维修较困难，主要用于精度要求高的数控坐标镗床、数控精密磨床等。

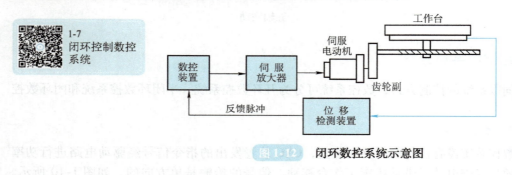

1-7 闭环控制数控系统

图1-12 闭环数控系统示意图

三、按制造方式分类

1. 通用型数控系统

通用型数控系统通常以PC作为CNC装置的支持平台，各数控机床制造厂家根据用户需求，有针对性地开发研制数控软件和控制卡等，构成相应的CNC装置。其通用性强，使用灵活，便于升级，且抗干扰能力强，如华中Ⅰ、Ⅱ型数控系统。

1-8 按加工工艺分类的数控机床

2. 专用型数控系统

专用型数控系统技术成熟，是由各制造厂家专门研制、开发制造的，专用性强，结构合理，硬件通用性差，但其控制功能齐全，稳定性好，如德国SIEMENS系统、日本FANUC系统等。

第四节　数控技术的发展趋势

20世纪40年代末，美国帕森斯公司（Parsons Co.）和麻省理工学院（MIT）合作，于1952年研制出第一台三坐标直线插补连续控制的立式数控铣床，图1-13所示为世界上第一台数控机床。从第一台数控铣床问世至今几十年中，随着微电子技术的不断发展，特别是计算机技术的发展，数控系统的发展已经历了五代，即：

第一代数控系统：1952~1959年，采用电子管、继电器元件；

第二代数控系统：1959年开始，采用晶体管元件；

第三代数控系统：1965年开始，采用集成电路；

第四代数控系统：1970年开始，采用大规模集成电路及小型计算机；

第五代数控系统：1974年开始，采用微型计算机。

图1-13　世界上第一台数控铣床

智能制造已成为制造技术发展的主攻方向。我国2025年要全面推进新型工业化和美国工业互联网计划等都从国家的战略角度明确了智能制造的核心地位，并且相互间技术的交流与标准融合不断加深。特别是我国从制造大国向制造强国的转型更加迫切，着力发展智能装备和智能产品，推进生产过程智能化，成为实现新型工业化目标的关键，其中制造业的十大重点领域就包括高档数控机床和机器人，面向智能制造的数控技术成为需要优先解决的重要课题。

在工业互联网、区块链等新技术的背景下，数控行业未来发展与竞争出现了新的变化，更多的竞争将会聚焦在如何利用互联网的优势，让数控系统的计算能力获得无限扩展，合理打造与之相适应的功能成为未来的重要趋势。

一、数控系统的最新发展趋势

目前，数控机床及系统的发展日新月异，作为智能制造领域的重要装备，除了实现数控机床的智能化、网络化、柔性化外，高速化、高精度化、复合化、开放化、并联驱动化、绿色化等，也已成为高档数控机床未来重点发展的技术方向。图1-14所示为海德汉DMG iTNC 530系统。

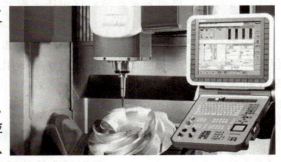

图1-14　海德汉 DMG iTNC 530 系统

1. 高速化

随着汽车、国防、航空、航天等工业领域的高速发展以及铝合金等新材料的应用,对数控机床加工的高速化要求越来越高。

2. 新型功能部件应用

为了提高数控机床各方面的性能,具有高精度和高可靠性的新型功能部件的应用成为必然。具有代表性的新型功能部件是直线电动机。

近年来,直线电动机的应用日益广泛,如:西门子公司生产的1FN1系列三相交流永磁式同步直线电动机已开始广泛应用于高速铣床、加工中心、磨床、并联机床以及动态性能和运动精度要求高的机床等;德国EX-CELL-O公司的XHC卧式加工中心三向驱动均采用两个直线电动机。

3. 高可靠性

五轴联动数控机床能够加工复杂的曲面,并能够保证平均无故障时间在20000h以上,在其内部具有多种的报警措施能够使操作者及时处理问题,还拥有超级安全的防护措施。机床的高可靠性不仅能使其在生产时保证操作者的人身安全,更能节约企业原材料和人工,这是对社会资源的一种节约。在发达国家,设备平均的无故障时间在30000h以上,我们与其还存在一定差距,因此,我国数控机床企业既要借鉴国外技术,还要更加仔细地研究出更加完美的高档数控机床。

4. 高精度

高档数控机床之所以能够反映一个国家的制造业水准,正是因为其高精度特点。随着CAM(计算机辅助制造)系统的发展,高档数控机床除了具有高速化、高效化的特点外,最重要的是加工精度由丝级精度进化为微米级精度,其特有的往复运动单元能够极其细致地加工凹槽处理;采用光、电化学等能源的特种加工,精度可达到纳米级;在进行结构的改进和优化后的五轴联动数控机床,其加工精度进入亚微米甚至是纳米的超精时代。

5. 复合化

随着市场的需求不断变换,制造业的竞争日趋激烈,对机床的要求会更高,更个性化,不只进行单件的大批量生产,更要能够完成小批量多品种的生产。开发出复合程度更高的复合机床,生产类型更加多样,这是对高档数控机床的一种新要求,在未来的发展中,也必定占据主导地位,这将会是新型数控机床所要完成的新任务。

6. 加工过程绿色化

随着日趋严格的环境与资源约束,制造加工的绿色化越来越重要,而我国对节约资源、保护环境的要求越来越高。因此,近年来不用或少用冷却液、实现干切削、半干切削的节能环保机床不断出现,并在不断发展中。在21世纪,绿色制造的大趋势将使各种节能环保机床加速发展,占领更多的世界市场。

1-9
智能制造生产
线单元

二、智能制造概述

智能制造是基于新一代信息通信技术与先进制造技术深度融合,贯穿于设计、生产、管理、服务等制造活动的各个环节,具有自感知、自学习、自决策、自执行、自适应等功能的新型生产方式。《"十四五"智能制造发展规划》提出,推进智能制造，要立足制造本质，紧扣智能特征，以工艺、装备为核心，以数据为基础，依托制造单元、车间、工厂、供应链等载体，构建虚实融合、知识驱动、动态优化、安全高效、绿色低碳的智能制造系统，推动制造业实现数字化转型、网络化协同、智能化变革。到2025年，规模以上制造业企业大部分实现数字化网络化，重点行业骨干企业初步应用智能化；到2035年，规模以上制造业企业全面普及数字化网络化，重点行业骨干企业基本实现智能化。

智能制造作为广义的概念包含了五个方面：产品智能化、装备智能化、生产智能化、管理智能化和服务智能化。

1. 产品智能化

产品智能化是把传感器、处理器、存储器、通信模块、传输系统融入各种产品，使得产品具备动态存储、感知和通信能力，实现产品可追溯、可识别、可定位。计算机、智能手机、智能电视、智能机器人、智能穿戴都是物联网的"原住民"，这些产品从生产出来就是网络终端。而传统的空调、冰箱、汽车、机床等都是物联网的"移民"，未来这些产品都需要连接到网络世界。预计2025年我国物联网连接数近200亿个，万物唤醒、海量连接将推动各行各业走上智能道路。

2. 装备智能化

通过先进制造、信息处理、人工智能等技术的集成和融合，可以形成具有感知、分析、推理、决策、执行、自主学习及维护等自组织、自适应功能的智能生产系统以及网络化、协同化的生产设施，这些都属于智能装备。在工业4.0时代，装备智能化的进程可以在两个维度上进行：单机智能化，以及单机设备的互联而形成的智能生产线、智能车间、智能工厂。需要强调的是，单纯的研发和生产端的改造不是智能制造的全部，基于渠道和消费者洞察的前段改造也是重要的一环。二者相互结合、相辅相成，才能完成端到端的全链条智能制造改造。

3. 生产智能化

个性化定制、极少量生产、服务型制造以及云制造等新业态、新模式，其本质是在重组客户、供应商、销售商以及企业内部组织的关系，重构生产体系中信息流、产品流、资金流的运行模式，重建新的产业价值链、生态系统和竞争格局。工业时代，产品价值由企业定义，企业生产什么产品，用户就买什么产品，企业定价多少钱，用户就花多少钱——主动权完全掌握在企业手中。而智能制造能够实现个性化定制，不仅避免了中间环节，还加快了商业流动，产品价值不再有企业定义，而是由用户来定义——只有用户认可的，用户参与的，用户愿意分享的，用户不说是劣质产品，才具有市场价值。

4. 管理智能化

随着纵向集成、横向集成和端到端集成的不断深入，企业数据的及时性、完整性、准确性不断提高，必然使管理更加准确、更加高效、更加科学。

5. 服务智能化

智能服务是智能制造的核心内容，越来越多的制造企业已经意识到了从生产型制造向生产服务型制造转型的重要性。今后，将会实现线上与线下并行的O2O服务，两股力量在服务智能方面相向而行，一股力量是传统制造业不断拓展服务，另一股力量是从消费互联网进入产业互联网，比如微信未来连接的不仅是人，还包括设备和设备、服务和服务、人和服务。个性化的研发设计、总集成、总承包等新服务产品的全生命周期管理，会伴随着生产方式的变革不断出现。

随着新一代信息技术和制造业的深度融合，我国智能制造发展取得明显成效，以高档数控机床、工业机器人、智能仪器仪表为代表的关键技术装备取得积极进展；智能制造装备和先进工艺在重点行业不断普及，离散型行业制造装备的数字化、网络化、智能化步伐加快，流程型行业过程控制和制造执行系统全面普及，关键工艺流程数控化率大大提高；在典型行业不断探索、逐步形成了一些可复制推广的智能制造新模式，为深入推进新型工业化初步奠定了一定的基础。

三、数字化工厂

数字化工厂是智能制造的基础和前提，它允许在企业层面对产品从设计、研发、制造、测试、使用、收回（报废）等全生命周期进行统一管控，在生产管理层面对计划、数据、客户需求以及人力、设备、物料等资源进行过程管理，在具体的操作、控制和设备现场层面对整个物理底层的运行状态进行监控和分析。

实现工厂的高度智能化、自动化、柔性化、定制化和集约化，使企业能够快速响应市场需求，实现价值最大化。图 1-15 所示为某数字化工厂实例。

1. 企业管理层

在企业管理层，主要是 ERP（Enterprise Resource Planning）、PLM（Product Lifecycle Management）系统，ERP 主要负责企业资源计划管理，是企业管理的核心应用。如今 ERP 的含义已在 MRPII 基础上被进一步扩

图 1-15　数字化工厂实例

大，用于企业的各类管理软件都被纳入 ERP 范畴，主要包括供应链管理、销售与市场、分销、客户服务、财务管理、制造管理、库存管理、人力资源、报表以及金融投资、质量管理、法规与标准等功能。

PLM 主要关注产品的全生命周期管理，是产品工程的核心应用。在产品全生命周期管理中，很重要的一个就是数字孪生模型（Digital Twin），它是对物理对象进行数字化建模，并呈现在虚拟空间中的一种技术手段，或者是一种产品制造模式。与产品相关的原材料、设计、工艺、生产计划、制造执行、生产线规划、测试、维护等均被建立模型，实现全流程数字化、可视化（三维）和闭环管理，并不断发现和规避问题，优化整个产品系统。

2. 生产管理层

在生产管理层，最主要的应用是 MES（Manufacturing Execution System）系统。MES 主要负责制造执行管理，是具体制造职能部门最核心的应用，也是连接企业管理层与生产现场的"数据交换机"。MES 能通过信息传递对从订单下达到产品完成的整个生产过程进行优化管理（MES 国际联合会对 MES 的定义）。MES 能够对工厂的实时事件及时做出反应与报告，并用当前的准确数据进行指导和处理。MES 会生成并分发生产计划，对现场的控制设备、

生产设备、检测设备和产量等各类数据进行统计分析，并于生产计划协调。

3. 操作控制层

操作控制层主要由监视控制层、基本控制层及现场层组成，这三层构成了自动化集成系统。自动化集成系统处在智能工厂的最底层，通过工业网络自下而上跨越设备现场、中间控制和操作三个层面。设备现场就是用于生产的各类硬件设备，包括机床、机械臂（机器人）、运送车辆、检测设备、环境控制设备等，这也是智能制造中"最能看得见"的一层。中间控制一般通过 PLC、工控软件等对设备进行管控。操作层面则是操作人员对整个物理层运行状态进行监控分析。现在的工厂中，设备与控制层往往被集成在一起，并没有明显的物理分割。

物理上分布于不同层次、不同类型的系统和设备通过网络连接在一起，并且信息/数据在不同层次、不同设备间的传输；设备和系统能够一致地解析所传输信息/数据的数据类型甚至了解其含义。数字化工厂要求通过不同层次网络集成和互操作，打破原有的业务流程与过程控制流程相脱节的局面，分布于各生产制造环节的系统不再是"信息孤岛"，数据/信息交换要求从底层现场层向上贯穿至执行层甚至计划层网络，使得工厂能够实时监视现场的生产状况与设备信息，并根据获取的信息来优化生产调度与资源配置。也要涉及协同制造单位（如上游零部件供应商、下游用户）的信息改变，这就需要用互联网实现企业与企业数据流动。按照图 1-16 的数字化工厂网络拓扑结构，工厂中可能的数据流如图 1-17 所示。

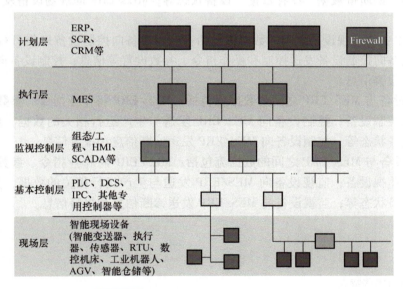

图 1-16　数字化工厂典型网络拓扑结构

1）现场设备与控制设备之间的数据流包括：交换输入、输出数据，如控制设备向现场设备传送的设定值（输出数据），以及现场设备向控制设备传送的测量值（输入数据）；控制设备读写访问现场设备的参数；现场设备向控制设备发送诊断信息和报警信息。

2）现场设备与监视设备之间的数据流包括：监视设备采集现场设备的输入数据；监视设备读写访问现场设备的参数；现场设备向监视设备发送诊断信息和报警信息。

3）现场设备与 MES/ERP 系统之间的数据流包括：现场设备向 MES/ERP 发送与生产运

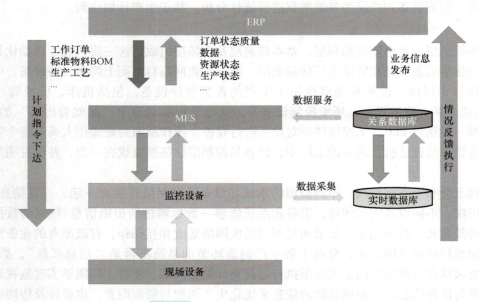

图1-17 数字化工厂典型数据流图

行相关的数据,如质量数据、库存数据、设备状态等;MES/ERP 向现场设备发送作业指令、参数配置等。

4)控制设备与监视设备之间的数据流包括:监视设备向控制设备采集可视化所需要的数据;监视设备向控制设备发送控制和操作指令、参数设置等信息;控制设备向监视设备发送诊断信息和报警信息。

5)控制设备与 MES/ERP 之间的数据流包括:MES/ERP 将作业指令、参数配置、处方数据等发送给控制设备;控制设备向 MES/ERP 发送与生产运行相关的数据,如质量数据、库存数据、设备状态等;控制设备向 MES/ERP 发送诊断信息和报警信息。

6)监视设备与 MES/ERP 之间的数据流包括:MES/ERP 将作业指令、参数配置、处方数据等发送给监视设备;监视设备向 MES/ERP 发送与生产运行相关的数据,如质量数据、库存数据、设备状态等;监视设备向 MES/ERP 发送诊断信息和报警信息。

习 题

1. 数控技术有哪些特点?
2. 数控机床由哪几部分组成?各部分有何作用?
3. 数控系统由哪几部分组成?各部分有何作用?
4. 点位、直线、轮廓控制的数控系统各有哪些特点?
5. 开环、半闭环、闭环数控系统有何区别与联系?
6. 简述数控技术的发展趋势。

第二章

数控机床的程序编制

本章重点介绍程序编制常用的 G 代码、M 代码功能和自动编程软件 Mastercam。通过学习，读者可掌握数控机床手工编程、自动编程的基本方法，编制简单零件的加工程序。

数控机床程序编制要求学生具备严谨细致、精益求精的职业精神，章节知识利于培养学生勇于创新、虚心好学的品质。

第一节　程序编制的基础知识

普通机床的加工是由操作人员根据工艺人员制订的工艺规程和零件图样进行手动操作的，而数控机床的动作由数控程序控制。程序编制方法一般分为两大类，即手工编程和自动编程。手工编程是熟悉一个数控机床控制系统最为有效的途径，适用于几何形状简单的工件。自动编程是利用数控语言或 CAD/CAM 软件进行的计算机辅助编程，适用于几何形状复杂的工件。与手工编程相比，自动编程的工作量少，编程时间短，准确性高，故应用越来越广泛。

一、数控编程的概念

在数控机床上加工零件时，程序员根据加工零件的图样和加工工艺，将零件加工的工艺过程及加工过程中需要的辅助动作，如换刀、冷却、夹紧、主轴正反转等，按照加工顺序和数控机床中规定的指令代码及程序格式编成加工程序单，再将程序单中的全部内容输入到机床数控装置中，自动控制数控机床完成工件的全部加工。这种根据零件图样和加工工艺编制加工指令，并将其输入数控装置的过程称为数控程序编制。

程序编制的一般内容和过程如图 2-1 所示。

1. 分析零件图样，确定加工工艺

根据零件图样，对零件的形状、尺寸、精度、表面质量、材料、毛坯种类、热处理和工艺方案等进行详细分析，制订加工工艺。在制订加工工艺时，应考虑充分发挥数控机床所有功能，做到加工路线短、进给和换刀次数少、加工安全可靠。同时，对毛坯的基准面和加工余量要有一定的要求，以便毛坯的装夹，使加工能顺利进行。

2. 刀具运动轨迹的计算

在编制程序前要进行运动轨迹中基点、圆弧线段的圆心等坐标值计算，这些坐标值是编制程序时需要输入的数据。所谓基点就是运动轨迹相邻几何要素间的交点。

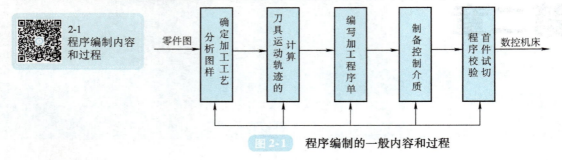

图2-1 程序编制的一般内容和过程

3. 编写加工程序单

根据计算出的运动轨迹坐标值和已确定的加工顺序、加工路线、切削参数以及辅助动作等，按照数控机床规定使用的功能代码及程序格式，逐段编写加工程序。

4. 制备控制介质

程序单只是程序设计的文字记录，还必须把编制好的程序内容记录在控制介质上，作为数控装置的输入信息。简单程序可以直接使用键盘输入数控装置，比较复杂的程序需记录在输入介质上，或通过通信方式输入数控装置。

5. 程序校验和首件试切

输入的程序必须进行校验，才可以使用或保存。校验的一般方法如下：

1）在不装夹工件情况下，起动数控机床进行空运行，观察运动轨迹是否正确；或者在数控铣床上用笔代替刀具，用坐标纸代替工件，进行空运行画图，检查运动轨迹。

2）在具有 CRT 屏幕图形显示功能的数控机床上，进行工件图形的模拟加工，检查工件图形的正确性，然后进行首件试切，进一步考察程序单或控制介质的正确性，并检查结果是否满足加工精度要求。

二、数控编程的字符与代码

字符（character）是一个关于信息交换的术语，其定义是：用来组织、控制或表示数据的一些符号，如数字、字母、标点符号、数学运算符等。字符是机器能进行存储或传送的记号，也是我们所要研究的加工程序的最小组成单位。常规加工程序用的字符分四类，第一类是字母，由大写 26 个英文字母组成；第二类是数字和小数点，由 0~9 共 10 个阿拉伯数字及一个小数点组成；第三类是符号，由正（+）号和负（-）号组成；第四类是功能字符，由程序开始（结束）符（如"%"）、程序段结束符（如";"）、跳过任选程序段符（如"/"）等组成。

代码由字符组成，数控机床功能代码的标准有 EIA（美国电子工业协会）制订的 EIA RS—244 和 ISO（国际标准化协会）制订的 ISO RS—840 两种标准。国际上大多采用 ISO 代码，现在我国规定新产品一律采用 ISO 代码。

三、准备功能 G 代码和辅助功能 M 代码

在数控加工程序中，用 G、M 代码来描述工艺过程的各种操作和运动特征。

1. 准备功能 G 代码

准备功能 G 代码用来指定刀具和工件的相对运动轨迹（即插补功能）、机床坐标系、坐标平面、刀具补偿、坐标偏置等多种加工操作。G 指令由地址符 G 及其后面的两位数字组成，共有 100 种 G 指令，见表 2-1。G 代码有模态与非模态两种，表 2-1 "模态" 一栏中，标有字母的表示对应的 G 代码为模态代码（又称续效代码），模态代码按功能分为若干组，标有相同字母的为同组；标有 "*" 的表示对应的 G 代码为非模态代码（又称非续效代码），其意义见表 2-2。

表 2-1　G 代码表

G 代码	模态	功　　能	G 代码	模态	功　　能
G00	a	点定位	G50	(d)	刀具偏置 0/−
G01	a	直线插补	G51	(d)	刀具偏置 +/0
G02	a	顺时针方向圆弧插补	G52	(d)	刀具偏置 −/0
G03	a	逆时针方向圆弧插补	G53	f	直线偏移注销
G04	*	暂停（延时）	G54	f	直线偏移 X
G05	#	不指定	G55	f	直线偏移 Y
G06	a	抛物线插补	G56	f	直线偏移 Z
G07	#	不指定	G57	f	直线偏移 XY
G08	*	加速	G58	f	直线偏移 XZ
G09	*	减速	G59	f	直线偏移 YZ
G10 ~ G16	#	不指定	G60	h	准确定位 1（精）
G17	c	XY 平面选择	G61	h	准确定位 2（中）
G18	c	XZ 平面选择	G62	h	快速定位（粗）
G19	c	YZ 平面选择	G63	*	攻螺纹
G20 ~ G32	#	不指定	G64 ~ G67	#	不指定
G33	a	螺纹切削，等螺距	G68	(d)	刀具偏置，内角
G34	a	螺纹切削，增螺距	G69	(d)	刀具偏置，外角
G35	a	螺纹切削，减螺距	G70 ~ G79	#	不指定
G36 ~ G39	#	永不指定	G80	e	固定循环注销
G40	d	半径补偿注销	G81 ~ G89	e	固定循环
G41	d	刀具左补偿	G90	j	绝对尺寸
G42	d	刀具右补偿	G91	j	增量尺寸
G43	# (d)	刀具正偏置	G92	*	预置寄存
G44	# (d)	刀具负偏置	G93	k	时间倒数，进给率
G45	# (d)	刀具偏置 +/+	G94	k	每分钟进给
G46	# (d)	刀具偏置 +/−	G95	k	主轴每转进给
G47	# (d)	刀具偏置 −/−	G96	i	恒线速度
G48	# (d)	刀具偏置 −/+	G97	i	每分钟转数
G49	# (d)	刀具偏置 0/+	G98 ~ G99	#	不指定

注：1. 标有 "#" 号的代码如作特殊用途，必须在程序格式说明中说明。
　　2. 如在直线切削控制中无刀具补偿，则 G43 ~ G52 可指定作其他用途。
　　3. 表中 "模态" 栏中 "(d)" 表示可以被同栏中标有 "d" 的指令注销或代替，也可被标有 "# (d)" 的指令注销或代替。
　　4. 表中 "不指定" 的指令，是指用作将来修订标准时，供指定新的功能用。"永不指定" 的指令是指即使将来修订标准，也不指定新的功能。

表 2-2 模态与非模态的意义

种 类	意 义
模态 G 代码	功能保持到被取消或被同样字母表示的程序指令所代替
非模态 G 代码	只在指定的程序段有效

2. 辅助功能 M 代码

辅助功能 M 代码是控制数控机床开、关功能的指令，主要用于完成加工操作时的辅助动作。M 指令由地址符 M 及其后面的两位数字组成，共有 100 种 M 指令，见表 2-3。

表 2-3 M 代码表

代码	模态	功 能	代码	模态	功 能
M00	*	程序暂停	M24		取消 M23 指令
M01	*	程序计划暂停	M30	*	程序结束
M02	*	程序结束	M40		主轴空档
M03		主轴正转	M41		主轴低速
M04		主轴反转	M42		主轴高速
M05		主轴停止	M60	*	更换工件
M06	*	换刀	M68		夹头紧
M08		切削液开	M69		夹头松
M09		切削液关	M70		接手伸出
M19		主轴准停	M71		接手退回、自动送料
M20		机器人工作起动	M98		调用子程序
M23		车削螺纹 45°	M99		子程序结束并返回主程序

（1）程序暂停指令（M00） M00 指令的功能和应用如下。

功能：使程序停在本段状态，不执行下段。在此以前的模态信息全部被保存下来，相当于单程序段停止。当按下控制面板上的循环启动键后，可继续执行下一程序段。

应用：该指令可用于自动加工过程中停机进行某些固定的手动操作，如手动变速、换刀等。

（2）程序计划暂停指令（M01） M01 指令的功能和应用如下。

功能：与 M00 相似。不同的是必须在控制面板上预先按下"任选停止"开关，当执行到 M01 时，程序即停止。若不按下"任选停止"开关，则 M01 不起作用，程序继续执行。

应用：该指令常用于关键尺寸的抽样检查或临时停机。

（3）程序结束指令（M30、M02） M30、M02 指令的功能和应用如下。

功能：M30 表示程序结束，机床停止运行，并且系统复位，程序返回到开始位置；M02 表示程序结束，机床停止运行，程序停在最后一句。

应用：M30 或 M02 应单独设置一个程序段。

（4）主轴正转、反转、停止指令（M03、M04、M05） M03、M04、M05 指令的功能和应用如下。

功能：M03、M04 指令可分别使主轴正转、反转，它们与同段程序其他指令一起开始执行。M05 指令使主轴停止，该程序段在其他指令执行完成后才执行。

（5）换刀指令（M06） M06 指令的功能和应用如下。

功能：自动换刀。

应用：用于具有自动换刀装置的机床，如加工中心、数控车床等。

四、数控程序的结构与程序段格式

1. 数控程序的结构

一个完整的数控加工程序由程序号、程序段和程序结束符三部分组成。加工程序的开头应设有程序号，以便进行程序检索。程序号就是给工件加工程序编一个号，说明该工件加工程序开始。常用字符"％"及其后2~4位十进制数表示，形式如"％××××"，有时也用字符"O"或"P"开头编号。多个程序段组成加工程序的全部内容，用以表达数控机床要完成的全部动作。程序结束符表示整个程序的结束，一般用"M02"表示。

2. 程序段格式

工件加工程序是由程序段组成的，每个程序段又由若干个数据字组成，每个字是控制系统的具体指令，由表示地址的英文字母、特殊文字和数字集合而成。

程序段格式是指一个程序段中字、字符、数据的安排形式，常用的"字－地址"程序段由语句号字、数据字和程序段结束符组成，各字的排列顺序要求不严格，数据的位数可多可少，不需要的字以及与上一程序段相同的续效字可以不写。这种格式具有程序简单、可读性强、易于检查的特点，其形式如下：

N＿＿G＿＿X＿＿Y＿＿Z＿＿…F＿＿S＿＿T＿＿M＿＿LF；

其中，N＿＿为程序地址字，用于指定程序段号，后跟2~4位数字。

G＿＿为准备功能字。

X＿＿Y＿＿Z＿＿及U＿＿V＿＿W＿＿或I＿＿J＿＿K＿＿等为坐标轴地址，后面的数字表示刀具在相应坐标轴上的移动距离或坐标值。

F＿＿为进给功能字，其后的数字表示进给速度，如F100表示进给速度为100mm/min。

S＿＿为主轴转速功能字，其后的数字表示主轴转速，如S1000表示主轴转速为1000r/min。需要特别指出的是，在经济型数控系统中，S表示转速号；个别有恒速度控制的系统中，S表示线速度值。

T＿＿为刀具功能字，T后面的数字有以下两种表示方法：

1）T□□，表示选择的刀号，如T08表示选择第08号刀。

2）T□□□□，表示刀号和刀具补偿号，其中前两位为刀号，后两位为刀补号，如T0304表示选03号刀，其刀补号为第04号，T0300表示03号刀补取消，即00表示取消刀补。

M＿＿为辅助功能指令。

LF为程序段结束符，ISO标准代码为"NL"或"LF"，EIA标准代码为"CR"。

3. 主程序和子程序

在一个零件的加工程序中，若有一定数量的连续程序段在几处完全相同地重复出现，可将这些重复的程序段按一定的格式做成子程序，并存入到子程序存储器中。程序中子程序以外的程序称为主程序，在执行主程序的过程中，可多次重复调用子程序加工零件上多个具有相同形状和尺寸的部位，从而简化编程工作，缩短程序长度。主程序与子程序的关系如

图 2-2 所示。

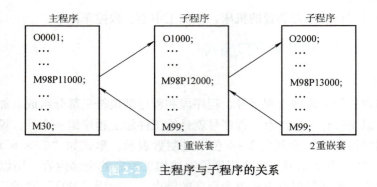

图 2-2　主程序与子程序的关系

第二节　数控机床的坐标系统

一、数控机床的坐标系与运动方向

数控机床有不同的运动形式，统一规定数控机床坐标轴名称及其运动的正负方向，是为了使所编程序对同类型机床有通用性，同时也使程序编制更简便。国际标准化组织已经统一了标准的坐标系，我国国家标准 GB/T 19660—2005《工业自动化系统与集成　机床数值控制　坐标系和运动命名》中采取的坐标轴和运动方向命名规则与国际标准等效。

1. 刀具相对于静止工件运动的原则

假定刀具相对于静止工件运动，这一原则使编程人员能够在不知道是刀具运动还是工件运动的情况下，依据零件图样即可进行数控加工程序的编制，无须考虑数控机床各部件的具体运动方向。

2. 标准（机床）坐标系的规定

标准的机床坐标系采用右手笛卡儿坐标系，如图 2-3 所示，规定了 X、Y、Z 三个直角坐标轴的方向，各个坐标轴与机床的主要导轨平行。根据右手螺旋法则，我们可以很方便地确定出 A、B、C 三个旋转坐标轴的方向。

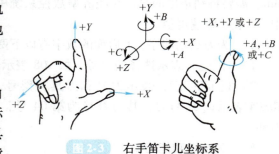

图 2-3　右手笛卡儿坐标系

3. 运动方向的确定

（1）Z 坐标的确定　Z 坐标方向的运动由传递切削力的主轴决定，与主轴轴线平行的标准坐标轴即为 Z 坐标，Z 坐标的正方向是刀具远离工件的方向，对于钻、镗加工，钻入或镗入工件的方向是 Z 坐标的负方向。

（2）X 坐标的确定　沿 X 坐标的运动一般是水平的，平行于工件的装夹平面。X 坐标是刀具或工件定位平面内运动的主要坐标，在有工件回转的机床上，如车床、磨床等，X 坐标方向在工件的径向上，且平行于横向滑座，以刀具离开工件回转中心的方向为正方向，如图 2-4 所示；在有刀具回转的机床上，如铣床，若 Z 坐标是水平的（主轴是卧式的），当由主要刀具主轴向工件看时，X 坐标的正方向指向右方；若 Z 坐标是垂直的（主轴是立式的），当由主要刀具主轴向立柱看时，X坐标的正方向指向右方，如图2-5所示。

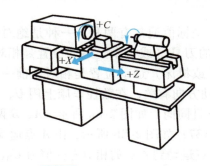

图2-4　数控车床坐标系

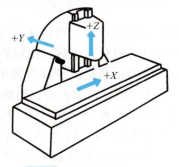

图2-5　数控铣床坐标系

（3）Y坐标的确定　根据X和Z坐标的运动，按照右手笛卡儿坐标系来确定。

（4）旋转运动坐标系　用A、B、C相应地表示绕其轴线平行于X、Y、Z坐标的旋转运动坐标，A、B、C坐标的正向为在相应X、Y、Z坐标正向上按照右手法则确定的环绕方向。

（5）辅助坐标系　与X、Y、Z坐标系平行的坐标系称为辅助坐标系，分别以U、V、W表示，如图2-6所示，如还有第二组运动，则分别以P、Q、R表示。

（6）工件的运动　为了体现机床的移动部件是工件而不是刀具，在图中往往以加"′"的字母来表示运动的正方向，即带"′"的字母表示工件的运动正向，不带"′"则表示刀具运动正向，二者所表示的运动方向正好相反。

二、机床坐标系与工件坐标系

机床原点是机床固有的点，以该点为原点与机床的主要坐标建立的直角坐标系，称为机床坐标系，它是制造机床时为确定各零部件相对位置而建立的。工件坐标系是指编程人员以零件图样上的某一点（工件原点或编程原点）为坐标原点建立的坐标系，编程时用来确定编程尺寸。当工件装夹在机床上后，工件原点与机床原点之间的距离称为工件原点偏置值，偏置值可以预存到数控装置中去，在加工时，工件原点偏置值可自动加到机床坐标系上，使数控系统按照机床坐标系确定加工时的坐标值。如图2-7所示，数控车床坐标系中，XOZ坐标系为机床坐标系，$X_1O_1Z_1$为工件坐标系，OO_1为工件原点偏置值。

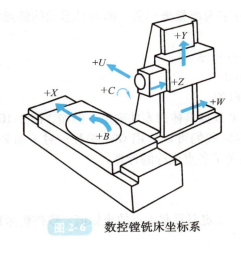

图2-6　数控镗铣床坐标系

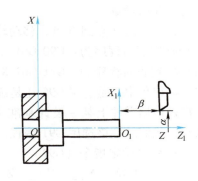

图2-7　机床坐标系与工件坐标系

三、绝对坐标系统与增量（相对）坐标系统

在编程时，表示刀具（或机床）运动位置的坐标值通常有两种，一种是绝对值坐标，另一种是增量值（相对）坐标。绝对值坐标表示的刀具（或机床）运动位置是相对于固定的坐标原点给出的；增量值坐标所表示的刀具（或机床）运动位置是相对于前一位置的，而不是相对于固定的坐标原点的。相对坐标与运动方向有关，在数控车床上用 U、V、W 表示增量坐标，U、V、W 轴分别与 X、Y、Z 轴平行且同向。如图 2-8a 所示，A、B 两点的绝对坐标值分别为 $X_A=10$，$Y_A=12$，$X_B=30$，$Y_B=37$；如图 2-8b 所示，由 A 点运动到 B 点的相对坐标值为 $U_{AB}=20$，$V_{AB}=25$，相反，由 B 点运动到 A 点的相对坐标值为 $U_{BA}=-20$，$V_{BA}=-25$。

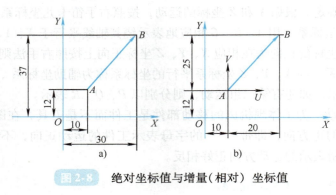

图 2-8　绝对坐标值与增量（相对）坐标值

第三节　数控加工程序编制

一、常用准备功能 G 代码

1. 坐标指令（G90、G91、G92）

（1）绝对坐标指令（G90）　程序段中的尺寸字为绝对坐标值，即相对于编程原点的坐标值。

（2）增量坐标指令（G91）　程序段中的尺寸字为增量坐标值，即刀具运动的终点相对于起点的坐标值增量。

例如，刀具由 A 点到 B 点，移动轨迹如图 2-9 所示。

用 G90 编程时程序为：G90 G01 X30 Y60 F100；

用 G91 编程时程序为：G91 G01 X-40 Y30 F100；

在实际编程中，是选用 G90 还是选用 G91，要根据具体的零件确定。例如，图 2-10a 中的尺寸都是根据零件上某一设计基准给定的，这时我们可以选用 G90 编程；对于图 2-10b 中的尺寸，我们就应该选用 G91 编程，这样就避免了各点坐标的计算。

（3）坐标系设定指令（G92）

指令格式：G92　　X＿　　Y＿　　Z＿；

G92 的作用是以工件坐标系的原点为基准点，设定刀具起始点的坐标值，数控机床执行

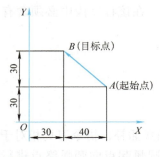 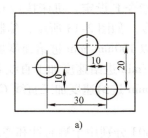 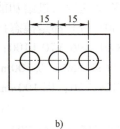

图 2-9　G90、G91 编程举例　　　　　图 2-10　G90、G91 的选择

命令时，从该点开始动作，所以刀具起始点就是程序的起始点，有时也作为对刀点或换刀点。执行 G92 指令时，机床不动作，即 X、Y、Z 轴均不移动，坐标值 X、Y、Z 均不得省略。如图 2-11 所示，该工件坐标系设定程序为：

G92 X-10.0 Y-10.0 Z0.0;

刀具中心（或机床零点）应在工件坐标系中心（-10，-10，0）处，图中 $X_1O_1Y_1$ 坐标系即为工件坐标系，O_1 为工件坐标系的原点，但刀具相对于机床的位置没有改变。在运行后面的程序时，凡是绝对尺寸指令中的坐标值均为点在 $X_1O_1Y_1$ 坐标系中的坐标值。

2. 快速点定位指令（G00）

指令格式： G00　X__　Y__　Z__；

G00 指令要求刀具以点位控制方式从刀具所在位置以最快的速度移动到指定位置。例如，用 G00 编写一个程序，程序的起始点是坐标原点 O，先从 O 点快速移动到参考点 A，紧接着工进移动到参考点 B，移动轨迹如图 2-12 所示，其程序如下：

绝对值编程方式，程序为：

G00 X20 Y20;

G90 G01 X90.0 Y70.0 F100;

增量值编程方式，程序为：

G00 X20 Y20;

G91 G01 X70.0 Y50.0 F100;

G00 是模态指令，快速点定位速度不能用程序指定，而由数控系统预先设定。

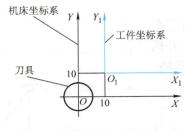 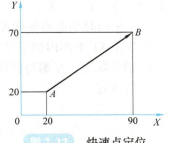

图 2-11　G92 建立工件坐标系　　　　　图 2-12　快速点定位

3. 直线插补指令（G01）

直线插补也称直线切削，刀具以直线插补运算联动方式由一个坐标点移动到另一个坐标

点，移动速度由进给功能指令 F 设定。机床执行 G01 指令时，在该程序段中必须含有 F 指令，G01 和 F 都是模态指令。如图 2-13 所示，编制程序如下：

G01 X96 Y70 F100；以 100mm/min 进给速度加工直线 AB
X168 Y50；以 100mm/min 进给速度加工直线 BC
X24 Y30；以 100mm/min 进给速度加工直线 CA

4. 圆弧插补指令（G02、G03）

圆弧插补指令 G02、G03 分别用于顺时针和逆时针方向圆弧插补，指令刀具相对于工件在指定的平面（G17、G18、G19）内，以给定的进给速度从圆弧起点向圆弧终点进行圆弧插补。各坐标平面的圆弧插补方向如图 2-14 所示，即沿垂直于圆弧所在的平面的坐标轴的负向观察，判断圆弧的顺、逆时针方向。

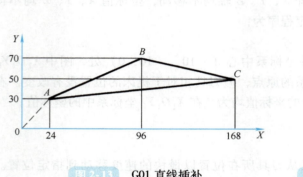

图 2-13　G01 直线插补

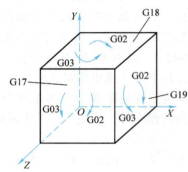

图 2-14　不同坐标平面圆弧插补方向的判断

XY 坐标平面上的指令格式：
G17 G02（G03） X__ Y__ I__ J__ F__；
或 G17 G02（G03） X__ Y__ R__ F__；

XZ 坐标平面上的指令格式：
G18 G02（G03） X__ Z__ I__ K__ F__；
或 G18 G02（G03） X__ Z__ R__ F__；

YZ 坐标平面上的指令格式：
G19 G02（G03） Y__ Z__ J__ K__ F__；
或 G19 G02（G03） Y__ Z__ R__ F__；

机床只有一个平面时平面指令可省略，当机床有三个坐标平面时，通常在 XY 平面内加工平面轮廓曲线，开机后自动进入 G17 指令状态，在编写程序时，也可以省略。采用圆弧 R 编程时规定：当圆弧对应的圆心角≤180°时，R 取正值；当圆弧对应的圆心角 >180°时，R 取负值。采用圆心相对于圆弧起点坐标位置编程时，I、J、K 分别为圆心相对于圆弧起点在 X、Y、Z 轴方向的坐标增量；若圆弧是一个封闭整圆，则只能使用 I、J、K 编程。圆弧线的终点坐标可采用绝对值表示，也可以采用终点

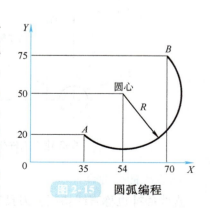

图 2-15　圆弧编程

相对起点的增量值表示。如图2-15所示，圆弧的起点为A点，终点为B点。程序为：
　　G90 G03 X70 Y75 I19 J30 F100；
或　G91 G03 X35 Y55 I19 J30 F100；

5. 刀具半径自动补偿指令（G41、G42、G40）

刀具在加工移动过程中，刀具的中心与被加工工件的轮廓之间始终保持一段距离，即刀具的半径值，这通常需要刀具半径补偿。编程时，只需按照零件图样标定的轮廓尺寸编写程序，而将刀具的半径作为工件轮廓的补偿量，由操作者预先存入数控装置的指定存储单元，在执行加工程序时，半径自动补偿指令将存储单元中存放的补偿量调出，并计算刀具中心轨迹，加工出符合零件图样要求轮廓的工件。

G41是刀具半径左补偿指令，G42是刀具半径右补偿指令，G40是取消刀具半径补偿指令。刀具半径左补偿是顺着刀具前进方向观察，刀具偏移在工件轮廓线的左侧；刀具半径右补偿是顺着刀具前进方向观察，刀具偏移在工件轮廓线的右侧，如图2-16所示。G41和G42均为模态指令，使用G41或G42完成轮廓加工之后，必须用G40指令取消补偿量，使刀具中心轨迹和编程轨迹重合，如图2-17所示。

指令格式： G00/G01 G41/G42　X＿＿　Y＿＿　D＿＿　F＿＿；
　　　　　　G00/G01 G40　X＿＿　Y＿＿；

其中，D＿＿为刀具半径补偿地址，地址中存放的是刀具半径的补偿量。

刀具半径补偿的过程分为三步，即刀补建立、刀补执行和刀补取消。如图2-17所示，OB段为建立刀补段（G41 G01 X50 Y40 F100 D01；），CO段为取消刀补段（G40 G01 X0 Y0 F100；或G40 G00 X0 Y0；），BC段为刀补执行。注意：G40必须和G41或G42成对使用。

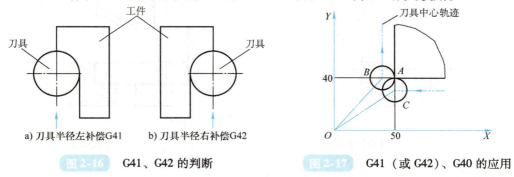

图2-16　G41、G42的判断　　　图2-17　G41（或G42）、G40的应用

6. 刀具长度补偿指令（G43、G44）

刀具长度补偿指令用来补偿刀具长度方向的尺寸变化。数控机床规定传递切削动力的主轴为数控机床的Z轴，所以通常是在Z轴方向进行刀具长度补偿。在编写工件加工程序时，无须考虑实际刀具的长度，而是按照标准刀具长度或确定一个编程参考点进行编程，如果实际刀具长度和标准刀具长度不一致，可以通过刀具长度补偿功能实现刀具长度差值的补偿。

G43指令实现正向补偿，G44指令实现负向补偿，它们均是模态指令，可由G49指令取消长度补偿，有时也用H00取消长度补偿。

指令格式： G91 G00 G43（G44）Z＿＿　H＿＿；
　　　　　　G90 G00 G43（G44）Z＿＿　H＿＿；

H＿＿是存放长度补偿量的地址，用于存放实际刀具长度和标准刀具长度的差值，即补偿值或偏置量。图 2-18 所示是刀具长度补偿实例，在编程时以主轴端部为编程参考点，可以认为是标准刀具长度为零。刀具安装在主轴上后，测得刀尖到主轴端部（编程参考点）的距离为 100mm，将 100 作为长度偏置量存入 H01 地址单元中，加工程序为：

G92 X0 Y0 Z0；
G90 G43 G00 Z0 H01；
Z -250 S500；
G01 Z -270 F300；
G00 G49 Z0；

7. 暂停指令（G04）

暂停指令 G04 可使刀具在短时内实现无进给光整加工，用于锪孔、车槽、车台阶轴清根等加工，暂停结束后，继续执行下一段程序。

指令格式： G04 X＿；
或 G04 F＿；

X 后的数值（停留时间）单位是 s，F 后的数值是整数，单位是 ms。也可用工件旋转的转数表示暂停时间的长短，不同的数控系统有不同的规定。G04 是非模态指令，只在本程序段有效。例如，图 2-19 所示为锪孔加工示意，孔底有表面粗糙度要求。

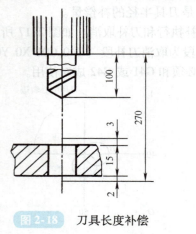

图 2-18 刀具长度补偿

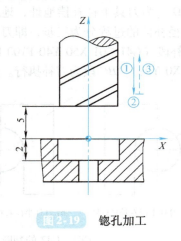

图 2-19 锪孔加工

程序为：
N40 G91 G01 Z-7 F60；
N50 G04 X5；刀具在孔底停留 5s
N60 G00 Z7；

二、数控车床加工程序编制

数控车床是当今使用最为广泛的数控设备之一，主要用于轴类、盘类等回转体零件的加工。通过程序控制，它可以自动完成内外圆柱面、锥面、圆弧面、螺纹等工序的车削加工，也可以进行钻、镗、铰等孔类加工。

1. 数控车床编程特点

1）使用 G50 设定工件坐标系。

2）使用坐标地址 X、Z 时为绝对坐标编程方式，使用坐标地址 U、W 时为增量坐标编程方式。坐标值可以用绝对值，也可以用增量值，或者二者混用。

3）采用绝对坐标编程时，X 值用直径大小表示。采用增量编程时，U 值应是 X 轴方向增量值的二倍。

4）为提高径向尺寸精度，X 轴方向的脉冲当量常取 Z 轴的一半。

2. 固定循环指令

由于车削毛坯常用棒料或锻件，加工余量比较大，因而数控车床常有不同形式的固定循环指令。利用固定循环指令，只要编出最终进给路线，给出每次切除的余量或循环的次数，机床即可自动地重复切削，直到该工序完成为止。表 2-4 为 FANUC 0MC 数控系统的固定循环指令表。

表 2-4　FANUC 0MC 数控系统的固定循环指令表

G 指令	功能	G 指令	功能
G70	精加工循环	G75	X 轴切槽循环
G71	外圆粗车循环	G76	螺纹切削固定循环
G72	端面粗车循环	G90	外径自动切削循环
G73	封闭切削循环	G92	螺纹自动切削循环
G74	渐进式钻孔循环	G94	端面自动切削循环

（1）外圆粗车循环　外圆粗车循环是一种复合固定循环，适用于外圆柱面需多次走刀才能完成的粗加工，如图 2-20 所示。

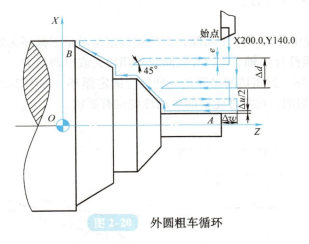

图 2-20　外圆粗车循环

指令格式：

G71 U(Δd) R(e)；

G71 P(ns) Q(nf) U(Δu) W(Δw) F(f) S(s) T(t) ；

说明：

Δd 指定背吃刀量；

e 指定退刀量；

ns 指定精加工轮廓程序段中开始程序段的段号；

nf 指定精加工轮廓程序段中结束程序段的段号；

Δu 指定 X 轴向精加工余量；

Δw 指定 Z 轴向精加工余量；

f、s、t 指定 F、S、T 参数。

注意：

1）$ns \sim nf$ 程序段中的 F、S、T 功能，即使被指定也对粗车循环无效。

2）零件轮廓必须符合 X 轴、Z 轴方向同时单调增大或单调减少；X 轴、Z 轴方向非单调时，$ns \sim nf$ 程序段中第一条指令必须在 X、Z 方向同时有运动。

（2）端面粗车循环　端面粗车循环是一种复合固定循环，适于 Z 向余量小，X 向余量大的棒料粗加工，如图 2-21 所示。

指令格式：

G72 W(Δd) R(e)；

G72 P(ns) Q(nf) U(Δu) W(Δw) F(f) S(s) T(t) ；

说明：

Δd 指定背吃刀量；

e 指定退刀量；

ns 指定精加工轮廓程序段中开始程序段的段号；

nf 指定精加工轮廓程序段中结束程序段的段号；

Δu 指定 X 轴向精加工余量；

Δw 指定 Z 轴向精加工余量；

f、s、t 指定 F、S、T 参数。

注意：

1）$ns \sim nf$ 程序段中的 F、S、T 功能，即使被指定也对粗车循环无效。

2）零件轮廓必须符合 X 轴、Z 轴方向同时单调增大或单调减少。

（3）封闭切削循环　封闭切削循环是一种复合固定循环，如图 2-22 所示。封闭切削循环适于对铸、锻毛坯切削，对零件轮廓的单调性则没有要求。

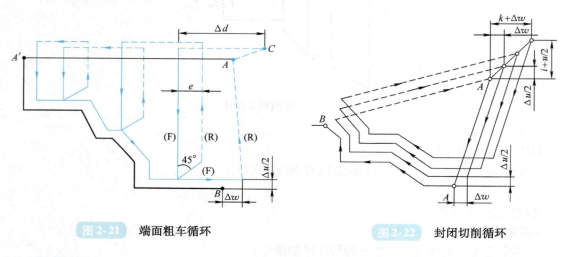

图 2-21　端面粗车循环　　　　　图 2-22　封闭切削循环

指令格式：

G73 U(i) W(k) R(d)；

G73 P(*ns*) Q(*nf*) U(Δ*u*) W(Δ*w*) F(*f*) S(*s*) T(*t*);

说明：

i 指定 X 轴向总退刀量；

k 指定 Z 轴向总退刀量（半径值）；

d 指定重复加工次数；

ns 指定精加工轮廓程序段中开始程序段的段号；

nf 指定精加工轮廓程序段中结束程序段的段号；

Δ*u* 指定 X 轴向精加工余量；

Δ*w* 指定 Z 轴向精加工余量；

f、*s*、*t* 指定 F、S、T 参数。

（4）精加工循环　由 G71、G72、G73 完成粗加工后，可以用 G70 进行精加工。精加工时，G71、G72、G73 程序段中的 F、S、T 指令对粗加工循环无效，只有在 *ns*~*nf* 程序段中的 F、S、T 才有效。

指令格式：

G70 P(*ns*) Q(*nf*)；

说明：

ns 指定精加工轮廓程序段中开始程序段的段号；

nf 指定精加工轮廓程序段中结束程序段的段号。

例如，在 G71、G72、G73 程序应用例中的 *nf* 程序段后再加上"G70 P(*ns*) Q(*nf*)；"程序段，并在 *ns*~*nf* 程序段中加上精加工适用的 F、S、T，就可以完成从粗加工到精加工的全过程。

（5）螺纹车削固定循环指令（G76）　图 2-23 所示为螺纹车削固定循环轨迹。

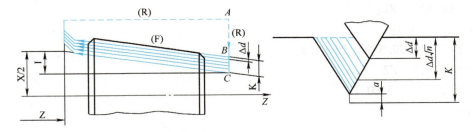

图 2-23　螺纹车削固定循环轨迹

指令格式：

G76 X__ Z__ I__ K__ D__ F__ A__ P__；

说明：

X 指定螺纹加工终点处 X 轴坐标值；

Z 指定螺纹加工终点处 Z 轴坐标值；

I 指定螺纹加工起点和终点的差值，I=0 时，进行圆柱螺纹切削；

K 指定螺纹牙型高度，取半径值；

D 指定第一次循环时背吃刀量 Δ*d*；

F 指定螺纹导程；
A 指定螺纹牙型顶角角度；
P 指定切削方式。

3. 数控车床编程实例

图2-24 所示为数控车床车削零件，材料为 45 钢，零件毛坯为 φ35mm 的棒料，在数控车床上进行粗、精加工，试编写加工程序。

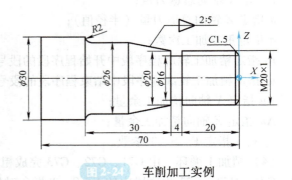

图2-24 车削加工实例

（1）确定工艺方案及路线　因零件有较大的加工余量，所以采用固定循环指令加工零件的外形轮廓，使程序简化。先采用固定循环指令进行粗加工，然后进行精加工，最后加工螺纹。

（2）选择刀具及切削用量　根据加工要求，需要刀具为：外圆粗加工车刀 T01；外圆精加工车刀 T02；车槽刀 T03；螺纹车刀 T04。粗加工时，主轴转速为 1000r/min，进给速度为 150mm/min；精加工时，主轴转速为 2000r/min，进给速度为 100mm/min；车槽时，主轴转速为 500r/min；加工螺纹时，主轴转速为 800r/min。

（3）编写程序　该零件加工程序如下：

O0001；
T0101；
G00 X100　Z100；
M03 S1000；
G99 G00 X37　Z2；
G71 U1.5 R0.5；
G71 P10 Q30 U0.5 W0.25 F1.5；
N10 G00 X13　Z2　S2000；
G01 X20　Z-1.5 F0.1；
Z-24；
X26　Z-39；
Z-52；
G02 X30　Z-54　R2.；
G01 Z-70；
N30 X37；
G00 X100　Z100；
T0202；
G00 X37　Z2；
G70 P10 Q30；
G00 X100　Z100；
T0303 S500；

```
G00 Z-24;
X22;
G01 X16  F0.1;
G04 P2000;
X22;
G00 X100;
Z100;
T0404 S800;
G00 X26  Z2;
G92 X19.3 Z-22  F1.0;
X18.9;
X18.7;
X18.7;
G28 U0;
G28  W0;
M30;
```

三、数控铣床加工程序编制

数控铣床是数控加工中最常用的数控加工设备之一，可以进行平面轮廓曲线和空间三维曲面加工，而且可换上孔加工刀具进行数控钻、镗、铰、锪、扩等孔加工。

1. 数控铣床编程特点

1）使用 G92 设定工件坐标系。
2）使用 G90 定义绝对坐标编程方式，使用 G91 定义增量坐标编程方式。
3）使用 G40 取消刀具半径补偿，使用 G49 取消刀具长度补偿。

2. 数控铣床编程要点

1）了解数控系统功能及机床规格。
2）分析零件图，合理安排工艺路线，确定进给路线。
3）根据零件结构特点，合理确定编程原点，使各点的坐标计算简化。
4）合理选择程序起始点，不能使刀具与工件或夹具发生干涉碰撞。在数控铣床上，一般选在工件的设计基准或工艺基准上。
5）合理选择刀具、夹具、切削液，合理确定切削用量。

3. 数控铣床编程实例

在数控铣床上，用立铣刀加工图 2-25 所示零件（毛坯已加工），试编写加工程序。
刀具：φ20mm 高速钢立铣刀或键槽铣刀、φ16mm 高速钢立铣刀或键槽铣刀。
加工参考程序如下：
```
O0002;
N10 G21 G94 G40 G80 G49;
N11 G28 G91 Z0;
```

N12 M06 T01；
N13 G90 G54 Z100；
N20 M03 S500；
N25 X-50　Y-50；
N30 G00 G43 Z5 H01；
N40 G01 Z-2　F100；
N50 G01 G41 X-30　Y-35　D01；
N60 Y15；
N70 G02 X-20　Y25　R10.；
N80 G01 X20；
N90 G02 X30　Y15　R10.；
N100 G01 Y-15；
N110 G02 X20　Y-25　R10；
N120 G01 X-20；
N130 G02 X-30　Y-15　R10；
N140 G03 X-40　Y-5　R10；
N150 G01 G40 X-50　Y-50；
N160 G00 G49 Z100；
N170 G28 G91 Z0；
N180 M05；
N190 M06 T02；
N200 M03 S100；
N210 G90 G00 X0　Y-50；
N215 G43 Z5　H02；
N220 G01 Z-2　F100；
N230 G00 G41 X8　Y-35　D02；
N240 G01 Y-8　F100；
N250 X15；
N260 G03 Y8　R8；
N270 G01　X8；
N280 Y35；
N290 X-8；
N300 Y8；
N310 X-15；
N320 G03 Y-8　R8；
N330 G01 X-8；
N340 Y-35；
N350 G40 X0 Y-50；
N360 G00 G49 Z100；

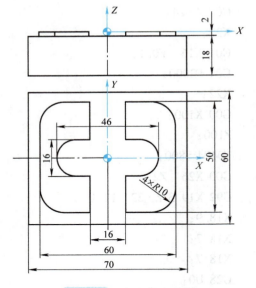

图 2-25　铣削加工实例

N370 G28 G91 Z0;
N380 M30;

说明：

1）G21 指令表示米制输入，说明程序中相关的一些数据都为米制（单位为 mm）。

2）自动返回参考点指令 G28 格式：G28 X＿＿ Y＿＿ Z＿＿；使刀具以点位方式经过中间点快速返回到参考点，X、Y、Z 坐标值确定中间点的位置，设置中间点是防止刀具返回参考点时与工件或夹具发生干涉。如 N170 程序段说明刀具从中间点（-50，-50，100）处返回机床参考点。

四、加工中心程序编制

加工中心是一种工艺范围较广的数控加工机床，能进行铣削、镗削、钻削和螺纹加工等多项工作，适于加工结构复杂、工序多、精度要求高的零件，是一种高效、高精度的数控机床，在一次装夹中便可完成工件的多道工序的加工，同时还备有刀具库，能够完成自动换刀。

下面以配置 FANUC-0i 数控系统的 VNC1000C 加工中心说明加工中心程序编制。

1. 加工中心编程要点

加工中心的编程方法与数控铣床的编程方法基本相同，加工坐标系的设置方法也一样，但要注意换刀程序的应用。下面主要介绍加工中心的加工固定循环功能。

2. 固定循环指令

在前面介绍的加工指令中，每一个 G 指令对应机床的一个动作，在有些数控系统中，为了进一步提高编程效率，将一些典型加工（如镗孔、钻孔、攻螺纹等）中几个固定、连续的动作用一个 G 指令来指定，即固定循环指令。FANUC-0i 数控系统的固定循环指令见表 2-5。这些循环通常包括以下六个基本动作，如图 2-26 所示。

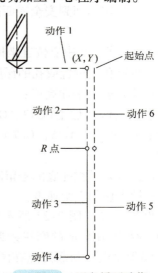

图 2-26 固定循环动作

动作 1：在 XY 平面定位；
动作 2：快速移动到 R 点；
动作 3：孔加工；
动作 4：孔底位置的动作，如暂停加工；
动作 5：返回到 R 点；
动作 6：快速返回到起始点。

表 2-5 固定循环指令

G 代码	孔加工（-Z 方向）	孔底位置动作	退刀方式（+Z 方向）	用途
G73	间歇进给	—	快速	高速渐进循环
G74	切削进给	暂停—主轴正转	进给	攻左螺纹循环
G76	切削进给	主轴定位停止	快速	精镗孔循环
G80	—	—	—	取消固定循环

(续)

G代码	孔加工（-Z方向）	孔底位置动作	退刀方式（+Z方向）	用　　途
G81	切削进给	—	快速	钻孔、锪孔循环
G82	切削进给	暂停	快速	钻孔、点钻孔循环
G83	间歇进给	—	快速	渐进钻削循环
G84	切削进给	暂停—主轴逆转	进给	攻螺纹循环
G85	切削进给	—	进给	镗孔循环
G86	切削进给	主轴停	快速	镗孔循环
G87	切削进给	主轴正转	快速	反镗孔循环
G88	切削进给	暂停—主轴停止	手动	镗孔循环
G89	切削进给	暂停	进给	镗孔循环

G73～G89 固定循环指令格式：

G90/G91 G98/G99　G__　X__　Y__　Z__　R__　Q__　P__　F__；

G90 指定绝对坐标方式输入，G91 指定增量坐标方式输入。G98 指定返回到初始平面高度，G99 指定返回到安全平面高度。

说明：

X、Y 指定孔中心位置坐标，可以用绝对坐标值，也可以用相对坐标值；

Z 指定孔底位置或孔的深度；

R 指定安全平面高度；

Q 指定深孔加工（G73、G83）时，每次进给的深度；或镗孔（G76、G87）时，刀具的横向偏移量；

P 指定刀具在孔底的停留时间；

F 指定切削进给速度。

例如，加工图 2-27 所示零件上的 φ10mm 孔，选择直径为 φ10mm 的麻花钻头，机床坐标、工件坐标（编程原点）与起刀点在图上标出，采用刀具长度补偿指令 G43。加工程序如下：

%0010；

N010 G92 X0 Y0 Z50；

N020 T01 M06；选用 T01 号刀具（φ10mm 钻头）

N030 G90 S1000 M03；起动主轴正转，转速为 1000r/min

N040 G00 X0 Y0 M08；

N050 G43 Z30；

N060 G81 G99 X10 Y10 Z-15 R5 F20；在（10，10）处钻孔，孔深 15mm，参考面高度 5mm，钻孔循环结束返回参考平面

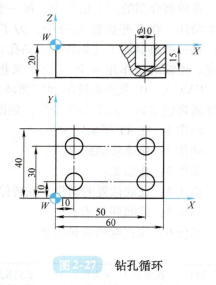

图 2-27　钻孔循环

N070 X50；在（50，10）处钻孔（G81 为模态指令）

N080 Y30；在（50，30）处钻孔

N090 X10；在（10，30）处钻孔

N100 G80；取消钻孔循环

N110 G00 G49 Z30；

N120 M30；

3. 零件的编程实例

用 VNC1000C 加工中心加工图 2-28 所示零件。

分析： 该零件需要加工外轮廓（凸台高为 4mm），并要铣削内方孔（5mm 深）和内圆孔（2mm）深，最后要钻三个直径 ϕ4mm、深 8mm 的孔。1 号刀具为 ϕ16mm 立铣刀，2 号刀具为 ϕ6mm 立铣刀，3 号刀具为 ϕ4mm 钻头，刀具长度补偿 H01、H02、H03 值自行设定。

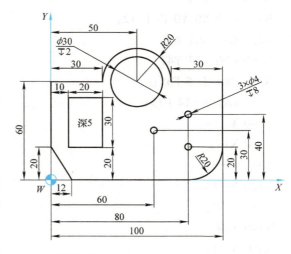

图 2-28 加工中心加工编程实例

编制程序如下：

N10 G55 G21 G28 X0 Y0 Z0；设定单位为 mm，回参考点（0，0，0）

N20 G40 M06 T01；取消刀具半径补偿，换 1 号刀

N30 G43 G00 X-10 Y-8 Z5 H01；快速定位，并在运动过程中建立长度补偿

N40 G01 Z-4 S1000 M03 F100；

N50 G41 X0 D01；

N60 Y60 F80；

N70 X30；

N80 G17 G02 X70 Y60 I20 J0；

N90 G01 X100；

N100 Y20；

N110 G02 X80 Y0 R20；

N120 G01 X12；

N130 X0 Y20；

N140 X-8；

N150 G00 Z5 M05；

N160 G28 X0 Y0 Z0；

N170 G49 G40 M06 T02；

N180 G90 G43 X50 Y60 Z2 H02 S1200 M03；

N190 G01 Z-2 F35；

N200 G91 Y2；

N205 G03 X0 Y0 I0 J-2 F75；

N210 G01 Y5；
N220 G03 X0 Y0 I0 J-7；
N230 G01 Y5；
N240 G03 X0 Y0 I0 J-12；
N250 G90 G01 Z5；
N260 G00 X27 Y47；
N270 G01 Z-5 F35；
N280 G91 X-14 F75；
N290 Y-5；
N300 X14；
N310 Y-5；
N320 X-14；
N330 Y-5；
N340 X14；
N350 Y-5；
N360 X-14；
N370 Y-4；
N380 X14；
N390 G90 Y47；
N400 X13；
N410 Y23；
N420 X27；
N430 G00 Z5 M05；
N440 G28 X0 Y0 Z0；
N450 G49 G40 M06 T03；
N460 G90 G43 X60 Y30 Z10 H03 S1000 M03；
N470 G99 G83 X60 Y30 Z-8 Q4 R2 F100；
N480 X80 Y40；
N490 Y20；
N500 G00 G80 Z20 M05；
N510 G28 X0 Y0 Z0；
N520 M30；

第四节　数控自动编程应用简介

自动编程的方法有两种：（1）利用 APT 数控语言描述切削加工时的刀具和工件的相对运动轨迹和一些加工工艺过程，使用规定的数控语言编写一个简短的工件源程序，然后输入到计算机中，自动编程系统自动完成编程工作，该系统为数控机床自动编程提供了有力的工具，但工件的源程序采用批处理形式，包括工件的几何轮廓形状，所以不直观，源程序的编写、修改不方便，这里不再叙述。（2）利用计算机辅助设计与制造加工编程软件（CAD/CAM）编制加工程序，编程人员根据零件图样要求建立加工模型，确定加工工艺，选定加工刀具和确定加工参数，其他工作如数值计算、程序单编制、程序校验等都由计算机编程软件自动完成。目前，国内应用比较成熟的 CAD/CAM 软件有十余种，常用的有 UG、MDT、Cimtron、CAXA—ME、Mastercam 等软件。本节以 UG 软件为例介绍自动编程方法。

一、UG 编程应用简介

UG（Unigraphics NX）是一种先进的集成 CAD/CAM/CAE 软件，专为产品设计、工程分析和制造过程的自动化提供了全面的解决方案。在编程应用方面，UG 以其强大的功能使得从设计到加工的转换过程更加高效和精确。

UG 是一种运行于 Windows 操作系统环境下的集成 CAD/CAM/CAE 软件，专为复杂的产品设计和制造过程而设计。启动 UG 软件以后，计算机屏幕上出现以下的工作界面，如图 2-29 所示。

1. 菜单栏：位于界面顶部，包含文件操作、编辑功能、视图控制、工具选项等主要功能的访问点。用户可以通过这些菜单访问几乎所有的 UG 功能。主菜单见表 2-6。

2. 工具栏：通常位于菜单栏下方，提供快速访问常用命令的按钮，如文件操作、编辑工具、视图控制等。用户可以根据需要自定义工具栏，以方便快速访问频繁使用的功能。

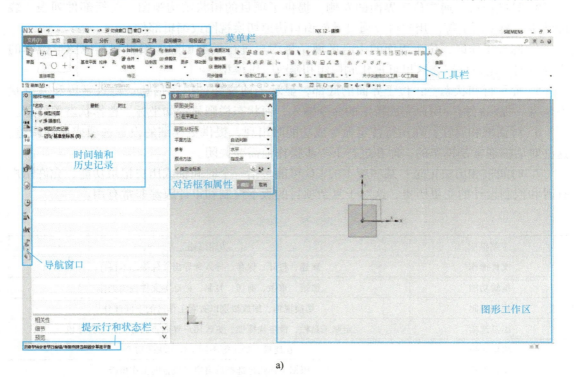

a)

图 2-29　UG 工作环境

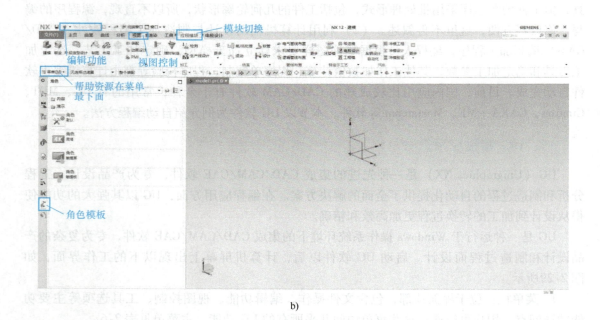

b)

图 2-29 UG 工作环境（续）

3. 导航窗口：通常位于界面的左侧，提供了项目的树状结构视图，包括部件列表、装配结构、模型历史等。用户可以通过导航窗口快速切换视图或编辑部件。

4. 图形工作区：位于界面的中心区域，是用户进行模型创建、编辑和其他图形操作的主要空间。用户可以在这里可视化地构建和修改三维模型。

5. 提示行和状态栏：位于界面的底部，显示当前操作的提示信息、输入字段和系统状态信息。提示行指导用户完成特定的命令输入，而状态栏则显示如坐标、选择状态等信息。

6. 对话框和属性：在执行特定命令或功能时出现，提供更详细的设置选项或属性调整。这些对话框通常是模态的，即在进行下一步操作前需要关闭。

7. 时间轴和历史记录：某些版本的 UG 可能包括一个时间轴或历史记录功能，允许用户查看和控制设计的变更历史，这对于复杂项目的版本控制和审计跟踪非常有用。

表 2-6 主菜单表

主菜单项	功能描述
文件操作	新建、打开、保存、导入和导出文件等基本操作
编辑功能	撤销、重做、剪切、复制、粘贴等文件编辑操作
视图控制	切换视角、缩放级别以查看工作区的不同部分
工具选项	定制工具栏、设置快捷键、更改用户界面布局等优化工作环境
模块切换	在建模、加工等不同工作模块间切换
角色模板	根据工作角色选择或自定义适合的工作模板
帮助资源	访问 UG 系统的帮助文档、教程和在线资源

二、UG 自动编程实例

以图 2-30 为例，说明 UG 自动编程方法。

1. 图形绘制

步骤 1：进入 UG12.0 系统。

步骤 2：构造图形。

在草图界面中构造如图 2-31 所示图形。

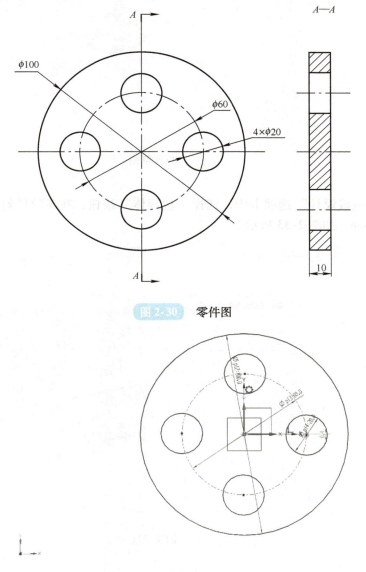

图 2-30　零件图

图 2-31　绘制草图

在"主页"选项卡中，单击"拉伸"按钮，选择所画草图往 Z 轴拉伸 10mm，单击"确定"按钮，如图 2-32 所示。

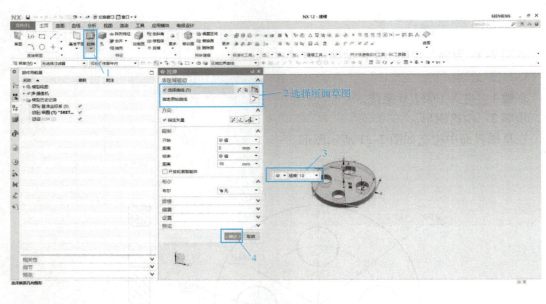

图 2-32 拉伸草图

2. 创建毛坯

步骤：在"电极设计"选项卡中，选择"包容体"按钮，在参数栏勾选"单个偏置"将偏置设置为 5mm，如图 2-33 所示。

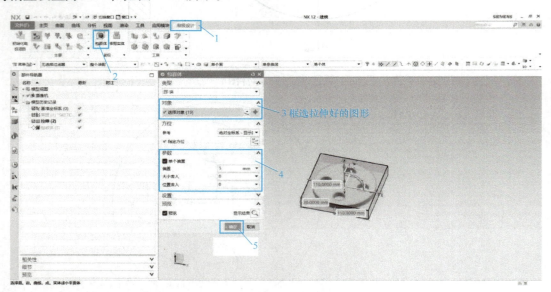

图 2-33 创建毛坯

3. 进入加工界面

在"应用模块"按钮，选择"加工"按钮，单击"确定"按钮，进入加工界面。

4. 设置毛坯、工件

在"主页"选项卡中，单击"几何视图"按钮，双击"WORKPIECE"，单击"指定部件"按钮,选中所画的几何体,单击"确定"按钮,工件设置完成,如图2-34所示。

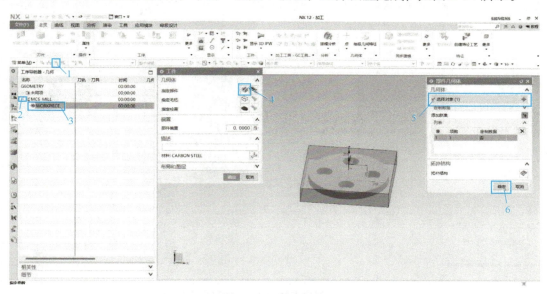

图2-34 设置工件

在"主页"选项卡中,单击"指定毛坯"按钮,选择所创建的包容块,单击"确定"按钮,毛坯设置完成,如图2-35所示。

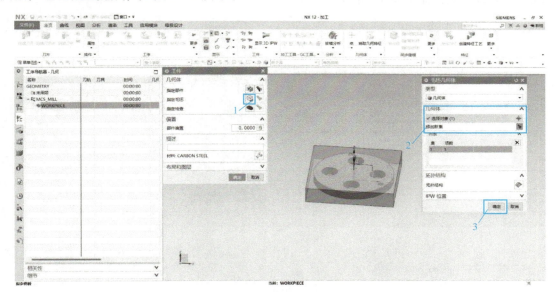

图2-35 设置毛坯

5. 设置刀具

在"主页"选项卡中,单击"创建刀具"按钮,单击"确定"按钮,将刀具直径修改为10mm,单击"确定"按钮,设置完成,如图2-36所示。

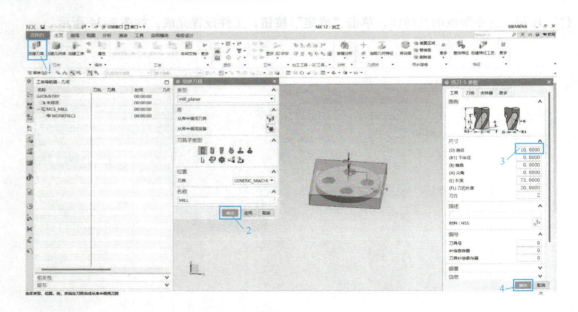

图 2-36　创建直径为 10mm 的平底立铣刀

6. 设置加工平面

双击"MCS_MILL",指定 MCS 选择为"自动判断",单击选择毛坯的上顶面,单击"确定",设置完成,如图 2-37 所示。

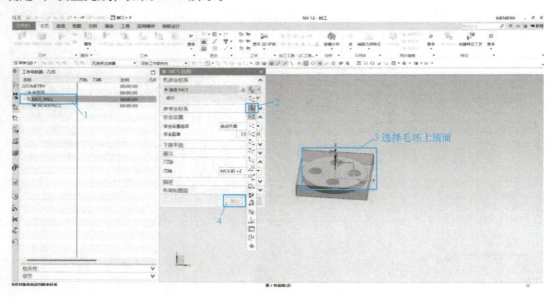

图 2-37　设置坐标系

7. 创建加工工序

步骤 1：右键单击"WORKPIECE",选择"插入",单击"工序"按钮,选择"mill_contour",单击"确定"按钮,如图 2-38 所示。

步骤 2：刀具选择创建好直径为 10mm 的平底立铣刀,单击"生成"按钮,单击"确定"按钮,如图 2-39 所示。

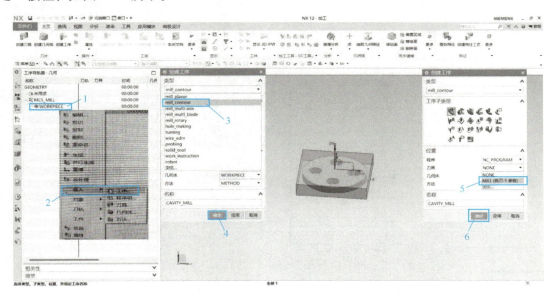

图 2-38　创建程序

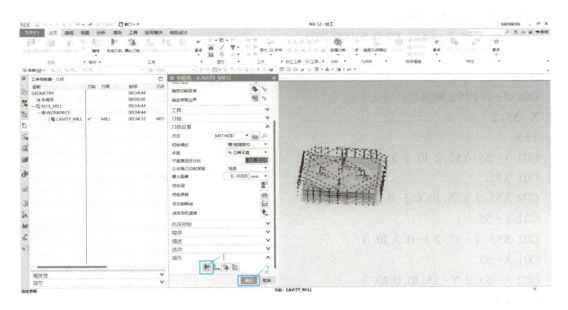

图 2-39　选择刀具

8. 检查刀具加工路径

单击"确认刀轨"按钮,单击"3D 动态"按钮,将速度降低到 5,单击"确定"按钮,显示加工过程中刀具的动态模拟轨迹,如图 2-40 所示。

9. 程序后处理

单击"后处理"按钮,单击"确定"按钮生成加工程序单,如图 2-41 所示。

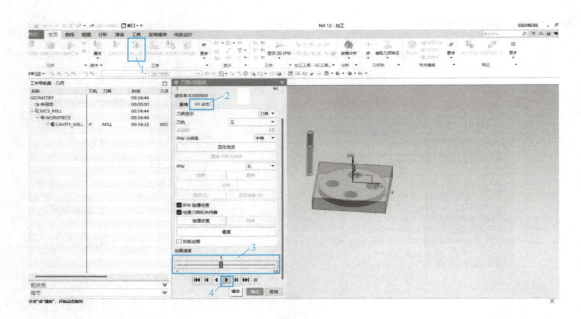

图 2-40 显示

O1728

G17 G40 G49 G64 G80 G90

G00 G90 G54 X-64.7 Y0.0 S3000 M03

G43 Z10. H00

Z-2.

G01 Z-5. F250 M08

X-55.2

Y55.

G02 X-55. Y55.2 I0.2 J0.0

G01 X55.

G02 X55.2 Y55. I0.0 J-0.2

G01 Y-55.

G02 X55. Y-55.2 I-0.2 J0.0

G01 X-55.

G02 X-55.2 Y-55. I0.0 J0.2

G01 Y0.0

X-50.2

……

X4.758 Y31.866 Z-18.476

X4.119 Y33.14 Z-18.857

X3.115 Y34.152 Z-19.238

X1.847 Y34.803 Z-19.619

第二章 数控机床的程序编制

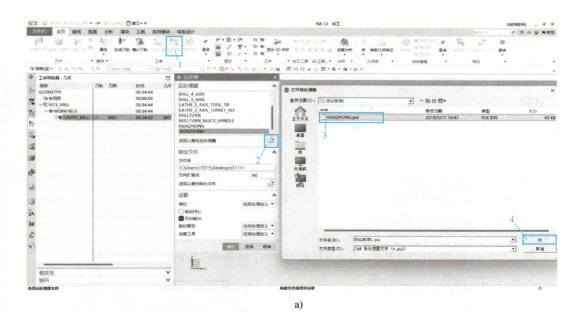

图 2-41 程序后处理

X0.44 Y34.997 Z-20.
G03 X-4.56 Y29.997 I0.0 J-5.
X0.44 Y24.997 I5. J0.0
X5.44 Y29.997 I0.0 J5.
X0.44 Y34.997 I-5. J0.0
G01 Y29.997

Z-17.
G00 Z10.
M05
G91 G28 Z0.0 M09
M30

习 题

1. 什么是数控加工程序编制？
2. 举例说明字－地址程序段格式。
3. 什么是机床坐标系和工件坐标系？
4. 试编写图 2-42 所示零件的加工程序。
5. 加工图 2-43 所示零件的外表面，刀具直径为 ϕ10mm，试采用刀具半径补偿指令编程。

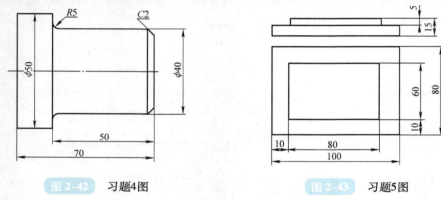

图 2-42 习题4图   图 2-43 习题5图

6. 试采用固定循环方式加工图 2-44 所示零件的各孔。工件材料为 HT300，选用刀具 T01 为镗孔刀，T02 为 ϕ13mm 钻头，T03 为锪钻。
7. 什么是自动编程？试运用自动编程指令编写自选零件的数控加工程序。

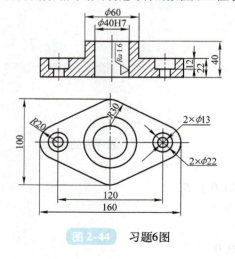

图 2-44 习题6图

第三章

计算机数控系统

本章着重介绍 CNC 系统的组成与工作过程、CNC 系统的基本功能和选择功能、CNC 系统的单微处理器结构和多微处理器结构、大板式结构和功能模块结构以及基于 PC 的开放式数控系统结构、CNC 系统软件组成特点及工作方式、CNC 系统的插补原理、CNC 系统的刀具补偿原理、SINUMERIK 828D 数控系统的硬件组成及各模块间的连接。通过学习,掌握典型数控系统的硬件组成及其连接方式、软件的组成及其多任务并行处理与实时中断处理方式、CNC 系统软件的工作过程、CNC 系统常用插补方法、CNC 系统的刀具半径补偿和长度补偿。

CNC 系统的组成及工作过程知识结构层层递进,要求学生具备专业使命感和社会责任感,培养学生脚踏实地、坚韧不拔、团结互助的优秀品质。

第一节 CNC 系统的硬件结构

数控系统是数控机床的控制指挥中心,由程序、输入/输出装置、计算机数控装置(CNC 装置)、可编程序控制器(PLC)、主轴驱动装置和进给伺服驱动装置等组成。其中,CNC 装置是数控系统的核心,机床的各个执行部件在数控系统的统一指挥下,有条不紊地按给定程序进行零件的切削加工。CNC 装置的核心是计算机,由计算机通过执行存储器内的程序,实现部分或全部控制功能,如图 3-1 所示。

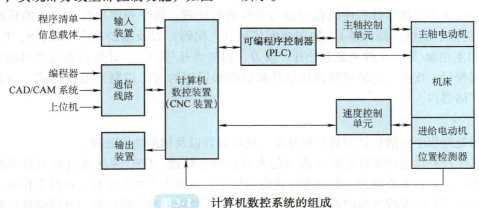

图 3-1 计算机数控系统的组成

CNC 系统由硬件和软件两大部分组成，如图 3-2 所示，硬件是软件活动的"舞台"，软件是整个装置的"灵魂"，整个 CNC 系统的活动均依靠软件来指挥。软件和硬件各有不同的特点，软件设计灵活、适应性强，但处理速度慢；硬件处理速度快，但成本高。因此，在 CNC 系统中，应依据其控制特性合理确定软、硬件的比例，以使数控系统的性能和可靠性大大提高。

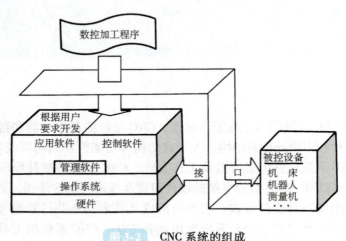

图 3-2　CNC 系统的组成

一、CNC 系统的工作过程

CNC 系统的工作过程是在硬件的支持下运行软件的过程。它包括输入、译码处理、数据处理、插补运算与位置控制、I/O 处理、显示和诊断七个环节。

1. 输入

输入 CNC 系统的有零件程序、控制参数、补偿数据等。常用的输入方式有键盘手动输入 MDI、磁盘输入、U 盘输入、通信接口 RS232 输入、连接上一级计算机的 DNC 接口输入以及通过网络通信方式输入。CNC 系统在输入过程中还需完成程序校验和代码转换等工作，输入的全部信息存放在 CNC 系统的内部存储器中。

2. 译码处理

译码处理程序将零件程序以程序段为单位进行处理，每个程序段含有零件的轮廓信息（起点、终点、直线、圆弧等）、加工速度信息（F 代码）以及辅助指令（M、S、T 代码）信息（如主轴起/停、工件夹紧和松开、换刀、切削液开/关等）。计算机通过译码程序识别这些代码符号，按照一定的规则翻译成计算机能够识别的（二进制）数据形式，并存放在指定的存储器内。

3. 数据处理

数据处理程序一般包括刀具半径补偿、速度计算以及辅助功能处理。

刀具半径补偿是将零件轮廓轨迹转化为刀具中心轨迹，CNC 系统通过对刀具半径的自动补偿来控制刀具中心轨迹，实现零件轮廓的加工，从而大大减少编程人员的工作量。

速度计算是将编程所给的刀具移动速度进行计算处理。编程所给的刀具移动速度是在各坐标轴方向上的合成速度，因此，必须将合成速度转化为沿机床各坐标轴运动的分速度，控制机床切削加工。

辅助功能处理的主要工作是识别标志，在程序执行时发出信号，使机床运动部件执行相应动作，如主轴起/停、工件夹紧与松开、换刀、切削液开/关等。

4. 插补运算与位置控制

插补运算和位置控制是 CNC 系统的实时控制，一般在相应的中断服务程序中进行。插补程序在每个插补周期运行一次，它根据指令进给速度计算出一个微小的直线数据段。通常经过若干个插补周期加工完一个程序段，即从数据段的起点到终点，完成零件轮廓某一段曲线的加工。CNC 系统一边插补，一边加工，具有很强的实时性。

位置控制的主要任务是在每个采样周期内，将插补计算的理论位置与实际反馈位置相比较，根据其差值去控制进给电动机，进而控制机床工作台（或刀具）的位移，加工出所需要的零件。

当一个程序段开始插补加工时，管理程序即着手准备下一个程序段的读入、译码、数据处理，即由它调动各个功能子程序，并保证下一个程序段的数据准备，一旦本程序段加工完毕，即开始下一个程序段的插补加工。整个零件加工就在这种周而复始的过程中完成。

5. 输入/输出（I/O）处理

输入/输出处理主要是处理 CNC 系统和机床之间来往信号输入、输出和控制。CNC 系统和机床之间必须通过光电隔离电路进行隔离，确保 CNC 系统稳定运行。

6. 显示

CNC 系统显示主要是为操作者提供方便，通常应具有零件程序显示、参数显示、机床状态显示、刀具加工轨迹动态模拟图形显示、报警显示等功能。

7. 诊断

CNC 系统利用内部自诊断程序可以进行故障诊断，主要有启动诊断和在线诊断。

启动诊断是指 CNC 系统每次从通电开始至进入正常的运行准备状态中，系统相应的内诊断程序通过扫描自动检查系统硬件、软件及有关外设等是否正常。只有当检查到的各个项目都确认正确无误之后，整个系统才能进入正常运行的准备状态。否则，CNC 系统将通过网络、TFT、CRT 或用硬件（如发光二极管）报警方式显示故障。此时，启动诊断过程不能结束，系统不能投入运行。只有排除故障之后，CNC 系统才能正常运行。

在线诊断是指在系统处于正常运行状态中，由系统相应的内装诊断程序，通过定时中断扫描检查 CNC 系统本身及外设。只要系统不停电，在线诊断就持续进行。

现代的 CNC 系统大都采用微处理器，按照其硬件结构中 CPU 的多少可分为单微处理器结构和多微处理器结构；按照 CNC 系统中各印制电路板的插接方式可以分为大板式结构和功能模块式结构；此外还有基于 PC 的开放式数控系统结构。

二、单微处理器和多微处理器结构

（一）单微处理器结构

1. 单微处理器的特点

当控制功能不太复杂、实时性要求不太高时，多采用单微处理器结构，其特点是通过一个 CPU 控制系统总线访问主存储器。以下三种 CNC 系统都属于单微处理器结构：

1）只有一个 CPU，采用集中控制、分时处理的方式完成各项控制任务。

2）虽然有两个或两个以上的 CPU，但它们组成主从结构，其中只有一个 CPU 能够控制系统总线，占有总线资源，而其他 CPU 不能控制和使用系统总线，只能接受主 CPU 的控制，作为一个智能部件工作，处于从属地位。

3）数据存储、插补运算、输入/输出控制、显示和诊断等所有数控功能均由一个 CPU 来完成，CPU 不堪重负。因此，常采用增加从 CPU 的办法，由硬件分担精插补；增加带有 CPU 的 PLC 和 CRT 等智能部件减轻主 CPU 的负担，提高处理速度。

单 CPU 或主从 CPU 结构的 CNC 系统硬件结构如图 3-3 所示。

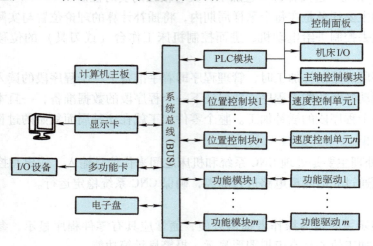

图 3-3　单 CPU 或主从 CPU 结构的 CNC 系统硬件结构

2. 单微处理器结构的形式

单微处理器结构的 CNC 系统一般采用以下两种形式。

（1）专用型　专用型 CNC 系统，其硬件是由生产厂家专门设计和制造的，因此不具有通用性。

（2）通用型　通用型 CNC 系统指的是采用工业标准计算机（如工业 PC 机）构成的数控系统。只要装入不同的控制软件，便可构成不同类型的 CNC 系统，无须专门设计硬件，因而通用性强，硬件故障维修方便。图 3-4 所示为以工业 PC 机为技术平台的数控系统结构框图。

3. 单微处理器结构的组成

单微处理器 CNC 系统的组成如图 3-5 所示。微处理器（CPU）通过总线与存储器（RAM、EPROM）、位置控制器、可编程序控制器（PLC）及 I/O 接口、MDI/CRT 接口、通信接口等相连。

（1）CPU 和总线　CPU 是 CNC 系统的核心，由运算器及控制器两大部分组成。运算器对数据进行算术运算和逻辑运算；控制器则是将存储器中的程序指令进行译码，并向 CNC 系统各部分顺序发出执行操作的控制信号，并且接收执行部件的反馈信息，从而决定下一步的命令操作。也就是说，CPU 主要担负与数控有关的数据处理和实时控制任务，数据处理

第三章 计算机数控系统

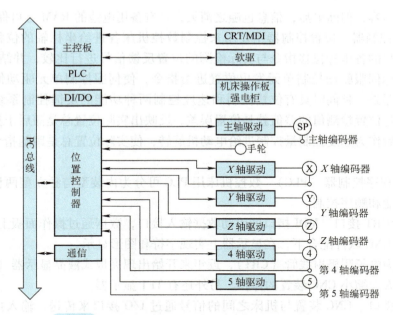

图 3-4 以工业 PC 机为技术平台的数控系统结构框图

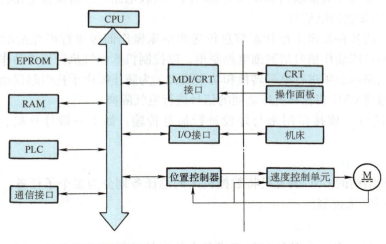

图 3-5 单微处理器 CNC 系统的组成框图

包括译码、刀补、速度处理，实时控制包括插补运算和位置控制以及对各种辅助功能的控制。

总线是 CPU 与各组成部件、接口等之间的信息公共传输线，由地址总线、数据总线和控制总线三部分组成。随着传输信息的高速度和多任务性，总线结构和标准也在不断发展。

（2）存储器　CNC 系统的存储器包括只读存储器（ROM）和随机存取存储器（RAM）两类。只读存储器一般采用 EPROM。这种存储器的内容只能由 CNC 系统的生产厂家固化（写入），写入 EPROM 的信息即使断电也不会丢失，只能被 CPU 读出，不能写入新的内容，常用的型号有 2716、2732、2764、27128、27256 等。RAM 中的信息既可以被 CPU 读出，也

51

可以写入新的内容，但断电后，信息也随之消失，具有备用电池的 RAM 方可保存信息。

（3）位置控制器　位置控制器主要用来控制数控机床各进给坐标轴的位移量，需要时将插补运算所得的各坐标位移指令与实际检测的位置反馈信号进行比较，并结合补偿参数，适时地向各坐标伺服驱动控制单元发出位置进给指令，使伺服控制单元驱动伺服电动机运转。位置控制器是一种同时具有位置控制和速度控制两种功能的反馈控制系统。CPU 发出的位置指令值与位置检测值的差值就是位置误差，反映出实际位置总是滞后于指令位置。位置误差经处理后作为速度控制量控制进给电动机旋转，使实际位置总是跟随指令位置变化而变化。

（4）可编程序控制器（PLC）　数控机床用 PLC 可分为内装型与独立型两种，用于数控机床的辅助功能和顺序控制。

（5）MDI/CRT 接口　MDI 接口即手动数据输入接口，数据通过操作面板上的键盘输入。CRT 接口是在 CNC 软件配合下，在显示器上实现字符和图形显示。

显示器多为电子阴极射线管（CRT），近年来开始出现夹板式液晶显示器（LCD），使用这种显示器可大大缩小 CNC 装置的体积。另外还有 TFT 显示器。

（6）I/O 接口　CNC 装置与机床之间的信号通过 I/O 接口来传送，输入接口是接收机床操作面板上的各种开关、按钮以及机床上的各种行程开关信号和温度、压力、电压等检测信号，因此，它分为开关量输入和模拟量输入两类接收电路，并由接收电路将输入信号转换成 CNC 装置能够接收的电信号。

输出接口可将各种机床工作状态信息传送到机床操作面板进行声光指示，或者将 CNC 装置发出的控制机床动作信号送到强电控制柜，以控制机床电气执行部件动作。根据电气控制要求，接口电路还必须进行电平转换和功率放大。为防止噪声干扰引起误动作，常采用光耦合器或继电器将 CNC 装置和机床之间的信号进行电气隔离。

（7）通信接口　该接口用来与外设进行信息传输，如上一级计算机、移动硬盘、U 盘等。

（二）多微处理器结构

多微处理器结构的 CNC 装置是将数控机床的总任务划分为多个子任务，每个子任务均由一个独立的 CPU 来控制。

1. 多微处理器结构的特点

（1）性能价格比高　采用多 CPU 完成各自特定的功能，适应多轴控制、高精度、高进给速度、高效率的控制要求，同时，因单个低规格 CPU 的价格较为便宜，因此其性能价格比较高。

（2）模块化结构　采用模块化结构，具有良好的适应性与扩展性，结构紧凑，调试、维修方便。

（3）具有很强的通信功能　便于实现 FMS、FA、CIMS。

2. 多微处理器结构的形式

多微处理器 CNC 装置一般采用两种结构形式，即紧耦合结构和松耦合结构。紧耦合结构由各微处理器构成处理部件，处理部件之间采取紧耦合方式，有集中的操作系统，共享资源；松耦合结构由各微处理器构成功能模块，功能模块之间采取松耦合方式，有多重操作系统,可以有效地实现并行处理。

3. 多微处理器结构的组成

(1) 组成　多微处理器 CNC 装置主要由 CNC 管理模块、CNC 插补模块、位置控制模块、存储器模块、PLC 模块、数据输入/输出和显示模块等组成。

1) CNC 管理模块。CNC 管理模块用于管理和组织整个 CNC 系统的工作,主要包括初始化、中断管理、总线裁决、系统出错识别和处理、系统软件和硬件诊断等功能。

2) CNC 插补模块。CNC 插补模块用于完成插补前的预处理,如对零件程序的译码、刀具半径补偿、坐标位移量计算及进给速度处理等;并进行插补计算,为各个坐标提供位置给定值。

3) 位置控制模块。位置控制模块用于进行位置给定值与检测所得实际值作比较,进行自动加减速、回基准点、伺服系统滞后量的监视和漂移补偿,最后得到速度控制值,以驱动进给电动机。

4) 存储器模块。存储器模块为程序和数据的主存储器,或为各功能模块间进行数据传送的共享存储器。

5) PLC 模块。PLC 模块用于对零件程序中的开关功能和机床传送来的信号进行逻辑处理,实现主轴起/停和正/反转、换刀、切削液开/关、工件夹紧和松开等。

6) 数据输入/输出和显示模块。数据输入/输出和显示模块包括零件程序、参数、数据及各种操作命令的输入、输出、显示所需的各种接口电路。

(2) 功能模块的互连方式　多 CPU 结构的 CNC 装置有共享总线和共享存储器两类典型结构。

1) 共享总线结构。共享总线结构是以系统总线为中心组成多微处理器 CNC 装置,如图 3-6 所示。

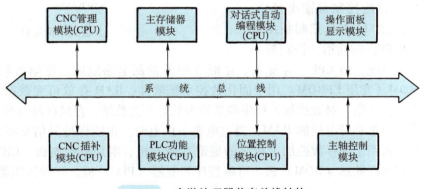

图 3-6　多微处理器共享总线结构

按照功能将系统划分为若干功能模块,带有 CPU 的模块称为主模块,不带 CPU 的称为从模块,所有主、从模块都插在配有总线插座的机柜内。系统总线的作用是把各个模块有效地连接在一起,按照要求交换各种数据和控制信息,实现各种预定的功能。

共享总线结构中只有主模块有权控制和使用系统总线,由于有多个主模块,系统通过总线仲裁电路来解决多个主模块同时请求使用总线的矛盾。

共享总线结构的优点是系统配置灵活、结构简单、容易实现、造价低,不足之处是会引起竞争，使信息传输率降低，总线一旦出现故障会影响全局。

2) 共享存储器结构。共享存储器结构是以存储器为中心组成的多微处理器 CNC 装置，如图 3-7 所示。采用多端口存储器来实现各微处理器之间的互连和通信，每个端口都配有一套数据线、地址线、控制线，以供端口访问，由专门的多端口控制逻辑电路解决访问的冲突问题。当微处理器数量增多时，往往会由于争用共享而造成信息传输的阻塞，降低系统效率，因此这种结构功能扩展比较困难。

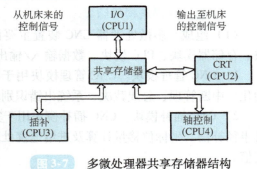

图 3-7 多微处理器共享存储器结构

三、大板式结构和功能模块式结构

1. 大板式结构

大板式结构 CNC 系统的 CNC 装置由主电路板、ROM/RAM 板、PLC 板、附加轴控制板和电源单元等组成。主电路板是大印制电路板，其他电路是小印制电路板，它们插在大印制电路板的插槽内而共同构成 CNC 装置，如图 3-8 所示。FANUC CNC 6MB 就采用这种大板式结构，其结构框图如图 3-9 所示。

图 3-9 中，主电路板（大印制电路板）上有控制核心电路、位置控制电路、纸带阅读机接口、三个轴的位置反馈量输入接口和速度控制量输出接口、手摇脉冲发生器接口、I/O 控制板接口和六个小印制电路板的插槽。控制核心

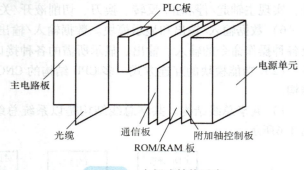

图 3-8 大板式结构示意

电路为微机基本系统，由 CPU、存储器、定时和中断控制电路组成。存储器包括 ROM 和 RAM，其中 ROM（常用 EPROM）用于固化数控系统软件；RAM 存放可变数据，如堆栈数据和控制软件暂存数据。对数控加工程序和系统参数等可变数据，存储区域应具有掉电保护功能，如磁泡存储器和带电池的 RAM，当主电源不供电时，也能保持其信息不丢失。六个插槽内分别可插入用于保存数控加工程序的磁泡存储器板、附加轴控制板、CRT 显示控制和 I/O 接口、扩展存储器（ROM）板、可编程序控制器（PLC）板、旋转变压器/感应同步器控制板。

2. 功能模块式结构

在采用功能模式结构的 CNC 装置中，将整个 CNC 装置按照功能划分为若干模块，硬件和软件都采用模块化设计方法，即每一个功能模块被做成尺寸相同的印制电路板（称功能模板），相应功能模块的控制软件也模块化，这样形成了一个所谓的交钥匙 CNC 系统产品系列，用户只要按需要选用各种控制单元母板及所需功能模板，将各功能模板插入控制单元母板的槽内，就搭成了自己需要的 CNC 系统的控制装置。常见的功能模板有 CNC 控制板、位

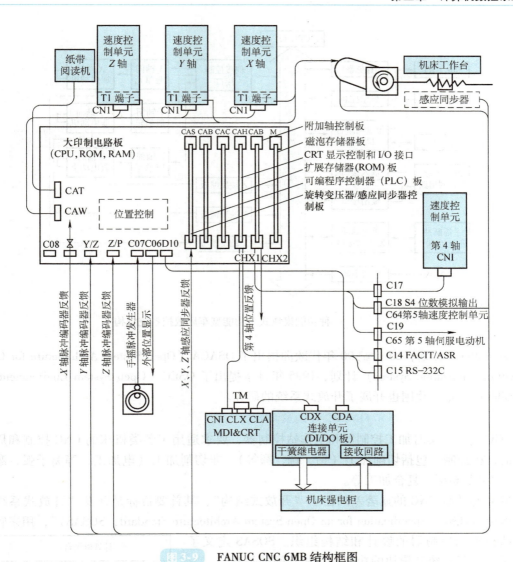

图3-9 FANUC CNC 6MB 结构框图

置控制板、PLC 板、图形板和通信板等。例如，一种功能模块式结构的全功能型车床数控系统结构如图 3-10 所示，系统由 CPU 板、扩展存储器板、显示控制板、手轮接口板、键盘和录音机板、输入/输出接口板、强电输入板、伺服接口板和三块轴反馈板共 11 块板组成，连接各模块的总线可按需选用各种工业标准总线，如工业 PC 总线、STD 总线等。FANUC 系统 15 系列就采用了功能模块化式结构。

四、开放式数控系统结构

对于专用型数控系统，由于专门针对 CNC 设计，其结构合理并可获得较高的性能价格比。为适应柔性化、集成化、网络化和数字化制造环境，发达国家相继提出数控系统要向标准化、规范化方向发展，并提出开放式数控系统研发计划。1987 年美国提出了 NGC（Next Generation Work – station/Machine Controller）计划及以后的 OMAC（Open Modular Architec-

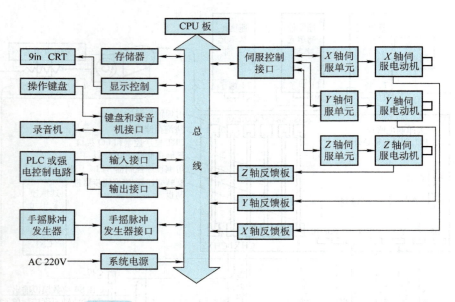

图 3-10 一种功能模块式全功能型车床数控系统结构

ture Controller) 计划，20 世纪 90 年代欧洲提出了 OSACA（Open System Architecture for Control within Automation System）计划，1995 年日本提出了 OSEC（Open System Environment for Controller）计划。我国也开展了开放式系统的研究。

1. 美国的 NGC 计划和 OMAC 计划及其结构

NGC 是一个实时加工控制器和工作站控制器，要求适用于各类机床的 CNC 控制和周边装置的过程控制，包括切削加工（钻、铣、磨等）、非切削加工（电加工、等离子弧、激光等）、测量及装配、复合加工等。

NGC 与传统 CNC 的显著差别在于"开放式结构"，其首要目标是开发"开放式系统体系结构标准规范（Specification for an Open System Architecture Standard，SOSAS）"，用来管理工作站和机床控制器的设计和结构组织。SOSAS 定义了 NGC 系统、子系统和模块的功能以及相互间的关系。

美国 DELTA TAU 公司利用 OMAC 协议，采用 PC 机加 PMAC 控制卡组成 PMAC 开放式 CNC 系统。PMAC 卡上具有完整的 NC 控制功能和方便的调用接口，与 PC 机采用双端口、总线、串行接口和中断等方式进行信息交换，只需在通用 PC 机上进行简单的人机操作界面开发，即可形成各种用途的控制器，以满足不同用户的需求。NGC 系统结构如图 3-11 所示。

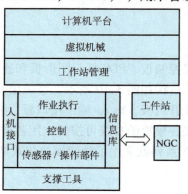

图 3-11 NGC 系统结构

2. 欧共体的 OSACA 计划及其结构

OSACA 计划是针对欧盟的机床，其目标是使 CNC 系统开放，允许机床厂对系统作补充、扩展、修改、裁剪，以适应不同的需要，从而实现 CNC 的批量生产，增强数控系统和数控机床的市场竞争力。

OSACA 平台的软、硬件包括操作系统、通信系统、数据库系统、系统设定和图形服务器等，平台通过 API（Application Program Interface）与具体应用模块 AO（Architecture Object）发生关系，AO 按其控制功能可分为人机控制（Man–Machine Control，MMC）、运动控制（Motion Control，MC）、逻辑控制（Logic Control，LC）、轴控制（Axis Control，AC）和过程控制（Process Control，PC）。

OSACA 的通信接口分为 ASS（Application Service System）、MTS（Message Transport System）和 COC（Communication Object Classes）三种协议形式，分别用于不同信息的交换，满足实时检测和控制的要求。

目前，SIEMENS、FAGOR、NUM、Index 等公司已有数控产品与 OSACA 部分兼容。OSACA 系统平台结构如图 3-12 所示。

图 3-12　OSACA 系统平台结构

3. 日本的 OSEC 计划及其结构

OSEC 采用了三层功能结构，即应用、控制和驱动。这种结构实现了零件造型、工艺规划（加工顺序、刀具轨迹、切削条件等）、机床控制处理（程序解释、操作模块控制、智能处理等）、刀具轨迹控制、顺序控制和轴控制等。OSEC 开放系统体系结构如图 3-13 所示。

4. 我国开放式系统的研究

国内开放式数控系统的研究起步于 20 世纪 90 年代后期，经过了短短几年的攻关，一些大学、研究所及生产厂家就相继研制出一些系统，但由于各研究机构对数控系统的认识和理解不同，致使开放式数控系统的设计和开发在一段时间处于百家争鸣阶段，这虽有利于新型开放式数控系统概念的提出，但事实上并不利于工业化开放式系统的应用，而且百家争鸣的开放体系也违背了开放式数控系统的真正含义，因而造成了各系统之间的不兼容。为了解决数控应用软件的产业化及系统互联问题，1999～2000 年，中华人民共和国科学技术部、国家经济贸易委员会等部委组织专家针对国际数控技术的发展形势做了多方调研，决定由国内数控领域和信息产业领域具有代表性的 8 家企业组成联合团队，2000 年开始起草并制订符合我国国情又紧密结合国际开放数控系统发展趋势的开放式数控系统技术规范国家标准，以指导开发新一代开放式数控系统平台，从而实现我国数控技术的跳跃式发展。

2002年6月我国正式颁布了《机械电气设备 开放式数控系统 第1部分：总则》（GB/T 18759.1—2002）的国家标准，并于2003年月1日正式生效。这项总则标准集合了我国在开放式数控领域研究的基础成果，重点在系统总体构成方面做了较为详细而明确的定义。虽然这仅仅还是开放式数控系统标准的总则，没有达到真正意义上开放式数控系统全部标准的描述，但它已经是一个较为完整系统框架的体系标准。该总则对数控系统的开放程度定义了三个层次，每个层次的数控系统开放程度不同。国标总则部分对一个完整的开放式数控系统应具有的基本体系结构也做了明确规范，用来指导今后的开放式数控系统设计和后续更深一层的开放式数控系统标准的其他各部分的定义。按照总则要求，一个开放式数控系统的基本结构由系统平台、硬件平台、软件平台、开放式数控系统应用软件、配置系统以及功能单元库等组成。

第二节 CNC系统的软件结构

一、CNC系统软、硬件组合类型

在CNC系统中，数控功能的实现方法大致分为三种：第一种方法是由软件完成输入及插补前的准备，由硬件完成插补和位控；第二种方法是由软件完成输入、插补准备、插补及位控的全部工作；第三种方法是由软件负责输入、插补前的准备及插补，硬件仅完成位置的控制。图3-14所示为三种典型的软、硬件界面关系。

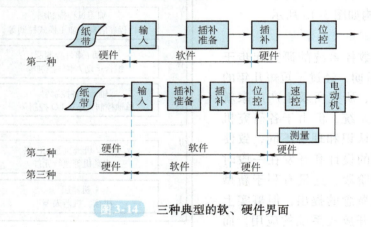

图3-14 三种典型的软、硬件界面

二、CNC系统控制软件的结构特点

CNC系统是一个专用的实时多任务计算机控制系统，在系统的控制软件中融合了当今计算机软件许多先进技术，其中最突出的是多任务并行处理和多重实时中断。

1. 多任务并行处理

（1）CNC系统的多任务性 CNC系统软件必须完成管理和控制两大任务。系统的管理部分包括输入/输出、显示和诊断，系统的控制部分包括译码、刀具补偿、速度控制、插补运算和位置控制。在许多情况下,管理和控制的某些工作必须同时进行。当 CNC 系统工作在加工控制状态时,为了使操作人员能及时地了解 CNC 系统的工作状态,管理软件中的显示模块必须与控制软件同时运行;当 CNC 系统工作在 NC 加工方式时,管理软件中的零件程序输入模块必须与控制软件同时运行;而当控制软件运行时,其本身的一些管理模块也必须同时运行。例如,为了保证加工过程的连续性,即刀具在各程序段之间不停刀,译码、刀具补偿和速度处理模块必须与插补模块同时运行,而插补运算又必须与位置控制同时进行。

图 3-15 和图 3-16 所示分别为 CNC 系统的软件组成和多任务并行处理关系。在图 3-16 中,双向箭头表示两个模块之间有并行处理关系。

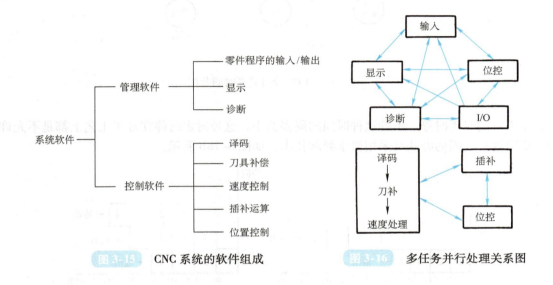

图 3-15　CNC 系统的软件组成　　　　图 3-16　多任务并行处理关系图

(2) 并行处理的概念　并行处理是指计算机在同一时刻或同一时间间隔内完成两种或两种以上性质相同或不相同的工作。并行处理最显著的优点是提高了运算速度,将 n 位串行运算和 n 位并行运算进行比较,在元件处理速度相同的情况下,后者运算速度几乎为前者的 n 倍。

(3) 资源分时共享　在单 CPU 的 CNC 系统中,主要采用 CPU 分时共享的原则来解决多任务同时运行的问题,使多个用户按照时间顺序使用同一套设备。要点之一是各任务何时占用 CPU,二是允许各任务占用 CPU 的时间长短。

在 CNC 系统中,对各任务使用 CPU 是用循环轮流和中断优先相结合的方法来解决,图 3-17 所示是一个典型 CNC 系统多任务分时共享 CPU 的时间分配。

(4) 资源重叠流水处理　当 CNC 系统处在 NC 工作方式时,其数据的转换过程由零件程序输入、插补准备(包括译码、刀具补偿和速度处理)、插补、位置控制 4 个子过程组成。如果每个子过程的处理时间分别为 Δt_1、Δt_2、Δt_3、Δt_4,那么一个程序段的数据转换时间为

$$T = \Delta t_1 + \Delta t_2 + \Delta t_3 + \Delta t_4$$

如果以顺序方式(见图 3-18a)处理每个零件程序段,那么在两个程序段的输出之间将有一个时间为 T 的间隔。这种时间间隔反映在电动机上就是电动机的时转时停,反映在刀具

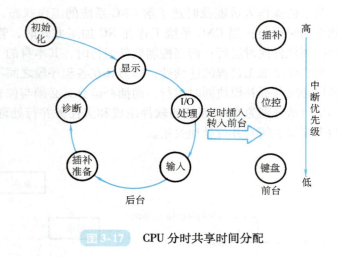

图 3-17　CPU 分时共享时间分配

上就是刀具的时走时停。不管这种时间间隔多么小，这种时走时停在加工工艺上都是不允许的。消除这种间隔的办法是采用流水处理技术，如图 3-18b 所示。

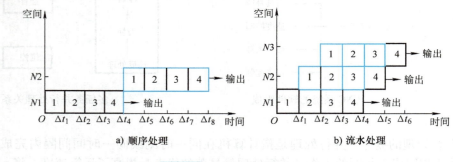

a) 顺序处理　　　　　　　　　　　b) 流水处理

图 3-18　资源重叠流水处理

流水处理的关键是时间重叠，即在一段时间间隔内同时处理两个或更多的子过程。经过流水处理后从时间 Δt_4 开始，每个程序段的输出之间不再有间隔，从而保证了电动机转动和刀具移动的连续性。

从图 3-18b 中可以看出，流水处理要求每个处理子过程的运算时间相等。当 CNC 系统处理时间较短的子过程时，处理完成之后就进入等待状态。

2. 实时中断处理

CNC 系统控制软件的另一个重要特征是实时中断处理。数控机床在加工零件的过程中，有些控制任务具有较强的实时性要求。CNC 系统的中断管理主要靠硬件完成，而系统的中断结构决定了系统软件的结构，其中断类型有外部中断、内部定时中断、硬件故障中断以及程序性中断等。

（1）外部中断　外部中断主要有纸带阅读机读孔中断、外部监控中断（如急停、量仪到位等）和键盘操作面板输入中断几种形式，前两种中断的实时性要求很高，通常把它们放在较高的优先级上,而键盘和操作面板输入中断则放在较低的中断优先级上。

(2) 内部定时中断　内部定时中断主要有插补周期定时中断和位置采样定时中断。在有些系统中,这两种定时中断合二为一,但在处理时,总是先处理位置控制,然后处理插补运算。

(3) 硬件故障中断　硬件故障中断是指各种硬件故障检测装置发出的中断,如存储器出错、定时器出错、插补运算超时等。

(4) 程序性中断　程序性中断是程序中出现的各种异常情况的报警中断,如各种溢出、清零等。

3. CNC 系统中断结构模式

在 CNC 系统中,中断处理是重点,工作量较大,就其采用的结构而言,主要有前、后台型软件结构的中断模式与中断型软件结构的中断模式。

(1) 前、后台型软件结构中的中断模式　在这种软件结构中,整个控制软件分为前台程序和后台程序。其中,前台程序是一个实时中断服务程序,完成全部的实时功能,如插补、位置控制等;而后台程序即背景程序,其实质是一个循环运行程序,完成管理及插补准备等功能。在背景程序的运行过程中,前台实时中断程序不断插入,与背景程序相配合,共同完成零件的加工任务,二者之间的关系如图 3-19 所示。

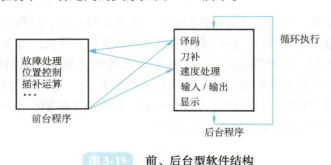

图 3-19　前、后台型软件结构

(2) 中断型软件结构中的中断模式　表 3-1 为某种 CNC 系统各级中断的主要功能。中断优先级共八级,其中 0 级为最低优先级,实际上是初始化程序;1 级为主控程序,当没有其他中断时,该程序循环执行;7 级为最高级。除了 4 级为硬件中断完成报警功能之外,其余均为软件中断。

表 3-1　各级中断的主要功能

优先级	主要功能	中断源	优先级	主要功能	中断源
0	初始化	开机进入	4	报警	硬件
1	CRT 显示 ROM 奇偶校验	硬件,主控程序	5	插补运算	8ms
2	各种工作方式,插补准备	16ms	6	软件定时	2ms
3	键盘、I/O 及 M、S、T 处理	16ms	7	纸带阅读机	硬件随机

三、CNC 系统软件的工作过程

CNC 系统软件是使 CNC 系统完成各项功能而编制的专用软件,不同的 CNC 系统,其软件结构与规模有所不同,但就其共性来说,一个 CNC 系统的软件总是由输入、译码、数据处理（预计算）、插补运算、速度控制、输出、管理与诊断等部分组成的。

1. 输入

CNC 系统中的零件加工程序，一般是通过键盘、磁盘或 U 盘、DNC 接口等方式输入的。在软件设计中，这些输入方式大都采用中断方式来完成，且每一种输入法均有一个相对应的中断服务程序。例如在键盘输入时，每按一个按键，硬件就向主机 CPU 发出一次中断申请，若 CPU 响应中断，则调用一次键盘服务程序，完成相应键盘命令的处理。

在 CNC 系统中，无论采用哪一种输入方法，其存储过程总是要经过零件程序的输入，然后将输入的零件程序先存放在缓冲器中，再经缓冲器到达零件程序存储器。

2. 译码

译码就是将输入的零件程序翻译成本系统所能识别的语言，译码的结果存放在指定的存储区内，通常称为译码结果寄存器。译码程序的功能就是把程序段中各个数据根据其前后的字符地址送到相应的缓冲寄存器中。

译码可在正式加工前一次性将整个程序翻译完，并在译码过程中对程序进行语法检查，若有语法错误则报警，这种方式称为编译；另一种处理方式是在加工过程中进行译码，即数控系统进行加工控制时，利用空闲时间来对后面的程序段进行译码，这种方式称为解释。

3. 数据处理

数据处理即预计算，通常包括刀具长度补偿、刀具半径补偿、反向间隙补偿、丝杠螺距补偿、过象限及进给方向的判断、进给速度换算、加减速控制及机床辅助功能处理等。

（1）进给速度控制　在开环系统中，坐标轴运动的速度是通过控制步进电动机的进给脉冲频率来实现的。开环系统的速度计算是根据编程的 F 值（等于进给速度 v_f 的值）来确定步进电动机进给脉冲频率的，步进电动机走一步，相应的坐标轴移动一个脉冲当量 δ，进给速度 v_f（mm/min）与进给脉冲频率 f 的关系为

$$f = \frac{v_f}{60\delta}$$

二轴联动时，各坐标轴的进给速度分别为

$$v_{fx} = 60 f_X \delta$$
$$v_{fy} = 60 f_Y \delta$$

式中　v_{fx}、v_{fy}——X 轴、Y 轴的进给速度（mm/min）；

f_X、f_Y——X 轴、Y 轴步进电动机的进给脉冲频率。

合成的进给速度为

$$v_f = \sqrt{v_{fx}^2 + v_{fy}^2}$$

在闭环或半闭环系统中，由于采用数据采样插补法进行插补计算，所以是根据编程的 F 值计算出每个采样周期的轮廓步长，而获得进给速度。

（2）加减速控制　为了保证机床在起动或停止时不产生冲击、失步、超程或振荡，必须对传送给伺服驱动装置的进给脉冲频率或电压进行加减速控制，即在机床加速起动时，保证加在驱动电动机上的进给脉冲频率或电压逐渐增大；而当机床减速停止时，保证加在驱动电动机上的进给脉冲频率或电压逐渐减小。在 CNC 系统中，加减速控制多数采用软件来实现。加减速控制可以在插补前进行，称为前加减速控制；也可以在插补后进行，称为后加减

速控制，如图 3-20 所示。

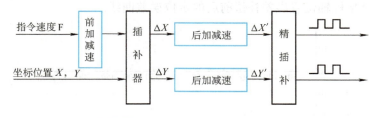

图 3-20　前加减速和后加减速控制

前加减速控制仅对编程指令进给速度 F 进行控制，其优点是不会影响实际插补输出的位置精度，缺点是需要预测减速点，而预测减速点的计算量较大；后加减速控制是对各轴分别进行加减速控制，不需要预测减速点，由于对各坐标轴分别进行控制，实际各坐标轴的合成位置可能不准确，但这种影响只是在加减速过程中才存在，进入匀速状态时这种影响就没有了。加减速实现的方式有线性加减速（匀加减速）、指数加减速和正弦（sin）曲线加减速方式，图 3-21 所示为三种加减速方式的特性曲线。

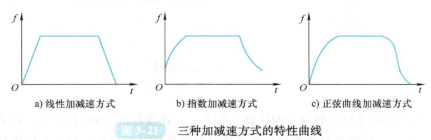

图 3-21　三种加减速方式的特性曲线

其中，线性加减速方式常用于点位控制数控系统中，指数加减速方式和正弦曲线加减速方式常用于直线和轮廓控制数控系统中。

（3）反向间隙及丝杠螺距补偿　位置精度是数控机床最重要的一项指标，通过反向间隙补偿可提高数控机床的位置精度。在点位、直线控制的数控系统中，位置精度中的定位精度影响工件的尺寸精度；在轮廓控制的数控系统中，定位精度影响工件的轮廓加工精度。

反向间隙又称失动量，是由进给机械传动链中的导轨副间隙、丝杠螺母副间隙及齿轮副齿隙，丝杠及传动轴的扭转、压缩变形，以及其他构件的弹性变形等因素综合引起的。由于反向间隙的存在，当进给电动机转向改变时，会出现电动机空转一定角度而工作台不移动的现象。反向间隙补偿是在电动机改变转向时，让电动机多转动一个角度，消除间隙后才正式计算坐标运动的值，即空走不计入坐标运动。各轴的反向间隙值可以离线测出，如采用激光干涉仪等测距装置，补偿数据作为机床参数存入数控系统中，供补偿时取用。

丝杠螺距累积误差是在丝杠制造和装配过程中产生的，呈周期性的变化规律。在闭环控制系统中，由于机床工作台上安装了位置检测装置，定位精度主要取决于位置检测装置的系统误差，如分辨率、线性度及安装、调整造成的误差。位置误差补偿是通过对机床全行程的离线测量，得到定位误差曲线，在误差达到一个脉冲当量的位置处设定正或负的补偿值。当机床坐标轴运动到该位置时，系统将坐标值加或减一个脉冲当量，从而将实际定位误差控制在一定的精度范围内。位置误差补偿数据同样作为机床参数存入数控系统中。图 3-22 所示为某数控机床一个坐标轴位置误差补偿前后的定位误差曲线。

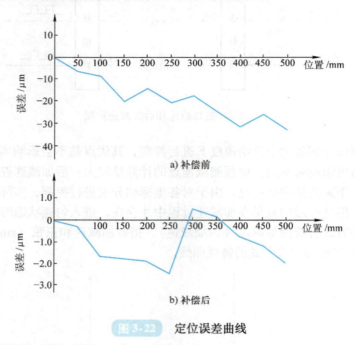

图 3-22　定位误差曲线

4. 插补运算

插补运算是 CNC 系统中最重要的计算工作之一。在实际的 CNC 系统中，常采用粗、精插补相结合的方法，即把插补功能分成软件插补与硬件插补两部分。数控系统控制软件把刀具轨迹分割成若干段，而硬件电路再在各段的起点和终点之间进行数据的密化，使刀具轨迹在允许的误差之内，即软件实现粗插补，硬件实现精插补。

5. 输出

输出控制主要完成伺服控制及 M、S、T 等辅助功能。

伺服控制包括数控系统向驱动装置发出模拟速度控制信号或一串脉冲指令，同时接受位置反馈信号，实现位置控制。

S 功能用于主轴转速控制，数控系统将译码后的信息传送给主轴控制系统，由主轴控制系统对主轴进行控制。M、T 功能主要涉及开关量的逻辑控制，用 PLC 处理。数控系统只需将译码后的信息适时地传送给 PLC，就可完成诸如主轴正反转、冷却和润滑、刀库选刀及机械手换刀、工作台交换等控制。

6. 管理与诊断

CNC 系统的管理软件主要包括 CPU 管理与外设管理，如前、后台程序的合理安排与协调工作，中断服务程序之间的相互通信，控制面板与操作面板上各种信息的监控等。

诊断程序可以防止故障的发生或扩大，而且在故障出现后，可以帮助用户迅速查明故障的类型与部位，减少故障停机时间。在设计诊断程序时，诊断程序可以包括在系统运行过程中进行检查与诊断，也可以作为服务程序在系统运行前或故障发生停机后进行诊断。

第三节　CNC 系统的插补原理

一、概述

1. 插补的基本概念

在数控机床中，刀具的运动轨迹是折线，而不是光滑的曲线，因此，刀具不能严格地沿着加工曲线运动，只能用折线逼近加工曲线。所谓插补就是在被加工曲线之间进行数据密化的过程，在对数控系统输入有限坐标点（如起点、终点）的情况下，计算机根据线段的特征（直线、圆弧、椭圆等），运用一定的算法，自动地在这些特征点之间插入一系列中间点，从而对各坐标轴进行脉冲分配，完成整个曲线的轨迹运行，以满足加工精度的要求。在 CNC 系统中有一个专门完成脉冲分配的计算装置——插补器，在计算过程中不断向各个坐标轴发出相互协调的进给脉冲，使被控机械部件按照指定的路线移动。

2. 插补方法

（1）脉冲增量插补　脉冲增量插补又称基准脉冲插补，是通过向各个运动轴分配脉冲，控制机床坐标轴做相互协调的运动，从而加工出一定形状零件轮廓的算法。显然，这类插补算法的输出是脉冲形式，并且每次仅产生一个单位的行程增量。而相对于控制系统发出的每个脉冲信号，机床移动部件对应坐标轴的位移量大小称为脉冲当量，一般用 δ 表示，它标志着数控机床的加工精度。一般对于普通数控机床，$\delta = 0.01\text{mm}$；对于较精密的数控机床，$\delta = 0.005\text{mm}$、0.0025mm 或 0.001mm 等。

脉冲增量插补有逐点比较法、数字积分法以及一些相应的改进算法等。

一般来讲，脉冲增量插补算法较适合于中等精度（如 0.01mm）和中等速度（1～3m/min）的 CNC 系统。由于脉冲增量插补误差小于一个脉冲当量，并且其输出的脉冲频率主要受插补程序所用时间的限制，所以，CNC 系统精度与切削速度之间是相互影响的。例如实现某脉冲增量插补算法大约需要 $30\mu s$ 的处理时间，当系统脉冲当量为 0.001mm 时，则可求得单个运动坐标轴的极限速度约为 2m/min。当要求控制两个或两个以上坐标轴时，所获得的速度还将进一步降低。反之，如果将系统单轴极限速度提高到 20m/min，则要求将脉冲当量增大到 0.01mm。可见，CNC 系统中这种制约关系限制了其精度和速度的提高。

（2）数据采样插补　数据采样插补就是使用一系列首尾相连的微小直线段来逼近给定曲线，由于这些微小直线段是根据编程进给速度，按照系统给定的时间间隔来分割的，所以又称为"时间分割法"插补，该时间间隔就是插补周期（T_s）。分割后得到的这些微小直线段精度相对于系统精度而言仍是比较大的，为此，必须进一步进行数据点的密化工作，所以，也称微小直线段的分割过程是粗插补，而后续进一步的密化过程是精插补。

一般情况下，数据采样插补法中的粗插补由软件实现，并且由于其算法中涉及一些三角函数和复杂的算术运算，所以大多采用高级语言完成。而精插补大多采用前面介绍的脉冲增量插补算法，既可由软件实现，也可由硬件实现，并且由于相应算术运算比较简单，所以由软件实现时大多采用汇编语言完成。

位置控制周期（T_c）是数控系统中伺服位置环的采样控制周期，对于给定的某个数控系统而言，插补周期和位置控制周期是两个固定不变的时间参数。

通常 $T_s \geq T_c$，并且为了便于系统内部控制软件的处理，当 $T_s \neq T_c$ 时，则一般要求 T_s 是 T_c 的整数倍。这是由于插补运算较复杂、处理时间较长，而位置环数字控制算法较简单、处理时间较短，所以每次插补运算的结果可供位置环多次使用。现假设编程中设定的进给速度为 v_f，插补周期为 T_s，则可求得插补分割后的微小直线段长度为 ΔL（暂不考虑单位），公式为

$$\Delta L = v_f T_s$$

插补周期对系统稳定性没有影响，但对被加工轮廓的精度有影响，而位置控制周期则对系统稳定性和轮廓误差均有影响。因此，选择 T_s 时主要从插补精度方面考虑，而选择 T_c 时则从伺服系统的稳定性和动态跟踪误差两方面考虑。按照插补周期，将零件轮廓轨迹分割为一系列微小直线段，然后将这些微小直线段进一步进行数据密化，将对应的位置增量数据与采样所获得的实际位置反馈值相比较，求得位置跟踪误差。位置伺服软件根据当前的位置误差计算出进给坐标轴的速度给定值，并将其输送给驱动装置，通过电动机带动丝杠和工作台朝着减小误差的方向运动，以保证整个系统的加工精度。这类算法的插补结果是一个数字量，适用于以直流或交流伺服电动机作为执行元件的闭环或半闭环数控系统。

当数控系统选用数据采样插补方法时，由于插补频率较低，为 50～125Hz，插补周期为 8～20ms，这时使用计算机完全可以满足插补运算及数控加工程序编制、存储、收集运行状态数据、监视机床等其他数控功能。并且，数控系统所能达到的最大轨迹运行速度在 10m/min 以上，也就是说数据采样插补程序的运行时间已不再是限制轨迹运行速度的主要因素，其轨迹运行速度的上限取决于圆弧弦线误差以及伺服系统的动态响应特性。

3-1 逐点比较法

二、典型插补方法的工作原理

1. 逐点比较法

逐点比较法是通过逐点地比较刀具与所需插补曲线之间的相对位置，确定刀具的进给方向，进而加工出工件轮廓的插补方法。刀具从加工起点开始，按照"靠近曲线，指向终点"的进给方向确定原则，控制刀具的依次进给，直至被插补曲线的终点，从而获得一个近似于数控加工程序规定的轮廓轨迹。

逐点比较法插补过程中每次进给都要经过以下四个节拍：

第一节拍——偏差判别。判别刀具当前位置相对于给定轮廓的偏离情况，并以此确定刀具进给方向。

第二节拍——坐标进给。根据偏差判别结果，控制刀具沿工件轮廓向减小偏差的方向进给。

第三节拍——偏差计算。刀具进给一次后，计算刀具新的位置与工件轮廓之间的偏差，作为下一步偏差判别的依据。

第四节拍——终点判别。刀具每进给一次均要判别刀具是否到达被加工工件轮廓的终点，若到达则插补结束，否则继续循环，直至终点。

四个节拍的工作流程图如图 3-23 所示。

下面介绍逐点比较法直线插补和圆弧插补的基本原理及其实现方法。

(1) 逐点比较法进行第 I 象限直线插补　设第一象限直线 OE 的起点 O 为坐标原点，终

点 E 坐标为 $E(X_e, Y_e)$，如图 3-24 所示。若刀具在某一时刻处于直线 OE 上某点 $T(X_i, Y_i)$，则有下式

$$\frac{Y_i}{X_i} = \frac{Y_e}{X_e} \quad (3\text{-}1a)$$

即
$$X_e Y_i - X_i Y_e = 0 \quad (3\text{-}1b)$$

设刀具位于直线 OE 的上方，直线 OT 斜率大于直线 OE 的斜率，则有下式

$$\frac{Y_i}{X_i} > \frac{Y_e}{X_e} \quad (3\text{-}2a)$$

即
$$X_e Y_i - X_i Y_e > 0 \quad (3\text{-}2b)$$

设刀具位于直线 OE 的下方，直线 OT 斜率小于直线 OE 的斜率，则有下式

$$\frac{Y_i}{X_i} < \frac{Y_e}{X_e} \quad (3\text{-}3a)$$

即
$$X_e Y_i - X_i Y_e < 0 \quad (3\text{-}3b)$$

图 3-23 逐点比较法工作流程图

由以上关系式可以看出，$(X_e Y_i - X_i Y_e)$ 的符号反映了刀具所处点 T 与直线 OE 之间的偏离情况，为此取偏差函数为

$$F = X_e Y_i - X_i Y_e \quad (3\text{-}4)$$

刀具所处点 $T(X_i, Y_i)$ 与直线 OE 之间的位置关系（见图 3-25）可概括如下：

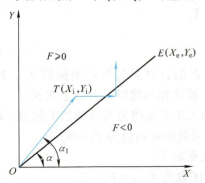 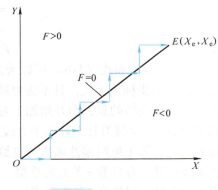

图 3-24 刀具与直线之间的位置关系　　图 3-25 直线插补轨迹

当 $F = 0$ 时，刀具位于直线上。
当 $F > 0$ 时，刀具位于直线上方。
当 $F < 0$ 时，刀具位于直线下方。

图 3-25 中，通常将 $F = 0$ 归入到 $F > 0$ 的情况。根据进给方向确定原则，当刀具位于直线上方或直线上，即 $F \geq 0$ 时，刀具沿 $+X$ 方向进给；当刀具位于直线下方时，即 $F < 0$ 时，刀具沿 $+Y$ 方向进给。根据上述原则刀具从原点 $O(0, 0)$ 开始，每进给一步，计算一次 F，判别 F 符号，再进给一步，再计算一次 F，不断循环，直至终点 E。这样，通过逐点比较的方法，控制刀具走出一条近似零件轮廓的轨迹，如图 3-25 中折线。当每次进给的步长（即脉冲当量）很小时，就可将这条折线近似当作直线来看待，显然，逼近程度的大小与脉

冲当量的大小直接相关。

由式（3-4）可以看出，每次求 F 时，要进行乘法和减法运算，为了简化运算，采用递推法，得出偏差计算表达式。

现假设第 i 次插补后，刀具位于点 $T(X_i, Y_i)$，偏差函数为
$$F_i = X_e Y_i - X_i Y_e$$

若 $F_i \geq 0$，刀具沿 $+X$ 方向进给一步，刀具到达新的位置 $T''(X_{i+1}, Y_{i+1})$ 坐标值为
$$X_{i+1} = X_i + 1, \quad Y_{i+1} = Y_i$$

因此，新的偏差函数为
$$\begin{aligned}F_{i+1} &= X_e Y_{i+1} - X_{i+1} Y_e \\ &= X_e Y_i - (X_i + 1) Y_e \\ &= X_e Y_i - X_i Y_e - Y_e \\ &= F_i - Y_e\end{aligned}$$

所以
$$F_{i+1} = F_i - Y_e \tag{3-5}$$

同样，若 $F_i < 0$，刀具沿 $+Y$ 方向进给一步，刀具到达新的位置 $T''(X'_{i+1}, Y'_{i+1})$ 坐标值为
$$X'_{i+1} = X_i, \quad Y'_{i+1} = Y_i + 1$$

因此，新的偏差函数为
$$\begin{aligned}F_{i+1} &= X_e Y'_{i+1} - X'_{i+1} Y_e \\ &= X_e (Y_i + 1) - X_i Y_e \\ &= X_e Y_i - X_i Y_e + X_e \\ &= F_i + X_e\end{aligned}$$

所以
$$F_{i+1} = F_i + X_e \tag{3-6}$$

根据式（3-5）和式（3-6）可以看出，偏差函数 F 的计算只与终点坐标值 X_e、Y_e 有关，与动点 T 的坐标值无关，且不需要进行乘法运算，算法相当简单，并易于实现。

在这里还要说明的是，当开始加工时，一般是采用人工方法将刀具移到加工起点，即所谓"对刀过程"，这时刀具正好处于直线上，所以偏差函数的初始值为 $F_0 = 0$。

综上所述，第 I 象限偏差函数与进给方向的对应关系如下：

当 $F_i \geq 0$ 时，刀具沿 $+X$ 方向进给一步，新的偏差函数为 $F_{i+1} = F_i - Y_e$。

当 $F_i < 0$ 时，刀具沿 $+Y$ 方向进给一步，新的偏差函数为 $F_{i+1} = F_i + X_e$。

刀具每进给一步，都要进行一次终点判别，若已经到达终点，插补运算停止，并发出停机或转换新程序段的信号，否则继续进行插补循环。终点判别通常采用以下两种方法：

1) 总步长法。将被插补直线在两个坐标轴方向上应走的总步数求出，即 $\Sigma = |X_e| + |Y_e|$，刀具每进给一步，就执行 $\Sigma - 1 \rightarrow \Sigma$，即从总步数中减去 1，这样当总步数减到零时，即表示已到达终点。

2) 终点坐标法。刀具每进给一步，就将动点坐标与终点坐标进行比较，即判别 $X_i - X_e = 0$ 和 $Y_i - Y_e = 0$ 是否成立，若等式成立，插补结束，否则继续。

在上述推导和叙述过程中，均假设所有坐标值的单位是脉冲当量，这样坐标值均是整数，每次发出一个单位脉冲，也就是进给一个脉冲当量的距离。

例 3-1 现欲加工第 I 象限直线 OE，设起点位于坐标原点 $O(0, 0)$，终点坐标值为

$X_e = 4$、$Y_e = 3$,试用逐点比较法对该直线进行插补,并画出刀具运行轨迹。

解:总步数 $\Sigma_0 = 4 + 3 = 7$,开始时刀具处于直线起点 O(0,0),$F_0 = 0$,则插补运算过程见表3-2,插补轨迹如图3-26所示。

表3-2 直线插补运算过程

序号	工作节拍			
	第一拍偏差判别	第二拍进给	第三拍偏差计算	第四拍终点判别
起点			$F_0 = 0$	$\Sigma_0 = 7$
1	$F_0 = 0$	$+\Delta X$	$F_1 = F_0 - Y_e = 0 - 3 = -3$	$\Sigma_1 = \Sigma_0 - 1 = 7 - 1 = 6$
2	$F_1 = -3 < 0$	$+\Delta Y$	$F_2 = F_1 + X_e = -3 + 4 = 1$	$\Sigma_2 = \Sigma_1 - 1 = 6 - 1 = 5$
3	$F_2 = 1 > 0$	$+\Delta X$	$F_3 = F_2 - Y_e = 1 - 3 = -2$	$\Sigma_3 = \Sigma_2 - 1 = 5 - 1 = 4$
4	$F_3 = -2 < 0$	$+\Delta Y$	$F_4 = F_3 + X_e = -2 + 4 = 2$	$\Sigma_4 = \Sigma_3 - 1 = 4 - 1 = 3$
5	$F_4 = 2 > 0$	$+\Delta X$	$F_5 = F_4 - Y_e = 2 - 3 = -1$	$\Sigma_5 = \Sigma_4 - 1 = 3 - 1 = 2$
6	$F_5 = -1 < 0$	$+\Delta Y$	$F_6 = F_5 + X_e = -1 + 4 = 3$	$\Sigma_6 = \Sigma_5 - 1 = 2 - 1 = 1$
7	$F_6 = 3 > 0$	$+\Delta X$	$F_7 = F_6 - Y_e = 3 - 3 = 0$	$\Sigma_7 = \Sigma_6 - 1 = 1 - 1 = 0$(终点)

这里要注意的是,对于逐点比较法插补,在起点和终点处刀具均落在零件轮廓上,也就是说在插补开始和结束时偏差值均为零,即 $F = 0$,否则,插补运算过程出现错误。逐点比较法直线插补软件流程如图3-27所示。

(2)逐点比较法进行第Ⅰ象限逆圆弧插补 在圆弧加工过程中,要描述刀具位置与被加工圆弧之间的相对位置关系,可用动点到圆心的距离大小来反映。

如图3-28所示,假设被加工的零件轮廓为第Ⅰ象限逆圆弧 $\widehat{AE}$,刀具位于点 T(X_i,Y_i)处,圆心为 O(0,0),半径为 R,则通过比较点 T 到圆心的距离与圆弧半径 R 的大小就可以判断出刀具与圆弧之间的相对位置关系。

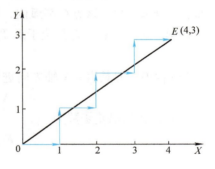

图3-26 直线插补轨迹

当点 T(X_i,Y_i)正好落在圆弧 $\widehat{AE}$ 上时,则有下式成立

$$X_i^2 + Y_i^2 = X_e^2 + Y_e^2 = R^2 \tag{3-7}$$

当点 T 落在圆弧 $\widehat{AE}$ 外侧时,则有下式成立

$$X_i^2 + Y_i^2 > X_e^2 + Y_e^2 = R^2 \tag{3-8}$$

当点 T 落在圆弧 $\widehat{AE}$ 内侧时,则有下式成立

$$X_i^2 + Y_i^2 < X_e^2 + Y_e^2 = R^2 \tag{3-9}$$

所以,取圆弧插补时的偏差函数表达式为

$$F = X_i^2 + Y_i^2 - R^2 \tag{3-10}$$

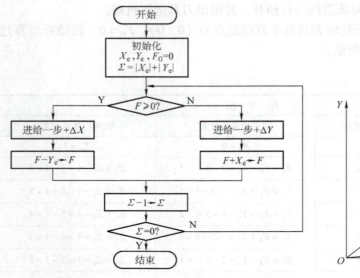

图 3-27　逐点比较法直线插补软件流程

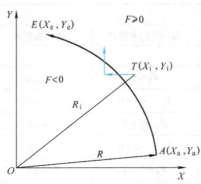

图 3-28　刀具与圆弧之间的位置关系

当 $F \geq 0$ 时，动点在圆弧外或圆弧上，根据进给方向确定的原则，刀具沿 $-X$ 方向进给一步；当 $F<0$ 时，该点在圆弧内，则刀具沿 $+Y$ 方向进给一步。

设第 i 次插补后，刀具位于点 $T(X_i, Y_i)$，对应的偏差函数为

$$F_i = X_i^2 + Y_i^2 - R^2$$

若 $F_i \geq 0$，刀具沿 $-X$ 轴方向进给一步，到达新的位置坐标值为

$$X_{i+1} = X_i - 1, \quad Y_{i+1} = Y_i$$

因此，新的偏差函数为

$$\begin{aligned} F_{i+1} &= X_{i+1}^2 + Y_{i+1}^2 - R^2 \\ &= (X_i - 1)^2 + Y_i^2 - R^2 \\ &= F_i - 2X_i + 1 \end{aligned}$$

所以
$$F_{i+1} = F_i - 2X_i + 1 \tag{3-11}$$

同理，若 $F_i < 0$，刀具沿 $+Y$ 轴方向进给一步，到达新的位置坐标值为

$$X_{i+1} = X_i, \quad Y_{i+1} = Y_i + 1$$

因此，新的偏差函数为

$$\begin{aligned} F_{i+1} &= X_{i+1}^2 + Y_{i+1}^2 - R^2 \\ &= X_i^2 + (Y_i + 1)^2 - R^2 \\ &= F_i + 2Y_i + 1 \end{aligned}$$

所以
$$F_{i+1} = F_i + 2Y_i + 1 \tag{3-12}$$

第 I 象限逆圆弧插补计算公式可归纳为：

当 $F_i \geq 0$ 时，刀具沿 $-X$ 方向进给，$F_{i+1} = F_i - 2X_i + 1$，$X_{i+1} = X_i - 1$，$Y_{i+1} = Y_i$。

当 $F_i < 0$ 时，刀具沿 $+Y$ 方向进给，$F_{i+1} = F_i + 2Y_i + 1$，$X_{i+1} = X_i$，$Y_{i+1} = Y_i + 1$。

根据进给方向的确定原则，第 I 象限顺圆弧插补计算公式也可归纳为：

当 $F_i \geq 0$ 时，刀具沿 $-Y$ 方向进给，$F_{i+1} = F_i - 2Y_i + 1$，$X_{i+1} = X_i$，$Y_{i+1} = Y_i - 1$。

当 $F_i < 0$ 时，刀具沿 +X 方向进给，$F_{i+1} = F_i + 2X_i + 1$，$X_{i+1} = X_i + 1$，$Y_{i+1} = Y_i$。

和直线插补一样，插补过程中也要进行终点判别，如

$$\Sigma = |X_e - X_a| + |Y_e - Y_a| \tag{3-13}$$

式中 (X_a, Y_a) ——被插补圆弧起点坐标；
　　(X_e, Y_e) ——被插补圆弧终点坐标。

例 3-2 现欲加工第 I 象限逆圆弧 $\overset{\frown}{AE}$，如图 3-29 所示，起点 $A(6, 0)$，终点 $E(0, 6)$，试用逐点比较法对该段圆弧进行插补，并画出刀具运动轨迹。

解： 总步数 $\Sigma = |X_e - X_a| + |Y_e - Y_a| = 12$。

开始时刀具处于圆弧起点 $A(6, 0)$，$F_0 = 0$。

插补过程见表 3-3，对应的插补轨迹如图 3-29 所示。

表 3-3 第 I 象限逆圆弧插补运算过程

序号	工作节拍					
	第一拍 偏差判别	第二拍 进给	第三拍		第四拍 终点判别	
			偏差计算	坐标计算		
起点			$F_0 = 0$	$X_0 = 6$, $Y_0 = 0$	$\Sigma_0 = 12$	
1	$F_0 = 0$	$-\Delta X$	$F_1 = 0 - 2 \times 6 + 1 = -11$	$X_1 = 5$, $Y_1 = 0$	$\Sigma_1 = \Sigma_0 - 1 = 11$	
2	$F_1 = -11 < 0$	$+\Delta Y$	$F_2 = -11 + 0 + 1 = -10$	$X_2 = 5$, $Y_2 = 1$	$\Sigma_2 = \Sigma_1 - 1 = 10$	
3	$F_2 = -10 < 0$	$+\Delta Y$	$F_3 = -10 + 2 \times 1 + 1 = -7$	$X_3 = 5$, $Y_3 = 2$	$\Sigma_3 = \Sigma_2 - 1 = 9$	
4	$F_3 = -7 < 0$	$+\Delta Y$	$F_4 = -7 + 2 \times 2 + 1 = -2$	$X_4 = 5$, $Y_4 = 3$	$\Sigma_4 = \Sigma_3 - 1 = 8$	
5	$F_4 = -2 < 0$	$+\Delta Y$	$F_5 = -2 + 2 \times 3 + 1 = 5$	$X_5 = 5$, $Y_5 = 4$	$\Sigma_5 = \Sigma_4 - 1 = 7$	
6	$F_5 = 5 > 0$	$-\Delta X$	$F_6 = 5 - 2 \times 5 + 1 = -4$	$X_6 = 4$, $Y_6 = 4$	$\Sigma_6 = \Sigma_5 - 1 = 6$	
7	$F_6 = -4 < 0$	$+\Delta Y$	$F_7 = -4 + 2 \times 4 + 1 = 5$	$X_7 = 4$, $Y_7 = 5$	$\Sigma_7 = \Sigma_6 - 1 = 5$	
8	$F_7 = 5 > 0$	$-\Delta X$	$F_8 = 5 - 2 \times 4 + 1 = -2$	$X_8 = 3$, $Y_8 = 5$	$\Sigma_8 = \Sigma_7 - 1 = 4$	
9	$F_8 = -2 < 0$	$+\Delta Y$	$F_9 = -2 + 2 \times 5 + 1 = 9$	$X_9 = 3$, $Y_9 = 6$	$\Sigma_9 = \Sigma_8 - 1 = 3$	
10	$F_9 = 9 > 0$	$-\Delta X$	$F_{10} = 9 - 2 \times 3 + 1 = 4$	$X_{10} = 2$, $Y_{10} = 6$	$\Sigma_{10} = \Sigma_9 - 1 = 2$	
11	$F_{10} = 4 > 0$	$-\Delta X$	$F_{11} = 4 - 2 \times 2 + 1 = 1$	$X_{11} = 1$, $Y_{11} = 6$	$\Sigma_{11} = \Sigma_{10} - 1 = 1$	
12	$F_{11} = 1 > 0$	$-\Delta X$	$F_{12} = 1 - 2 \times 1 + 1 = 0$	$X_{12} = 0$, $Y_{12} = 6$	$\Sigma_{12} = \Sigma_{11} - 1 = 0$（终点）	

第 I 象限逆圆弧逐点比较法插补的软件流程如图 3-30 所示。

（3）**象限处理** 以上只讨论了第 I 象限直线和第 I 象限逆圆弧的插补，但事实上，任何机床都必须具备处理不同象限、不同走向轮廓曲线的能力，而不同曲线其插补计算公式和脉冲进给方向都是不同的，为了能够最简单地处理这些问题，就要寻找其共同点，将各象限的直线和圆弧的插补公式统一于第 I 象限的计算公式，坐标值用绝对值代入公式计算，以利于 CNC 系统进行程序优化设计，提高插补质量。

直线情况较简单，仅因象限不同而异，现不妨将第 I、II、III、IV 象限内直线分别记为 L_1、L_2、L_3、L_4；而对于圆弧若用 "S" 表示顺圆，用 "N" 表示逆圆，结合象限的区别可获得 8 种圆弧形式，四个象限顺圆可表示为 SR_1、SR_2、SR_3、SR_4，四个象限的逆圆可表示为 NR_1、NR_2、NR_3、NR_4。

不同象限直线进给如图 3-31 所示，不同象限圆弧进给如图 3-32 所示，据此可以得出表 3-4 所列的四个象限直线、圆弧插补进给方向和偏差计算式。

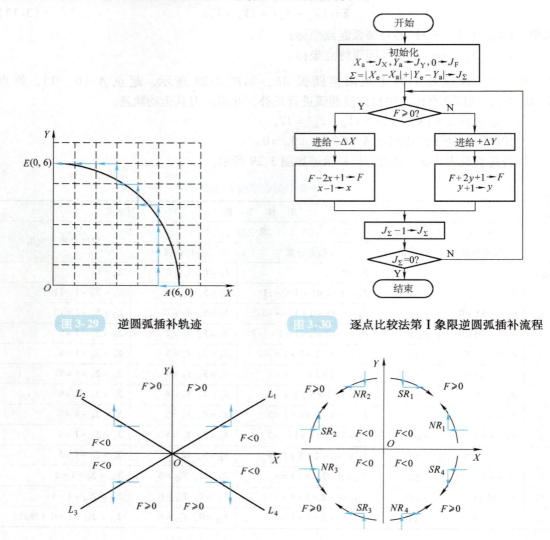

图 3-29　逆圆弧插补轨迹

图 3-30　逐点比较法第 I 象限逆圆弧插补流程

图 3-31　不同象限直线进给

图 3-32　不同象限圆弧进给

表 3-4　四个象限直线、圆弧插补进给方向和偏差计算式

线型	偏差计算	进给	偏差计算	进给
	$F_i \geqslant 0$		$F_i < 0$	
L_1		$+\Delta X$		$+\Delta Y$
L_2	$F - Y_e \to F$	$-\Delta X$	$F + X_e \to F$	$+\Delta Y$
L_3		$-\Delta X$		$-\Delta Y$
L_4		$+\Delta X$		$-\Delta Y$

（续）

线型	偏差计算	进给	偏差计算	进给
	$F_i \geq 0$		$F_i < 0$	
SR_1		$-\Delta Y$		$+\Delta X$
SR_3	$F - 2Y + 1 \to F$	$+\Delta Y$	$F + 2X + 1 \to F$	$-\Delta X$
NR_2	$Y - 1 \to Y$	$-\Delta Y$	$X + 1 \to X$	$-\Delta X$
NR_4		$+\Delta Y$		$+\Delta X$
SR_2		$+\Delta X$		$+\Delta Y$
SR_4	$F - 2X + 1 \to F$	$-\Delta X$	$F + 2Y + 1 \to F$	$-\Delta Y$
NR_1	$X - 1 \to X$	$-\Delta X$	$Y + 1 \to Y$	$+\Delta Y$
NR_3		$+\Delta X$		$-\Delta Y$

2. 数据采样插补法

随着 CNC 系统的发展，特别是高性能直流伺服系统和交流伺服系统的出现，为提高现代数控系统的综合性能创造了有利条件。相应地，现代数控系统的插补方法更多地采用数据采样插补法。

数据采样插补法就是将被加工的一段零件轮廓曲线用一系列首尾相连的微小直线段去逼近，如图 3-33 所示，这些小线段是通过将加工时间分成许多相等的时间间隔（插补周期 T_s）而得到的。数据采样插补一般分两步来完成插补。第一步是粗插补，即计算出这些微小直线段；第二步是精插补，它对粗插补计算出的每个微小直线段再进行脉冲增量插补。在每个插补周期内，由粗插补计算出坐标位置增量值；在每个采样周期 T_c 内，由精插补对反馈位置增量值以及插补输出的指令位置增量值进行采样，算出跟随误差。位置伺服软件根据当前的跟随误差计算出相应的坐标轴进给速度指令，输出给驱动装置。数据采样插补适用于以直流或交流伺服电动机作为驱动元件的闭环数控系统中。

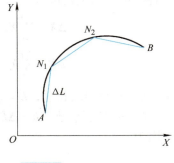

图 3-33 数据采样插补法

数据采样插补中的插补一般指粗插补，通常由软件实现。精插补既可以由软件实现，也可以由硬件实现。由于插补周期与插补精度、速度等有直接关系，因此，数据采样插补最重要的是正确选择插补周期。

（1）插补周期的选择

1）插补周期与插补运算时间的关系。根据完成某种插补运算法所需的最大指令条数，可以大致确定插补运算所占用的 CPU 时间。通常插补周期 T_s 必须大于插补运算时间与 CPU 执行其他实时任务（如显示、监控和精插补等）所需时间之和。

2）插补周期与位置反馈采样的关系。插补周期 T_s 与采样周期 T_c 可以相等，也可以是采样周期的整数倍，即 $T_s = nT_c$（$n = 1、2、3\cdots$）。

3）插补周期与精度、速度的关系。直线插补时，插补所形成的每段小直线与给定直线重合，不会造成轨迹误差。

圆弧插补时，用弦线逼近圆弧将造成轨迹误差，且插补周期 T_s 与最大半径误差 e_r、半径 R 和刀具移动速度 F 有如下关系

$$e_r = \frac{(T_s F)^2}{8R}$$

不同的数控系统，其插补周期有所不同。例如，日本 FANUC – 7M 数控系统的插补周期为 8ms，美国 A – B 公司的 7360 数控系统的插补周期为 10.24ms。

（2）插补方法

1）数据采样直线插补方法。如图 3-34 所示，直线起点在原点 O（0，0），终点为 E（X_e，Y_e），刀具移动速度为 v_f（对应 F 指令值）。设插补周期为 T_s，则每个插补周期的进给步长为

$$\Delta L = v_f T_s$$

各坐标轴的位移量为

$$\Delta X = \frac{\Delta L}{L} X_e = K X_e$$

$$\Delta Y = \frac{\Delta L}{L} Y_e = K Y_e$$

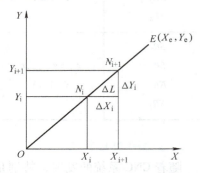

图 3-34　数据采样直线插补法

式中　L——直线段长度，$L = \sqrt{X_e^2 + Y_e^2}$；

　　　K——长度系数，$K = \Delta L / L$。

因为

$$X_{i+1} = X_i + \Delta X_i = X_i + K X_e$$
$$Y_{i+1} = Y_i + \Delta Y_i = Y_i + K Y_e$$

因此动点 i 的插补计算公式为

$$X_{i+1} = X_i + \frac{v_f T_s}{\sqrt{X_e^2 + Y_e^2}} X_e$$

$$Y_{i+1} = Y_i + \frac{v_f T_s}{\sqrt{X_e^2 + Y_e^2}} Y_e$$

2）数据采样圆弧插补方法。圆弧插补的基本思想是在满足精度要求的前提下，用弦进给代替弧进给，即用直线逼近圆弧。

图 3-35 所示为一逆圆弧，圆心在坐标原点，起点 A（X_a，Y_a），终点 E（X_e，Y_e）。圆弧插补的要求是在已知刀具移动速度 v_f 的条件下，计算出圆弧段上的若干个插补点，并使相邻两个插补点之间的弦长 ΔL 满足下式

$$\Delta L = v_f T_s$$

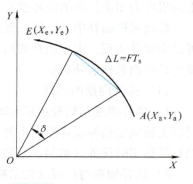

图 3-35　用弦进给代替弧进给

除上述的插补方法之外，还有多种插补方法，如比较积分法、直接函数运算法、时差法等，并且每种方法还在不断发展和完善。由于篇幅所限，这里就不一一介绍了。

第四节　CNC 系统的刀具补偿原理

数控系统的刀具补偿功能主要是为简化编程、方便操作而设置的，包括刀具半径补偿和刀具长度补偿，下面分别予以介绍。

一、刀具半径补偿原理

编制零件加工程序时，一般按照零件图样中的轮廓尺寸决定零件程序段的运动轨迹，但在实际切削加工时，是按照刀具中心运动轨迹进行控制的，因此刀具中心轨迹必须与零件轮廓线之间偏离一个刀具半径值，才能保证零件的轮廓尺寸。为此，CNC 装置应该能够根据零件轮廓信息和刀具半径值自动计算出刀具中心的运动轨迹，使其自动偏离零件轮廓一个刀具半径值，如图 3-36 所示，这种自动偏移计算就称为刀具半径补偿。

准备功能 G 代码中的 G40、G41 和 G42 是刀具半径补偿功能指令。G40 用于取消刀补，G41 和 G42 用于建立刀补。沿着刀具前进方向看，G41 用于刀具位于被加工工件轮廓左侧时，称为刀具半径左补偿；G42 用于刀具位于被加工工件轮廓右侧时，称为刀具半径右补偿。图 3-36 中的刀具补偿方向应使用 G42。

刀具半径补偿执行过程一般分为三步：

第一步为建立刀补，即刀具从起刀点接近工件，由 G41/G42 决定刀补方向以及刀具中心轨迹在原来的编程轨迹基础上是伸长还是缩短了一个刀具半径值，如图 3-37 所示。

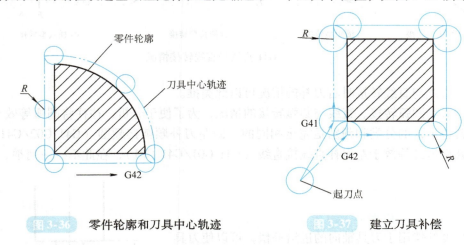

图 3-36　零件轮廓和刀具中心轨迹　　图 3-37　建立刀具补偿

第二步为进行刀补，一旦刀补建立则一直维持，直至被撤销。在刀补进行过程中，刀具中心轨迹始终偏离程编轨迹一个刀具半径值的距离。在转接处，采用圆弧过渡或直线过渡。

第三步为撤销刀补，即刀具撤离工件，刀具中心运动到编程终点（一般为起刀点）。与建立刀补时一样，刀具中心轨迹也要比编程轨迹伸长或缩短一个刀具半径的距离。

在 CNC 装置中，根据相邻两程序段所走的轨迹不同或两个程序段轨迹的矢量夹角和刀具补偿方向的不同，将转接类型一般分为三种：直线与直线转接、直线与圆弧（或圆弧与直线）转接和圆弧与圆弧转接。根据两个程序段轨迹矢量的夹角 α（锐角或钝角）以及刀具补偿方向（G41 或 G42）的不同，又有三种过渡形式：缩短型、伸长型和插入型。

对于直线与直线转接，系统采用了以下算法，如图 3-38 所示，其编程轨迹为 $OA \rightarrow AF$，且均采用左刀补。

（1）缩短型转接　如图 3-38a、b 所示，AB、AD 为刀具半径。对应于编程轨迹 OA 和 AF，刀具中心轨迹 IB 和 DK 将在 C 点相交，由数控系统求出 C 点的坐标值，使实际刀具中心运动的轨迹为 $IC \rightarrow CK$，这样避免了内轮廓加工的刀具过切现象。刀具中心运动轨迹相对于 OA 和 AF 来说，分别缩短了 CB 与 DC。

（2）伸长型转接　如图 3-38c 所示，C 点是 IB 和 DK 延长线的交点，实际刀具中心运动的轨迹为 $IC \rightarrow CK$，由于其轨迹相对于 OA 和 AF 来说，分别增加了 CB 与 DC 的长度，因此称为伸长型转接。

（3）插入型转接　如图 3-38d 所示，需外角过渡，但 $\angle OAF$ 角较小。若仍采用伸长型转接，交点位置会距 A 点较远，将增加刀具的非切削空程时间。为此，可以在 IB 与 DK 之间插入过渡直线。令 BC 等于 DC' 且等于刀具半径值 AB、AD，同时，在中间插入过渡直线 CC'，即刀具中心除了沿原来的编程轨迹伸长移动一个刀具半径长度外，还必须增加一个沿直线 CC' 的移动，等于在原来的程序段中间插入了一个程序段，故称插入型转接。

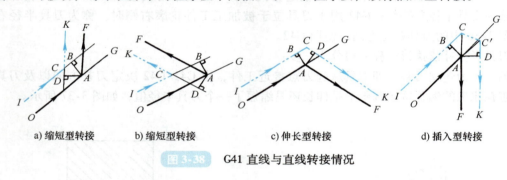

a) 缩短型转接　　b) 缩短型转接　　c) 伸长型转接　　d) 插入型转接

图 3-38　G41 直线与直线转接情况

同理，直线与直线转接时右刀补的情况可以此类推。

至于圆弧与圆弧转接、直线与圆弧转接的情况，为了便于分析，往往将圆弧等效于直线处理，其转接形式的分类和判别是完全相同的，即左刀补顺圆接顺圆（G41 G02/G41 G02）时，它的转接形式等效于左刀补直线接直线（G41 G01/G41 G01），在此不一一列举。

二、刀具长度补偿

1. 刀具长度补偿的概念

刀具长度补偿用于刀具轴向的进给补偿，可以使刀具在轴向的实际进刀量比编程给定值增加或减少一个补偿值，即

实际位移量 = 程序给定值 ± 补偿值

上式中，二值相加称为正补偿，用 G43 指令来表示；二值相减称为负补偿，用 G44 指令来表示；取消刀具长度补偿指令用 G49 表示。

如图 3-39 所示，在立式加工中心上加工需要多个工步才能完成的零件，考虑不同的工步采用不同的刀具，对

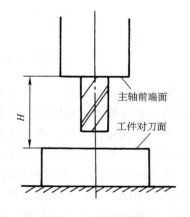

图 3-39　刀具长度补偿的概念

每把刀具来说，主轴前端面至零件对刀面的距离 H 是不相等的。如果按照零件标注尺寸编程，需要系统保存与该把刀具对应的 H 值，以便在执行加工程序时与编入程序的零件尺寸叠加，形成所要求的轨迹。同理，刀具长度方向上的磨损，也可利用刀具长度补偿功能加以修正。

因此，在加工前可预先分别测得每把刀具的长度在各坐标轴方向上的分量，存放在刀具补偿表中，加工时执行换刀指令后，调出存放在刀具补偿表中的刀长分量和刀具磨损量，相加后便得到刀具长度补偿量。

2. 刀具长度补偿的实现

以图 3-40 所示为例，在数控车床刀架上装有不同尺寸的刀具，设图示刀架中心位置为各刀具的换刀点，并以 1 号刀具刀尖 B 点作为所有刀具的编程起点。当 1 号刀从 B 点移动到 A 点时，增量值（编程值）为

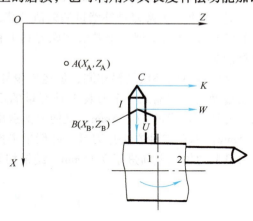

图 3-40　换刀后刀补示意

$$U_{BA} = X_A - X_B, \quad W_{BA} = Z_A - Z_B$$

当换 2 号刀加工时，2 号刀刀尖处在 C 点位置，要想运用 A、B 两点的坐标值计算 C 点到 A 点的移动量，必须知道 B 点与 C 点坐标位置的差值，用这个差值对 B 点到 A 点的位移量进行修正补偿，就能实现 C 点向 A 点的移动。为此，把 B 点（基准刀尖位置）相对 C 点的位置差值用以 C 点为坐标原点的 I、K 直角坐标系表示。当 C 点向 A 点移动时，有

$$U_{CA} = (X_A - X_B) + I_{补}, \quad W_{CA} = (Z_A - Z_B) + K_{补}$$

式中　$I_{补}$，$K_{补}$——刀补量。

当需要刀具复位，2 号刀从 A 点返回 C 点时，其过程正好与加工过程相反，与 1 号刀尖从 A 点回到 B 点反方向相差一个刀补值，因此这时需要一个绝对值相等、符号相反的补偿量。即

$$U_{AC} = (X_B - X_A) - I_{补} = -[(X_A - X_B) + I_{补}] = -U_{CA}$$
$$W_{AC} = (Z_B - Z_A) - K_{补} = -[(Z_A - Z_B) + K_{补}] = -W_{CA}$$

这种补偿一个反量的过程称为刀具位置补偿撤销（G49）。

刀具位置补偿及撤销功能，给编制程序、换刀、磨损的修正带来了很大的方便。使用不同的刀具时，在换刀以前需把原刀具的补偿量撤销，再对新换的刀具进行补偿，补偿量（相对基准刀）可通过实测获得。

3. 刀具位置补偿的处理方法

从上述刀补原理可知，刀具位置补偿的最终实现是反映在刀架移动上。各把刀具的位置补偿量和方向可通过实测后，用机床操作面板拨盘给定，或通过键盘输入存放在数控系统的存储器中，并在刀具更换时读取，而且在补偿前必须处理前后两把刀具位置补偿的差别。例如，刀具 1 的补偿量为 $T1 = +0.50\text{mm}$，刀具 2 的补偿量为 $T2 = +0.35\text{mm}$。由刀具 1 更换为刀具 2 时，$T2 - T1 = +0.35 - (+0.50) = -0.15\text{mm}$，即要求刀架前进 0.15mm（按车床坐标系规定，向主轴箱移动为负向，称为进刀；远离为正向，称为退刀），对此一般有两种

处理方法：

1）按上述刀补原理，先把原来刀具 1 的补偿量撤销（即刀架前进 0.50mm），然后根据新刀具 2 的补偿量要求修正（退回 0.35mm），这样，刀架实际上前进了差值（0.15mm）。

2）先进行更换刀具补偿量的差值计算，如上例新换刀具 2 和原刀具 1 的补偿量差值为 -0.15mm，然后根据这个差值在原刀具 1 补偿量的基础上进行刀具补偿，这种方法称为差值补偿法。

这两种方法补偿结果相同，但逻辑设计思路不同，效果不一样。第一种方法先把刀具 1 补偿量撤销，需输入一个刀具 1 补偿量的反量 -（+0.50mm），使刀架前进 0.50mm，接着输入刀具 2 补偿量 +0.35mm，又使刀架退出 0.35mm，刀架需两次移动，总的结果是前进了 0.15mm。而第二种方法是刀具 1 补偿量未撤销，在此基础上补偿量的差值 -0.15mm，刀架在刀具 1 的位置上前进了 0.15mm，结果相同，但减少了刀架的移动次数，而且可简化编程。

第五节 典型计算机数控系统实例

SINUMERIK 828D 是西门子公司近些年推出的新型数控系统，集 CNC、PLC、操作界面以及轴控制功能于一体，通过 Drive – CLIQ 总线与全数字驱动 SINAMICS S120 实现高速、可靠的通信，PLC I/O 模块通过 PROFINET 连接，可自动识别，无须额外配置。它拥有大量高档的数控功能和丰富、灵活的工件编程方法，可以应用于各种加工场合。

3-2 SIEMENS 828D硬件

一、SINUMERIK 828D PPU

PPU 是 SINUMERIK 828D 的核心。它集成了 Drive CLIQ 高速驱动接口、PROFINET 接口、SINAMICS 高速输入/输出接口、竖直结构（右侧）或水平结构（下侧）的全 NC 键盘（图 3-41）、两个手持单元接口。其硬件接口如图 3-42 所示。

PPU 配置了 10.4in 或 8.4in 彩屏，具有长寿命的背景光源。

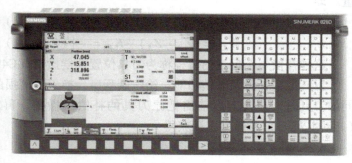

图 3-41　SINUMERIK 828D PPU（10.4in 彩屏）

图 3-42 中 PPU 由以下几个部分组成：

第三章　计算机数控系统

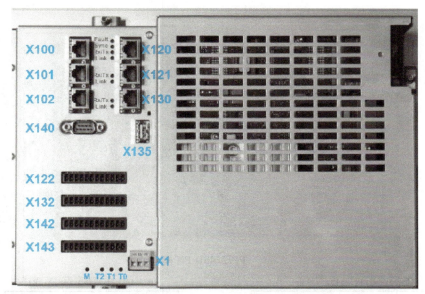

图3-42　SINUMERIK 828D PPU 硬件接口

1) X1 为 3 芯端子式插座，插头上已标明 24V、0V 和 PE，为系统提供 DC 24V 电源。
2) X100、X101 和 X102 是 Drive – CLIQ 高速驱动接口。
3) X130 是工厂以太网接口。
4) X135 是 USB 2.0 外设接口。
5) X140 是 RS232 接口，为 9 芯针式 D 型插座。
6) X143 是手持单元接口，最多支持两个手轮。
7) X122、X132 是 SINAMICS 高速输入/输出接口。
8) X142 是 NC 高速输入/输出接口。
9) X120 和 X121 是 PROFINET 接口，其中 X120 连接 MCP、PP72/48D PN，PPU240/241 没有 X121 接口。
10) T0、T1 和 T2 是模拟量输出测量接口，M 是模拟量输出测量接地口。

二、输入/输出模块 PP72/48D PN

PP72/48D PN 是一种基于 PROFINET 网络通信的电气元件，可提供 72 个数字输入和 48 个数字输出。每个模块具有三个独立的 50 芯插头，每个插头中包括 24 位数字量输入和 16 位数字量输出（输出的驱动能力为 0.25A，同时系数为 1）。其模块结构如图 3-43 所示。

图 3-43 中各接口功能如下：

1) X1 为 DC24V 电源接口，是 3 芯端子式插头，插头上已标明 24V，0V 和 PE。
2) X2 为 PROFINET 接口，有两个通道。
3) X111、X222、X333 为 50 芯扁平电缆插头，用于数字量输入和输出，可与端子转换器连接。
4) S1 为 PROFIBUS 地址开关，如图 3-44 所示。

第一个 PP72/48D PN 模块（总线地址：192.168.214.9）的输入/输出信号的逻辑地址和接口端子号的对应关系见表 3-5。第二个 PP72/48D PN 模块（总线地址：192.168.214.8）

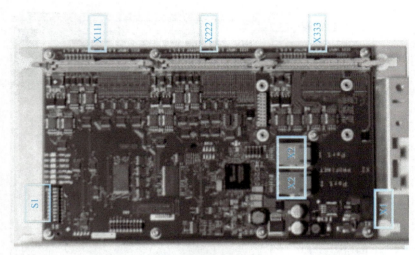

图 3-43　PP72/48D PN 模块结构

图 3-44　PP72/48D PN 地址

的输入/输出信号的逻辑地址和接口端子号的对应关系见表 3-6。

表 3-5　第一个 PP72/48D PN 模块的输入/输出信号的逻辑地址和接口端子号的对应关系

端子	X111	X222	X333	端子	X111	X222	X333
1	数字输入公共端 DC0V			24	I2.5	I5.5	I8.5
2	DC24V 输出			25	I2.6	I5.6	I8.6
3	I0.0	I3.0	I6.0	26	I2.7	I5.7	I8.7
4	I0.1	I3.1	I6.1	27, 29	无定义		
5	I0.2	I3.2	I6.2	28, 30	无定义		
6	I0.3	I3.3	I6.3	31	Q0.0	Q2.0	Q4.0
7	I0.4	I3.4	I6.4	32	Q0.1	Q2.1	Q4.1
8	I0.5	I3.5	I6.5	33	Q0.2	Q2.2	Q4.2
9	I0.6	I3.6	I6.6	34	Q0.3	Q2.3	Q4.3
10	I0.7	I3.7	I6.7	35	Q0.4	Q2.4	Q4.4
11	I1.0	I4.0	I7.0	36	Q0.5	Q2.5	Q4.5
12	I1.1	I4.1	I7.1	37	Q0.6	Q2.6	Q4.6
13	I1.2	I4.2	I7.2	38	Q0.7	Q2.7	Q4.7
14	I1.3	I4.3	I7.3	39	Q1.0	Q3.0	Q5.0
15	I1.4	I4.4	I7.4	40	Q1.1	Q3.1	Q5.1
16	I1.5	I4.5	I7.5	41	Q1.2	Q3.2	Q5.2
17	I1.6	I4.6	I7.6	42	Q1.3	Q3.3	Q5.3
18	I1.7	I4.7	I7.7	43	Q1.4	Q3.4	Q5.4
19	I2.0	I5.0	I8.0	44	Q1.5	Q3.5	Q5.5
20	I2.1	I5.1	I8.1	45	Q1.6	Q3.6	Q5.6
21	I2.2	I5.2	I8.2	46	Q1.7	Q3.7	Q5.7
22	I2.3	I5.3	I8.3	47, 49	数字输出公共端 DC24V		
23	I2.4	I5.4	I8.4	48, 50	数字输出公共端 DC24V		

表 3-6 第二个 PP72/48D PN 模块的输入/输出信号的逻辑地址和接口端子号的对应关系

端子	X111	X222	X333	端子	X111	X222	X333
1	数字输入公共端 DC0V			24	I11.5	I14.5	I17.5
2	DC24V 输出			25	I11.6	I14.6	I17.6
3	I9.0	I12.0	I15.0	26	I11.7	I14.7	I17.7
4	I9.1	I12.1	I15.1	27,29	无定义		
5	I9.2	I12.2	I15.2	28,30	无定义		
6	I9.3	I12.3	I15.3	31	Q6.0	Q8.0	Q10.0
7	I9.4	I12.4	I15.4	32	Q6.1	Q8.1	Q10.1
8	I9.5	I12.5	I15.5	33	Q6.2	Q8.2	Q10.2
9	I9.6	I12.6	I15.6	34	Q6.3	Q8.3	Q10.3
10	I9.7	I12.7	I15.7	35	Q6.4	Q8.4	Q10.4
11	I10.0	I13.0	I16.0	36	Q6.5	Q8.5	Q10.5
12	I10.1	I13.1	I16.1	37	Q6.6	Q8.6	Q10.6
13	I10.2	I13.2	I16.2	38	Q6.7	Q8.7	Q10.7
14	I10.3	I13.3	I16.3	39	Q7.0	Q9.0	Q11.0
15	I10.4	I13.4	I16.4	40	Q7.1	Q9.1	Q11.1
16	I10.5	I13.5	I16.5	41	Q7.2	Q9.2	Q11.2
17	I10.6	I13.6	I16.6	42	Q7.3	Q9.3	Q11.3
18	I10.7	I13.7	I16.7	43	Q7.4	Q9.4	Q11.4
19	I11.0	I14.0	I17.0	44	Q7.5	Q9.5	Q11.5
20	I11.1	I14.1	I17.1	45	Q7.6	Q9.6	Q11.6
21	I11.2	I14.2	I17.2	46	Q7.7	Q9.7	Q11.7
22	I11.3	I14.3	I17.3	47,49	数字输出公共端 DC24V		
23	I11.4	I14.4	I17.4	48,50	数字输出公共端 DC24V		

三、机床控制面板（Machine Control Panel，MCP）

根据面板尺寸分类，机床面板分为图 3-45 所示的两种机械式按键的面板。其中，PN 表示以太网接口，C 表示机械式按键。

MCP310C PN(6FC5303-0AF23-0AA1)

MCP483C PN(6FC5303-0AF22-1AA1)

图 3-45 机床控制面板 MCP

SINUMERIK 828D 数控系统机床控制面板的按键布局正面（以 MCP483C PN 为例）如图 3-46 所示。

SINUMERIK 828D 机床控制面板的背面如图 3-47 所示。机床制造商也可以根据用户要求采购自制面板。

数控技术及应用 第4版

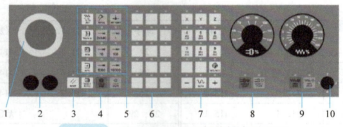

图 3-46　MCP483C PN 面板按键布局正面

1—急停开关　2—预留按钮开关的安装位置（d=16mm）　3—复位键　4—程序控制按键区　5—操作方式选择按键区
6—用户自定义键 T1～T15　7—手动操作键 R1～R15　8—带倍率开关的主轴控制键
9—带倍率开关的进给轴控制键　10—钥匙开关（4个位置）

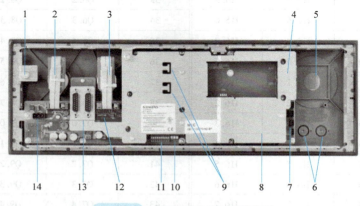

图 3-47　MCP483C PN 面板背面

1—接地端子　2—进给倍率 X30 接口　3—主轴倍率 X31 接口　4—PROFINET 接口 X20/X21　5—急停开关的安装位置
6—预留按钮开关的安装位置（d=16mm）　7—用户专用的输入接口（X51、X52、X55）和输出接口（X53、X54）
8—盖板　9—以太网电缆固定座　10—指示灯　11—拨码开关 S2　12—保留　13—保留电源接口　14—X10 接口

四、Mini 手持单元

SIEMENS 公司的 Mini 手持单元用于控制轴选和手动移动轴，一共有 5 个轴旋转键、6 个用户自定义键（包括快速移动和 +/- 键）、急停、使能等按键，其接口信号分为三部分：

1）急停或使能按键的安全电路。
2）用于 PLC 控制的轴选和手动信号。
3）手轮接口信号。

图 3-48 所示为 Mini 手持单元连接图。

五、编码器接口模块 SMC

SINUMERIK 828D 有两种编码器接口模块，其中 SMC20 与 1Vpp 正弦波编码器配套，SMC30 与 TTL 方波编码器配套。图 3-49 所示为 SMC20 模

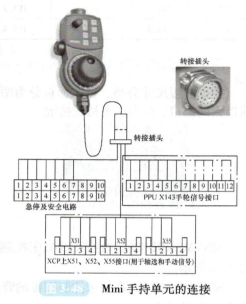

图 3-48　Mini 手持单元的连接

块,图 3-50 所示为 SMC30 模块。

图 3-49　SMC20 模块　　　图 3-50　SMC30 模块

六、Drive-CLIQ 集线器模块 DMC20

图 3-51 所示为 DMC20 模块及 DMC20 模块连接示例。

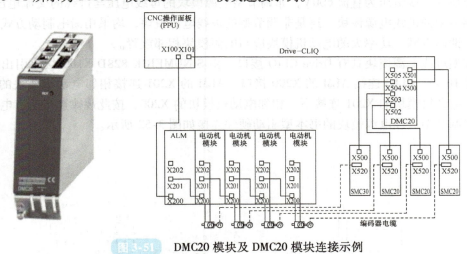

图 3-51　DMC20 模块及 DMC20 模块连接示例

七、驱动系统和伺服电动机

SINAMICS S120 是 SIEMENS 公司新一代的驱动系统。它采用了最先进的硬件技术、软件技术以及通信技术;采用高速驱动接口,配套的 1FK7 永磁同步伺服电动机具有电子铭牌,系统可以自动识别所配置的驱动系统;具有更高的控制精度、动态控制特性、可靠性。

SINUMERIK 828D 系统配套使用的 SINAMICS S120 产品包括书本型驱动器和 Combi 驱动器。其中,书本型驱动器的结构形式为电源模块和电动机模块分开,一个电源模块将三相交流电整流成 540V 或 600V 的直流电,将电动机模块(一个或多个)都连接到该直流母线上,特别适用于多轴控制。SINAMICS S120 Combi 驱动器的结构形式为电源模块和几个电动机模块集成在一起的一体化驱动。

SINAMICS S120 书本型驱动器由独立的进线电源模块和电动机模块共同组成。电源模块全部采用馈电制动方式,其配置分为调节型电源模块(Active Line Module,ALM)和非调节型电源模块(Smart Line Module,SLM)。使用 SLM 时需要配置电抗器,使用 ALM 时需要配置调节型接口模块（Active Interface Module，AIM）、电动机模块（Motor Module，MM）。

SINAMICS S120 Combi 驱动器是专门为紧凑型数控机床配备的新型驱动，集成了 3 个或 4 个用于主轴及进给电动机的功率部件、回馈型电源模块、TTL 主轴编码器接口、一个轴的电动机抱闸控制以及外部冷却。SINAMICS S120 Combi 驱动器还可扩展一个 SINAMICS S120 书本型单轴或双轴紧凑型电动机模块。

SINAMICS S120 书本型驱动器的电源模块和电动机模块、SINAMICS S120 Combi 驱动器等均需要外部 24V 直流供电。

八、驱动器的连接

1. SINAMICS S120 书本型驱动器的连接

书本型驱动器进线电源模块的作用是将 380V 三相交流电源变为 600V 直流电源，为电动机模块供电。进线电源模块又分为调节型电源模块和非调节型电源模块两种。其中，调节型电源模块的母线电压为直流 600V，非调节型电源模块的母线电压与进线的交流电压有关。不论是调节型的进线电源模块，还是非调节型的进线电源模块，均采用馈电制动方式，制动的能量反馈回电网，功率大的电动机模块应与电源模块相邻放置。

调节型进线电源模块具有 Drive CLIQ 接口，由 SINUMERIK 828D X100 接口引出的驱动控制电缆 Drive-CLIQ 连接 ALM 的 X200 接口，ALM 的 X201 连接相邻电动机模块的 X200，然后由此电动机模块的 X201 连接下一相邻电动机模块的 X200，按此规律连接所有电动机模块。配置调节型进线电源模块的书本型驱动硬件连接如图 3-52 所示。

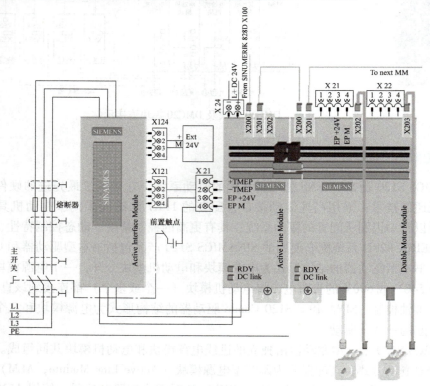

图 3-52　书本型驱动器的硬件连接（调节型进线电源模块）

非调节型进线电源模块没有 Drive – CLIQ 接口,由 SINUMERIK 828D X100 接口引出的驱动控制电缆 Drive – CLIQ 直接连接第一个电动机模块的 X200 接口,电动机模块的 X201 连接下一个相邻的电动机模块的 X200,按此规律连接所有电动机模块。配置非调节型进线电源模块的书本型驱动硬件连接如图 3-53 所示。

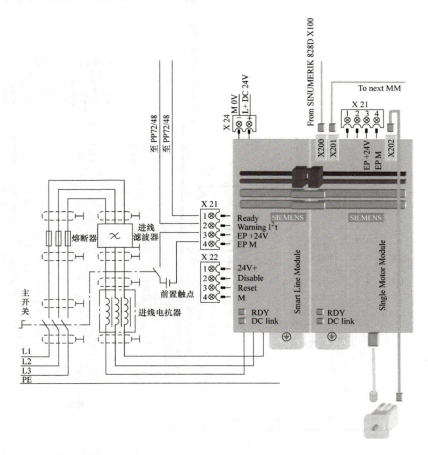

图 3-53　书本型驱动器的硬件连接(非调节型进线电源模块)

2. SINAMICS S120 Combi 驱动器的连接

Combi 驱动器具有 Drive – CLIQ 接口,由 SINUMERIK 828D X100 接口引出的驱动控制电缆 Drive – CLIQ 连接 Combi 驱动器的 X200 接口,各个轴的反馈依次连接到 X201 至 X205,具体各个 Drive – CLIQ 接口分配见表 3-7。

表 3-7　Combi 驱动器 Drive – CLIQ 接口分配表

Drive – CLIQ 接口	连接到
X201	主轴电动机编码器反馈
X202	进给轴 1 编码器反馈
X203	进给轴 2 编码器反馈
X204	对于 4 轴版,进给轴 3 编码器反馈;对于 3 轴版,此接口为空
X205	主轴直接测量反馈为 sin/cos 编码器,通过 SMC20 接入,此时 X220 接口为空;主轴直接测量反馈为 TTL 编码器,直接从 X220 接口接入,此接口为空

Combi 驱动器硬件连接如图 3-54 所示。

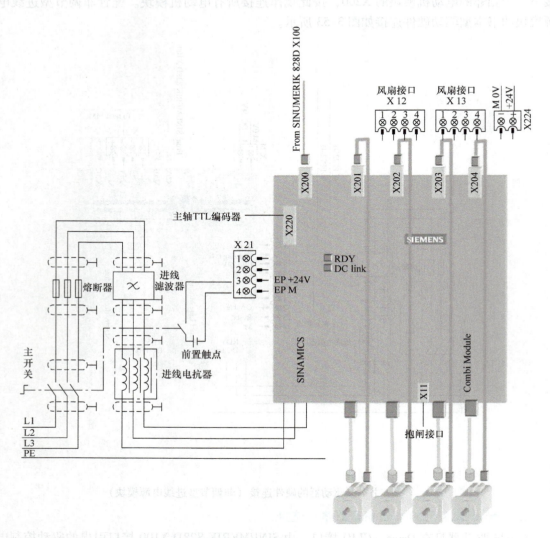

图 3-54 Combi 驱动器硬件连接

九、数控系统的连接

以上介绍了 SINUMERIK 828D 数控系统的各个组成部分,其每部分之间的相互连接如图 3-55(书本型驱动器)及图 3-56(Combi 驱动器)所示。通过该图,可掌握 SINUMERIK 828D 数控系统的组成及系统各模块之间的硬件连接关系。

第三章 计算机数控系统

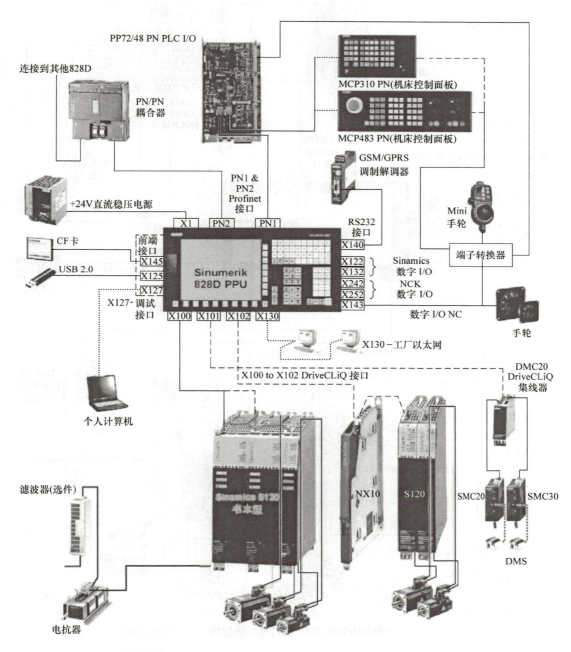

图3-55 SINUMERIK 828D 数控系统连接图（书本型驱动器）

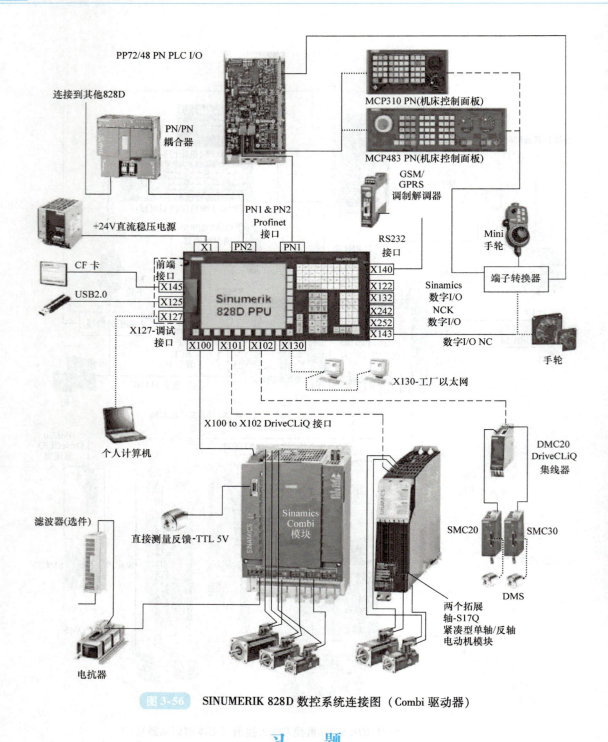

图3-56 SINUMERIK 828D 数控系统连接图（Combi 驱动器）

习 题

1. 试述 CNC 系统的工作过程。
2. 简述单微处理器的硬件结构与特点。

3. 简述多微处理器的结构与特点。
4. 简述大板式结构和功能模块结构的特点。
5. 简述开放式数控系统的典型结构。
6. 简述CNC装置的软件结构与特点。
7. 何谓插补？常用的插补方法有哪些？
8. 试用逐点比较法对直线OA进行插补计算，起点O（0，0），终点A（3，7），并画出刀具插补轨迹。
9. 试用逐点比较法对圆心在原点的圆弧AB进行插补计算，起点A（4，6），终点B（6，4），并画出刀具插补轨迹。
10. 数据采样插补法中插补周期如何选择？
11. 何谓刀具半径补偿？在加工零件中它的主要用途有哪些？
12. 何谓刀具长度补偿？在加工零件中它的主要用途有哪些？
13. 简述SINUMERIK 828D系统的组成。

第四章

伺服系统

本章着重介绍伺服系统的概念及分类、步进电动机及其驱动电路、交流电动机伺服系统的工作原理及控制方法、典型交流伺服驱动装置、直流伺服电动机的工作原理及调速特性、主轴电动机及驱动装置的控制特性。通过学习,掌握步进电动机的工作原理、主要特性及其驱动控制,初步了解步进电动机的选择方法,掌握交流电动机伺服系统的工作原理及其调速方法。

伺服系统是确保机床精度、加工稳定性、可靠性、提高效率的关键机构,要求学生具备专业使命感和社会责任感,养成认真虚心的学习习惯和严谨求实的实践精神。

第一节 概　　述

4-1 伺服系统的介绍

伺服系统是以机床运动部件（如工作台）的位置和速度作为控制量的自动控制系统,它能准确地执行 CNC 装置发出的位置和速度指令信号,由伺服驱动电路进行转换和放大后,经伺服电动机（步进电动机、交流或直流伺服电动机等）和机械传动机构,驱动机床工作台等运动部件实现工作进给、快速运动以及位置控制。数控机床的进给伺服系统与普通机床的进给系统有本质上的差别,前者能够根据指令信号精确地控制执行部件的位置和进给速度,使执行部件按照一定规律运动,加工出所需的工件尺寸和轮廓。如果将数控装置比作数控机床的"大脑",是发布命令的指挥机构,那么伺服系统就是数控机床的"四肢",是执行命令的机构。伺服系统作为数控机床的重要组成部分,其性能是影响数控机床的加工精度、表面质量、可靠性和生产率等的重要因素。

一、伺服系统的组成与分类

数控机床的伺服系统按其功能可分为主轴伺服系统和进给伺服系统。其中,主轴伺服系统用于控制机床主轴的运动,提供机床的切削动力;进给伺服系统通常由伺服驱动电路、伺服电动机和进给机械传动机构等部件组成,而进给机械传动机构又由减速齿轮、滚珠丝杠副、导轨和工作台等组成。

进给伺服系统按照有无位置检测和反馈,以及检测装置安装位置的不同,可分为开环伺服系统、半闭环伺服系统和闭环伺服系统。

1. 开环伺服系统

开环伺服系统只能采用步进电动机作为驱动元件,没有任何位置反馈和速度反馈回路,因此设备投资少、调试维修方便，但精度较低、高速转矩小，广泛用于中、低档数控机床及普通机床的数控化改造。开环伺服系统由驱动电路、步进电动机和进给机械传动机构组成，如图 4-1 所示。

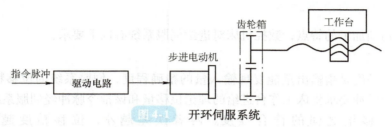

图 4-1　开环伺服系统

开环伺服系统将数字脉冲转换为角位移，靠驱动装置本身定位。步进电动机转过的角度与指令脉冲个数成正比，转速与脉冲频率成正比，转向取决于电动机绕组通电顺序。

2. 半闭环伺服系统

半闭环伺服系统中一般将角位移检测装置安装在电动机轴或滚珠丝杠末端，用以精确控制电动机或丝杠的角度，然后转换成工作台的位移，可以将部分传动链的误差检测出来并得到补偿，因而半闭环伺服系统的精度比开环伺服系统的高。目前在精度要求适中的中小型数控机床上，使用半闭环系统较多，如图 4-2 所示。

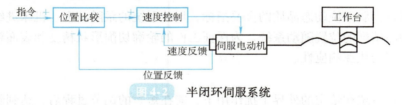

图 4-2　半闭环伺服系统

3. 闭环伺服系统

闭环伺服系统中直线位移检测装置安装在机床的工作台上，将检测装置测出的实际位移量或实际所处的位置反馈给 CNC 装置，并与指令值进行比较求得差值，实现位置控制。如图 4-3 所示，闭环（半闭环）伺服系统均为双闭环系统，内环为速度环，外环为位置环。速度环由速度控制单元、速度检测装置等构成。速度控制单元是一个独立的单元部件，用来控制电动机的转速，是速度环的核心；速度检测装置由测速发电机、脉冲编码器等构成。位置环由 CNC 装置中的位置控制模块、速度控制单元、位置检测及反馈控制等部分组成。速度环的速度反馈值由速度检测装置提供，在进给驱动装置内完成速度环控制，而装在电动机轴上（丝杠末端）或机床工作台上的位置反馈装置提供位置反馈值，位置环的控制由数控装置来完成。伺服系统从外部看，是一个以位置指

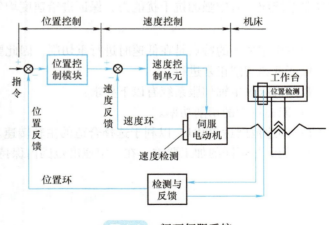

图 4-3　闭环伺服系统

91

令输入和位置控制为输出的位置闭环控制系统。从内部的实际工作来看，它是先将位置控制指令转换成相应的速度信号后，通过调速系统驱动电动机才实现位置控制的。

二、伺服系统的基本要求

根据机械切削加工的特点，数控机床对进给伺服系统有以下要求：

1. 位移精度高

伺服系统的精度是指输出量能复现输入量的精确程度，伺服系统的位移精度是指 CNC 装置发出的指令脉冲要求机床工作台进给的理论位移量和该指令脉冲经伺服系统转化为机床工作台实际位移量之间的符合程度。两者误差越小，位移精度越高，一般为 $0.01\sim0.001$ mm。

2. 调速范围宽

调速比是指数控机床要求电动机所能提供的最高转速（n_{max}）与最低转速（n_{min}）之比，一般要求速比（$n_{max}:n_{min}$）为 24000:1，低速时应保证运行平稳无爬行。在数控机床中，由于所用刀具、加工材料及零件加工要求的差异，为保证数控机床在任何情况下都能得到最佳切削速度，要求伺服系统具有足够宽的调速范围。

3. 响应速度快

响应速度是伺服系统动态品质的重要指标，反映系统的跟随精度。机床进给伺服系统实际上就是一种高精度的位置随动系统，为保证工件的轮廓切削形状精度和表面粗糙度，伺服系统应具有良好的快速响应性。

4. 稳定性好

稳定性是指系统在给定的外界干扰作用下，能在短暂的调节过程后，达到新的平衡状态或恢复到原来平衡状态的能力。稳定性直接影响数控工件的加工精度和表面粗糙度，因此要求伺服系统应具有较强的抗干扰能力，保证进给速度均匀、平稳。

5. 低速、大转矩

数控机床加工的特点是在低速时进行重切削，因此要求伺服系统在低速时有大的输出转矩，保证低速切削正常进行。

数控机床对主轴伺服系统有以下要求：

1) 能提供大的切削功率。
2) 调速范围达 200:1，以利于选择合适的主轴转速。
3) 能满足不同的加工要求，在一定速度范围内保持恒转矩或恒功率切削。

第二节　步进电动机及驱动电路

步进电动机是一种将电脉冲信号转换为机械角位移的机电执行元件，同普通电动机一样，由转子、定子和定子绕组组成。给步进电动机定子绕组输入一个电脉冲，转子就会转过一个相应的角度，其转子的转角与输入的电脉冲个数成正比，转速与电脉冲频率成正比，转动方向取决于步进电动机定子绕组的通电顺序。由于步进电动机伺服系统是典型的开环控制系统，没有任何反馈检测环节，其精度主要由步进电动机来决定。步进电动机具有控制简单、运行可靠、无累积误差等优点,已获得广泛应用。

一、步进电动机的工作原理和主要特性

(一)步进电动机的工作原理

图 4-4 所示为三相反应式步进电动机的结构,它由转子、定子及定子绕组组成,定子上有六个均布的磁极,直径方向相对的两个极上的线圈串联,构成电动机的一相控制绕组。

图 4-5 所示为三相反应式步进电动机工作原理图。定子上有 A、B、C 三对磁极,转子上有四个齿,无绕组,由带齿的铁心做成。如果先将电脉冲加到 A 相励磁绕组,B、C 相不加电脉冲,A 相磁极便产生磁场,在磁场力矩作用下,转子 1、3 两个齿与定子 A 相磁极对齐;如果将电脉冲加到 B 相励磁绕组,A、C 相不加电脉冲,B 相磁极便产生磁场,这时转子 2、4 两个齿与定子 B 相磁极靠得最近,转子便沿逆时针方向转过 30°,使转子 2、4 两个齿与定子 B 相对齐;如果将电脉冲加到 C 相励磁绕组,A、B 相不加电脉冲,C 相磁极便产生磁场,这

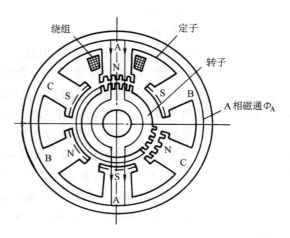

图 4-4 三相反应式步进电动机的结构

时转子 1、3 两个齿与定子 C 相磁极靠得最近,转子再沿逆时针方向转过 30°,使转子 1、3 两个齿与定子 C 相对齐。如果按照 A→B→C→A→…的顺序通电,步进电动机就按照逆时针方向转动;如果按照 A→C→B→A→…的顺序通电,步进电动机就按照顺时针方向转动,且每步转 30°。如果控制电路连续地按照一定方向切换定子绕组各相的通电顺序,转子便按照一定方向不停地转动。

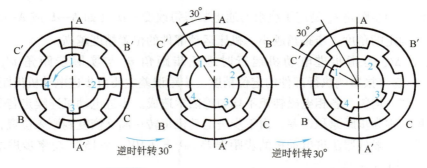

图 4-5 三相反应式步进电动机工作原理

步进电动机定子绕组从一种通电状态换接到另一种通电状态称为一拍,每拍转子转过的角度称为步距角。图 4-5 所示电动机的通电方式称为三相单三拍,即三相励磁绕组依次单独通电运行,换相三次完成一个通电循环。由于每种状态只有一相绕组通电,转子容易在平衡位置附近产生振荡,并且在绕组通电切换瞬间,电动机失去自锁转矩,易产生丢步。通常采用三相双三拍控制方式,即按 AB→BC→CA→AB→…或 AC→CB→BA→AC→…的顺序通电,

可使定位精度增高且不易失步。如果步进电动机按照 A→AB→B→BC→C→CA→A→⋯或 A→AC→C→CB→B→BA→A→⋯的顺序通电，根据其原理图分析可知，其步距角比三相三拍工作方式减小一半，这种方式称为三相六拍工作方式。综上所述，步距角按此式计算

$$\theta_s = \frac{360°}{mzk} \tag{4-1}$$

式中 θ_s ——步距角（°）；
  m ——电动机相数；
  z ——转子齿数；
  k ——通电方式系数，k = 拍数/相数。

从式（4-1）可知，电动机相数的多少受结构限制，减小步距角的主要方法是增加转子齿数 z。如图 4-5 所示，电动机相邻两个极之间的夹角为 60°，图示的转子只有 4 个齿，因此齿与齿之间的夹角为 90°，当电动机以三相三拍方式工作时，步距角为 30°，以三相六拍方式工作时，步距角为 15°。在一个循环过程中，即通电从 A→⋯→A，转子正好转过一个齿间夹角。如果将转子齿变为 40 个，转子齿间夹角为 9°，那么当电动机以三相三拍方式工作时，步距角则为 3°，以三相六拍方式工作时，步距角则为 1.5°。通过改变定子绕组的通电顺序，就可改变电动机的旋转方向，实现机床运动部件进给方向的改变。

步进电动机转子角位移的大小取决于 CNC 装置发出的电脉冲个数，其转速 n 取决于电脉冲频率 f，即

$$n = \frac{\theta_s \times 60f}{360°} = \frac{60f}{mzk} \tag{4-2}$$

式中 n ——电动机转速（r/min）；
  f ——电脉冲频率（Hz）。

（二）步进电动机的主要特性

1. 步距角 θ_s 和步距误差 $\Delta\theta_s$

步进电动机的步距角 θ_s 是定子绕组的通电状态每改变一次（如 A→B 或 A→AB），其转子转过的一个确定的角度。步距角越小，机床运动部件的位置精度越高。

步距误差 $\Delta\theta_s$ 是指步进电动机运行时理论步距角 θ_s 与实际步距角 θ'_s 之差，即 $\Delta\theta_s = \theta_s - \theta'_s$，它直接影响执行部件的定位精度。步距误差主要由步进电动机齿距制造误差、定子和转子气隙不均匀、各相电磁转矩不均匀等因素造成。步进电动机连续走若干步时，步距误差的累积值称为步距累积误差，由于步进电动机每转一圈又恢复到原来位置，所以误差不会无限累积。一般伺服步进电动机的步距误差 $\Delta\theta_s = \pm 10' \sim \pm 15'$，功率步进电动机的步距误差 $\Delta\theta_s = \pm 20' \sim \pm 25'$。

2. 静态转矩和矩角特性曲线

当步进电动机定子绕组处于某种通电状态时，如果在电动机轴上外加一个载荷转矩，使转子按照一定方向转过一个角度 θ，此时转子所受的电磁转矩 M 称为静态转矩，角度 θ 称为失调角。当外加转矩撤销时，转子在电磁转矩作用下回到稳定平衡点位置（$\theta = 0$）。用来描述静态转矩 M 与失调角 θ 之间关系的曲线称为矩角特性曲线，如图 4-6 所示，该矩角特性曲线上的静态转矩最大值称为最大静态转矩 M_{jmax}。

3. 最大起动转矩 M_q

图 4-7 所示为三相单三拍矩角特性曲线,图中的 A、B 分别是相邻 A 相和 B 相的静态特性曲线,它们的交点所对应的转矩 M_q 是步进电动机的最大起动转矩。如果外加负载转矩 > M_q,电动机就不能起动。如图 4-7 所示,当 A 相通电时,若外加负载转矩 $M_a > M_q$,对应的失调角为 θ_a,当励磁电流由 A 相切换到 B 相时,对应角 θ_a 则 B 相的静态转矩为 M_b。从图中看出 $M_b < M_a$,电动机不能带动负载做步进运动,因而起动转矩是电动机能带动负载转动的极限转矩。

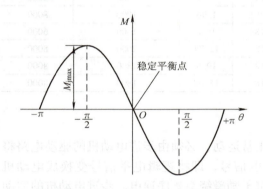

图 4-6　步进电动机的静态矩角特性曲线　　　图 4-7　三相单三拍矩角特性曲线

4. 最高起动频率 f_q

空载时,步进电动机由静止突然起动,并不失步地进入稳速运行,所允许的起动频率最高值称为最高起动频率 f_q。步进电动机在起动时,既要克服负载转矩,又要克服惯性转矩(电动机和负载的总惯量),所以起动频率不能过高。如果加给步进电动机的指令脉冲频率大于最高起动频率,就不能正常工作,会造成丢步。而且,随着负载加大,起动频率会进一步降低。

5. 连续运行的最高工作频率 f_{max}

步进电动机连续运行时,在不丢步的情况下所能接受的最高频率称为最高工作频率 f_{max}。最高工作频率远大于起动频率,它表示步进电动机所能达到的最高速度。

6. 矩频特性曲线

步进电动机在连续运行时,用来描述输出转矩和运行频率之间关系的特性曲线称为矩频特性曲线,如图 4-8 所示。当输入脉冲的频率大于临界值时,步进电动机的输出转矩加速下降,带动负载能力迅速降低。

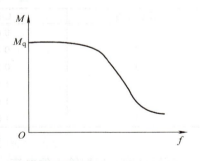

图 4-8　步进电动机的矩频特性曲线

7. 步进电动机的选用

在选用步进电动机时,首先应保证步进电动机的输出转矩大于负载转矩,即需先计算机械系统的负载转矩,并使所选电动机的输出转矩有一定余量,以保证电动机可靠运行。其次,应使步进电动机的步距角 θ_s 与机械系统相匹配,以得到机床所需的脉冲当量。再次,应使被选电动机能与机械系统的负载惯量及机床要求的起动频率相匹配,并有一定余量,还应使其最高工作频率能满足机床运动部件快速移动的要求。

步进电动机技术参数见表 4-1。

表 4-1 步进电动机技术参数

型号	相数	电压/V	电流/A	步距角/(°)	步距角误差/(′)	最大静态转矩/(N·m)	最高起动频率/(脉冲/s)	最高工作频率/(脉冲/s)
70BF5-4.5	5	60/12	3.5	4.5/2.25	8	0.245	1500	16000
90BF 3	3	60/12	5.0	3/1.5	14	1.47	1000	8000
90BF 4	4	60/12	2.5	0.36	9	1.96	1000	8000
110BF 3	3	80/12	6	1.5/0.75	18	9.8	1500	6000
130BF 5	5	110/12	10	1.5/0.75	18	12.74	2000	8000
160BF 5B	5	80/12	13	1.5/0.75	18	19.6	1800	8000
160BF 5C	5	80/12	13	1.5/0.75	18	15.68	1800	8000

二、步进电动机的驱动控制

由步进电动机的工作原理可知,为了保证其正常运动,必须由步进电动机的驱动电路将 CNC 装置送来的弱电信号通过转换和放大变为强电信号,即将逻辑电平信号变换成电动机绕组所需的具有一定功率的电脉冲信号,并使其定子励磁绕组顺序通电。步进电动机的驱动控制由环形脉冲分配器和功率放大器来实现。

1. 环形脉冲分配器

环形脉冲分配器用于控制步进电动机的通电方式,其作用是将 CNC 装置送来的一系列指令脉冲按照一定的循环规律依次分配给电动机的各相绕组,控制各相绕组的通电和断电。环形脉冲分配可采用硬件和软件两种方法实现,按照其电路结构不同,硬件可分为 TTL 集成电路和 CMOS 集成电路。市场上提供的国产 TTL 脉冲分配器有三相(YB013)、四相(YB014)、五相(YB015)等;CMOS 集成脉冲分配器也有不同型号,如 CH250 型用来驱动三相步进电动机。目前,脉冲分配大多采用软件的方法来实现。当采用三相六拍方式时,电动机正转的通电顺序为 A→AB→B→BC→C→CA→A,电动机反转的通电顺序为 A→AC→C→CB→B→BA→A,它们的环形分配见表 4-2,设某相为高电平时通电。

表 4-2 步进电动机三相六拍环形分配表

控制节拍	C B A	控制输出内容	方向
1	0 0 1	01H	反转
2	0 1 1	03H	↑
3	0 1 0	02H	
4	1 1 0	06H	
5	1 0 0	04H	↓
6	1 0 1	05H	正转

2. 步进电动机驱动电源(功率放大器)

环形脉冲分配器输出的电流一般只有几毫安,而步进电动机的励磁绕组则需要几安培甚至几十安培的电流,所以必须经过功率放大。功率放大器的作用是将脉冲分配器发出的电平信号放大后送至步进电动机的各相绕组,驱动电动机运转,每一相绕组分别有一组功率放大电路。过去常采用单电压驱动电源,后来常采用高低压驱动电路,现在则较多地采用恒流斩波驱动电路和调频调压型驱动电路。

(1) 单电压驱动电路　如图 4-9 所示，L 为步进电动机励磁绕组的电感，R_a 为绕组电阻，R_c 为外接电阻，R_c 与 C 并联是为了减小回路的时间常数，以提高电动机的快速响应能力和起动性能。续流二极管 VD 和阻容吸收回路 R_c，用来保护功率晶体管 VT。

单电压驱动电路的优点是电路简单，缺点是电流上升速度慢，高频时带载荷能力较差，其波形如图 4-10a 所示。

(2) 高低压驱动电路　如图 4-11 所示，该电路由两种电压给步进电动机绕组供电：一种是高电压 U_1，一般为 80V 甚至更高；另一种是低电压 U_2，即步进电动机绕组额定电压，一般为几伏，

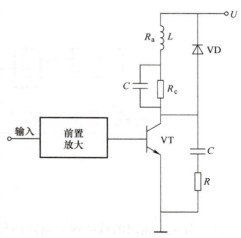

图 4-9　单电压驱动电路原理

不超过 20V。当相序输入脉冲信号 I_H、I_L 到来时，VT_1、VT_2 同时导通，励磁绕组 L 上加高电压 U_1，以提高绕组中电流上升速率，当电流达到规定值时，VT_1 关断、VT_2 仍然导通，绕组切换到低电压 U_2 供电，维持电动机正常运行，可谓"高压建流，低压稳流"。

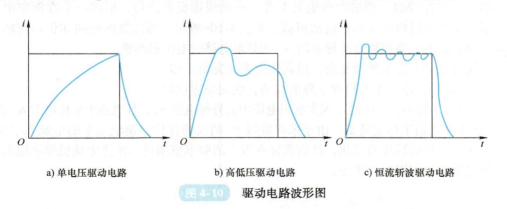

a) 单电压驱动电路　　　b) 高低压驱动电路　　　c) 恒流斩波驱动电路

图 4-10　驱动电路波形图

高低压驱动电路的优点是在较宽的频率范围内有较大的平均电流，能产生较大而且较稳定的电磁转矩，缺点是电流有波谷，其波形如图 4-10b 所示。

(3) 恒流斩波驱动电路　高低压驱动电路的电流在高低压切换处出现了谷点，造成高频输出转矩谷点下降，为了使励磁绕组中的电流维持在额定值附近，需采用斩波驱动电路（见图 4-12），恒流波形如图 4-10c 所示。

图 4-12 所示的恒流斩波驱动电路

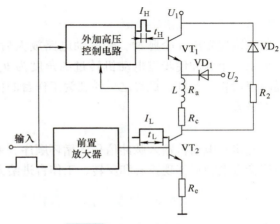

图 4-11　高低压驱动电路原理

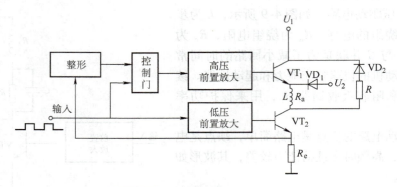

图4-12 恒流斩波驱动电路原理

中,环形分配器输出的脉冲作为输入信号,若为正脉冲,则 VT_1、VT_2 导通,因为 U_1 为高电压,励磁绕组又没串联电阻,所以通过绕组的电流迅速上升,当绕组中的电流上升到额定值以上某个数值时,由于采样电阻 R_e 的反馈作用,经整形、放大后将信号传送至 VT_1 的基极,使 VT_1 截止。此时,励磁绕组切换成由低电压 U_2 供电,绕组中的电流立即下降,当下降至额定值以下时,由于采样电阻 R_e 的反馈作用,使整形电路无信号输出,此时高压前置放大电路又使 VT_1 导通,绕组中电流又上升。按此规律反复进行,形成一个在额定电流值附近振幅很小的绕组电流波形,近似恒流,如图4-10c所示,所以斩波电路亦称恒流斩波驱动电路。电流波的频率可通过采样电阻 R_e 和整形电路的电位器调整。

恒流斩波驱动电路虽然较复杂,但其优点尤为突出,如:
1)绕组的脉冲电流上升沿和下降沿较陡,快速响应性好。
2)该电路功耗小,效率高。因为绕组电路中无外接电阻 R_c,且电路中采样电阻 R_e 很小。
3)该电路能输出恒定转矩。由于采样电阻 R_e 的反馈作用,使绕组中的电流几乎恒定,且不随步进电动机的转速而变化,从而保证在很大的频率范围内,步进电动机都能输出恒定转矩,使进给驱动装置运行平稳。

三、开环控制步进电动机伺服系统的工作原理

1. 工作台位移量的控制

数控装置发出 n 个脉冲,经驱动电路放大后,使步进电动机定子绕组通电状态变化 n 次,如果一个脉冲使步进电动机转过的角度为 θ_s,则步进电动机转过的角位移量 $\phi = n\theta_s$,再经减速齿轮、丝杠、螺母之后转变为工作台的位移量 L,即进给脉冲数决定了工作台的直线位移量 L。

2. 工作台运动方向的控制

改变步进电动机输入脉冲信号的循环顺序,就可改变定子绕组中电流的通断循环顺序,从而使步进电动机实现正转和反转,工作台进给方向也相应改变。

四、步进电动机驱动装置应用实例介绍

为使初学者了解和掌握步进电动机的接线方式及控制方法,下面以某数控有限公司

KT350 系列五相混合式步进电动机驱动器为例进行介绍。图 4-13 所示为步进电动机驱动器的外形。为实现步进电动机的控制，用户需要掌握接线端子排、D 型连接器 CN1 及 4 位拨动开关的使用方法，其中 KT350 接线端子排的意义见表 4-3。

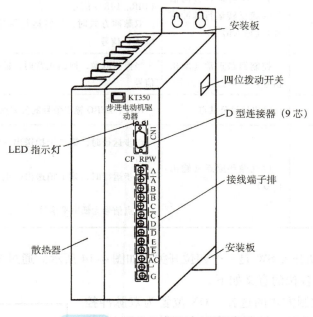

图 4-13 步进电动机驱动器的外形

表 4-3 KT350 接线端子排的意义

端子记号	名称	意义	线径/mm²
A、$\overline{A}$、B、$\overline{B}$、C、$\overline{C}$、D、$\overline{D}$、E、$\overline{E}$	电动机接线端子	接至电动机 A、$\overline{A}$、B、$\overline{B}$、C、$\overline{C}$、D、$\overline{D}$、E、$\overline{E}$ 各相	≥1
AC	电源进线	单相，交流电源 80V ± 15%，50Hz	≥1
G	接地	接地	≥0.75

图 4-13 中 D 型连接器 CN1 为一个 9 芯连接器，各引脚号的意义见表 4-4。

表 4-4 连接器 CN1 各引脚号的意义

引脚号	记号	名称	意义	线径/mm²
CN1 – 1 CN1 – 2	F/H $\overline{F/H}$	整步/半步控制端（输入信号）	F/H 与 $\overline{F/H}$ 间电压为 4 ~ 5V 时：整步，步距角 0.72° F/H 与 $\overline{F/H}$ 间电压为 0 ~ 0.5V 时：半步，步距角 0.36°	> 0.15
CN1 – 3 CN1 – 4	CP（CW） $\overline{CP}$（$\overline{CW}$）	正、反转运行脉冲信号（或正转运行脉冲信号）（输入信号）	单脉冲方式时，正、反转运行脉冲（CP、$\overline{CP}$）信号 双脉冲方式时，正转运行脉冲（CW、$\overline{CW}$）信号	> 0.15

（续）

引脚号	记号	名称	意义	线径/mm²
CN1-5 CN1-6	DIR（CCW） $\overline{\text{DIR}}$（$\overline{\text{CCW}}$）	正、反转运行方向信号（或反转运行脉冲信号）（输入信号）	单脉冲方式时，正、反转运行方向（DIR、$\overline{\text{DIR}}$）信号 双脉冲方式时，反转运行脉冲（CCW、$\overline{\text{CCW}}$）信号	>0.15
CN1-7	RDY	控制回路正常（输出信号）	当控制电源、回路正常时，输出低电平信号	>0.15
CN1-8	COM	输出信号公共点	RDY、ZERO 输出信号的公共点	>0.15
CN1-9	ZERO	电气循环原点（输出信号）	单步运行时，第二十拍送出一电气循环原点 整步运行时，第十拍送出一电气循环原点 原点信号为低电平信号	>0.15

图 4-13 中的拨动开关 SW 是一个四位开关，如图 4-14 所示。通过该开关可设置步进电动机的控制方式，其各位的意义如下。

（1）第一位：控制方式的选择　ON 位置为双脉冲控制方式，OFF 位置为单脉冲控制方式。在双脉冲控制方式下，连接器 CN1 的 CW、$\overline{\text{CW}}$ 端子输入正转运行脉冲信号，CCW、$\overline{\text{CCW}}$ 端子则输入反转运行脉冲信号。在单脉冲控制方式下，连接器 CN1 的 CP、$\overline{\text{CP}}$ 端子输入正、反转运行脉冲信号，DIR、$\overline{\text{DIR}}$ 端子输入正、反转运行方向信号。

（2）第二位：运行方向的选择（仅在单脉冲方式时有效）　OFF 位置为标准设定，ON 位置为单方向转，与 OFF 状态转向相反。

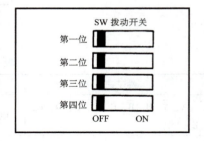

图 4-14　设定用拨动开关

（3）第三位：整/半步运行模式选择　ON 位置是步进电动机以整步方式运行，OFF 位置是步进电动机以半步方式运行。

（4）第四位：自动试机运行　ON 位置是自动试机运行，步进电动机在半步控制方式下时以 50r/min 速度自动运行，在整步控制方式下时以 100r/min 速度自动运行，而不需外部脉冲输入。OFF 位置是驱动器接收外部脉冲才能运行。

此外，在驱动器的面板上还有两个 LED 指示灯。

1）CP 指示灯。驱动器通电情况下，步进电动机运行时闪烁，其闪烁的频率等于电气循环原点信号的频率。

2）RPW 指示灯。为驱动器工作电源指示灯，驱动器通电时亮。

综上所述，步进电动机的控制信号主要是通过计算机数控装置经 D 型连接器 CN1 传送给步进驱动器来实现的，步进电动机的控制方式主要是通过四位拨动开关 SW 来设置的，其典型的接线如图 4-15 所示。

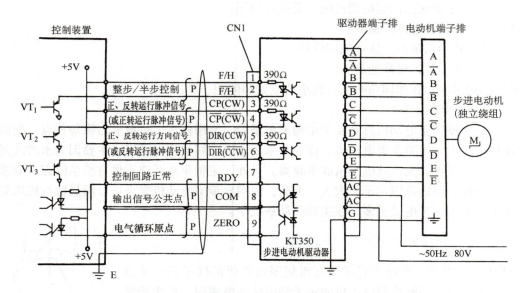

图 4-15　步进电动机的典型接线

第三节　交流电动机伺服系统

近年来,交流调速技术有了飞速发展,交流电动机的调速驱动系统已发展为数字化系统,使得交流伺服系统在数控机床上得到了广泛应用。

一、交流伺服电动机的类型

在交流伺服系统中,交流伺服电动机可分为同步型交流伺服电动机和异步型交流伺服电动机两大类。在进给伺服系统中,大多数采用同步型交流伺服电动机,它的转速由供电频率决定,即在电源电压和频率不变时,转速恒定不变。由变频电源供电时,能方便地获得与电源频率成正比的可变转速,可得到非常硬的机械特性及宽的调速范围。近年来,由于永磁材料性能不断提高,价格不断降低,目前在数控机床的进给伺服系统中多采用永磁式同步型交流伺服电动机。图 4-16 所示为交流伺服电动机及其驱动实形。

图 4-16　交流伺服电动机及其驱动实形

永磁式同步型交流伺服电动机的主要优点如下：

1）可靠性高，易维护保养。
2）转子转动惯量小，快速响应性好。
3）调速范围宽，可高速运转。
4）结构紧凑，在相同功率下有较小的质量和体积。
5）散热性能好。

异步型交流伺服电动机具有转子结构简单坚固、价格便宜、过载能力强等特点。交流主轴电动机多采用异步型交流电动机，而很少采用永磁式同步型电动机，主要因为永磁式同步型电动机的容量不够大，且电动机成本较高。另外，主轴驱动系统不像进给系统那样要求具有很高的性能，调速范围也不要太大。因此，采用异步型电动机完全可以满足数控机床对主轴的要求，笼型异步电动机多用在主轴驱动系统中。

二、交流伺服电动机的工作原理

如图4-17所示，永磁式同步型交流伺服电动机的转子是一个具有两极的永磁体。当同步型电动机的定子绕组接通电源时，产生旋转磁场，以同步转速 n_s 逆时针方向旋转。根据两异性磁极相吸的原理，定子磁极 N_s（或 S_s）紧紧吸住转子，转子以同步转速 n_s 在空间旋转，即转子和定子磁场同步旋转。

当转子的负载转矩增大时，定子磁极轴线与转子磁极轴线间的夹角 θ 增大；当负载转矩减小时，夹角 θ 减小，但只要负载不超过一定限度，转子就始终跟着定子旋转磁场同步转动。此时，转子的转速只取决于电源频率和电动机的极对数，而与负载大小无关。当负载转矩超过一定的限度，电动机就会丢步，即不再按同步转速运行，直至停转，这个最大限度的转矩称为最大同步转矩。因此，使用永磁式同步型电动机时，负载转矩不能大于最大同步转矩。

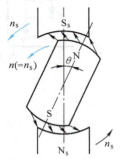

图4-17 永磁式同步型电动机的工作原理

三、交流伺服系统的控制方法

1. 交流伺服电动机的调速方法

根据电动机学理论，永磁式同步型伺服电动机的转速 n（r/min）为

$$n = \frac{60f}{P} \tag{4-3}$$

式中　f——电源频率（Hz）；
　　　P——磁极对数。

异步型伺服电动机与同步型伺服电动机的调速方法不同。根据电动机学理论，异步型伺服电动机的转速 n（r/min）为

$$n = \frac{60f}{P}(1-S) \tag{4-4}$$

式中　f——电源频率（Hz）；
　　　P——磁极对数；
　　　S——转差率。

同步型交流伺服电动机不能用调节转差率 S 的方法来调速，也不能用改变磁极对数 P 来调速，只能用改变电源频率 f 的方法来调速，才能满足数控机床的要求，实现无级调速。

由上述分析可知，改变电源频率 f 可均匀地调节转速。但在实际调速过程中，只改变频率 f 是不够的。现在分析变频时电动机机械特性的变化情况，根据电动机学原理有

$$E = 4.44 K_{\mathrm{r}} f N \Phi_{\mathrm{m}} \tag{4-5}$$

式中　E——感应电动势（V）；
　　　K_{r}——基波绕组系数；
　　　f——电源频率（Hz）；
　　　N——定子每相绕组串联匝数；
　　　Φ_{m}——每极气隙磁通量（Wb）。

当忽略定子阻抗压降时，定子相电压 U 为

$$U \approx E = K_{\mathrm{E}} f \Phi_{\mathrm{m}} \tag{4-6}$$

式中　K_{E}——电动势系数，$K_{\mathrm{E}} = 4.44 K_{\mathrm{r}} N$。

由式（4-6）可见，定子电压 U 不变时，随着 f 的增大，气隙磁通量将减小。电动机转矩公式为

$$T = C_{\mathrm{T}} \Phi_{\mathrm{m}} I \cos \Psi \tag{4-7}$$

式中　C_{T}——转矩常数；
　　　I——折算到定子上的转子电流（A）；
　　　$\cos \Psi$——转子电路功率因数。

可以看出，Φ_{m} 减小会导致电动机输出转矩 T 减小，严重时可能会发生负载转矩超过电动机的最大转矩，电动机速度下降，直至停转。又当电压 U 不变，f 减小时，Φ_{m} 增大，会造成磁路饱和，励磁电流上升，铁心过热，功率因数下降，电动机带负载能力降低。因此，在调频调速中，要求在变频的同时改变定子电压 U，维持 Φ_{m} 基本不变。由 U、f 不同的相互关系，可得出不同的变频调速方式和不同的机械特性。

（1）恒转矩调速　由式（4-7）可知，T 与 Φ_{m}、I 成正比。要保持恒转矩 T，即要求 U/f 为常数，可以近似地维持 Φ_{m} 恒定，此时的调速特性曲线如图 4-18 所示。

由图可见，保持 U/f 为常数进行调速时，这些特性曲线的线性段基本平行，类似直流电动机的调压特性。最大转矩 T_{m} 随着 f 的减小而减小。因为 f 高时，E 值较大，此时定子漏阻抗压降在 U 中所占比例较小，可认为 U 近似于 E；当 f 相对较小时，E 值变小，U 也变小，此时定子漏阻抗压降在 U 中所占比例增大，E 与 U 相差很大，所以，Φ_{m} 减小，从而使 T_{m} 下降。

（2）恒功率调速　为了扩大调速范围，可以在额定频率以上进行调速。因电动机绕组是按额定电压等级设计的，超过额定电压运行将受到绝缘等级的限制，因此定子电压不可能与频率成正比地无限制提高。如果频率增大，额定电压不变，那么气隙磁通 Φ_{m} 将随着 f 的增大而减小。这时，相当于额定电流时的转矩也减小，特性变软，如图 4-19 所示。随着频率增大，转矩减小，而转速增大，可得到近似恒功率的调速特性。

（3）恒最大转矩调速　在低速时，为了保持最大转矩 T_{m} 不变，就必须采取协调控制使 E/f 为常数，显然，这是一种理想的保持磁通恒定的控制方法。如图 4-20 所示，对应于同一转矩，转速降基本不变，即直线部分斜率不变，机械特性曲线平行地移动。

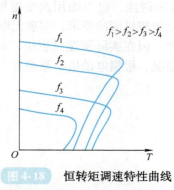
图4-18　恒转矩调速特性曲线

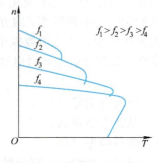
图4-19　恒功率调速特性曲线

交流伺服电动机调速方式种类很多，应用最多的是变频调速，为实现同步型交流伺服电动机的调速控制，其主要环节是为交流伺服电动机提供变频电源的变频器。变频器的作用是将50Hz的交流电变换成频率连续可调（如0~400Hz）的交流电，因此，变频器是永磁式同步型交流伺服电动机调速的关键部件。

2. SPWM 变频控制器

SPWM 变频控制器产生正弦脉宽调制波，即 SPWM 波形，它将一个正弦半波分成 n 等份，然后把每一等份的正弦曲线与横坐标轴所包围的面积都用一个与此面积相等的一系列等高矩形脉冲来代替，这样可得到 n 个等高而不等宽的脉冲序列，这就是与正弦波等效的正弦脉宽调制波，如图4-21所示。

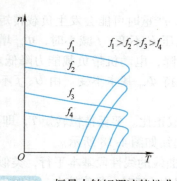

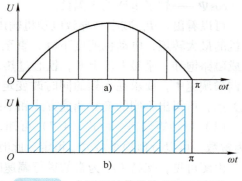

图4-20　恒最大转矩调速特性曲线

图4-21　与正弦波等效的SPWM波形

四、交流伺服电动机驱动系统应用实例

下面以某公司 KT270 系列全数字交流伺服驱动系统为例，介绍交流伺服电动机驱动装置的使用方法。为了解交流伺服电动机及其驱动装置的功能及性能指标，表4-5和表4-6分别给出了交流伺服电动机部分驱动器及电动机的规格。

表4-5　交流伺服电动机驱动器的规格

驱动器型号	KT270-20	KT270-30	KT270-50	KT270-75
输入电源	单相或三相	三相		
	AC220V（-15%~+10%）50~60Hz			
控制方式	采用数字化交流正弦波控制方式及最优PID算法完成PWM控制			
调速比	1:5000			
反馈信号	增量式编码器2500P/R，带U、V、W位置信号（标准）			

第四章 伺服系统

（续）

驱动器型号	KT270-20	KT270-30	KT270-50	KT270-75
位置输出信号	可设置输出脉冲倍率的电子齿轮输出，外加Z相集电极开路输出方式			
转矩限制	（0~300%）额定转矩			
速度控制	外部指令/4种内部速度			
控制模式	位置控制、速度控制、试运行、JOG运行			
监视功能	转速、当前位置、位置指令、位置偏差、电动机转矩、电动机电流、直线速度、位置指令、脉冲频率、转子绝对位置、输入/输出端子信号、运行状态等			
报警功能	过电流、短路、过载、过速、过电压、欠电压、制动异常、编码器异常、位置超差等			

表4-6 交流伺服电动机的规格（登奇GK系列）

电动机型号	功率/kW	零速转矩/(N·m)	额定转速/(r/min)	额定电流/A	转子转动惯量/(kg·m²×10⁻³)	质量/kg	适配驱动器型号	过载倍数
GK6032-6AC31	0.22	1.1	2000	0.85	0.063	2.9	KT270-20	2.5
GK6040-6AC31	0.32	1.6	2000	1.5	0.187	3.7	KT270-20	2.5
GK6060-6AC31	0.6	3	2000	2.5	0.44	8.5	KT270-20	2.5
GK6061-6AC31	1.2	6	2000	5.5	0.87	10.6	KT270-20	1.8
GK6061-6AF31	1.8	6	3000	8.3			KT270-30	1.7
GK6062-6AC31	1.5	7.5	2000	6.2	1.29	12.8	KT270-30	2.3
GK6062-6AF31	2.25	7.5	3000	9.3			KT270-30	1.5
GK6063-6AC31	2.2	11	2000	9	1.7	14.5	KT270-30	1.6
GK6063-6AF31	3.3	11	3000	13.5			KT270-50	1.8
GK6080-6AC31	3.2	16	2000	16	2.67	16.5	KT270-50	1.5
GK6080-6AF31	4.8	16	3000	24			KT270-75	1.3
GK6081-6AA31	2.52	21	1200	12.2	3.57	19.5	KT270-75	2.5
GK6081-6AC31	4.2	21	2000	20			KT270-75	1.5
GK6083-6AA31	3.24	27	1200	16.2	4.46	22.5	KT270-75	1.9
GK6083-6AC31	5.4	27	2000	26.5			KT270-75	1.2
GK6085-6AA31	3.96	33	1200	19.8	5.35	25.5	KT270-75	1.6

由表4-5可知，交流伺服电动机本身已附带了增量式光电编码器，用于电动机速度及位置的反馈控制。目前许多数控机床均采用这种半闭环的控制方式，而无须在机床导轨上安装检测装置；若采用全闭环控制方式，则需在机床上安装光栅或其他位移检测装置。

全数字交流伺服电动机驱动器的外形如图4-22所示，其面板由四部分组成，即LED显示器与系统按键、接线端子排、D型连接器CN、状态指示灯。作为用户，应重点掌握这几部分的接线方法及其与电动机的连接方式，表4-7为KT270外部接线端子及线径的说明。

图4-22中部分功能说明如下：

（1）6个LED显示器和系统按键 KT270交流伺服电动机驱动系统面板有6个LED数码管显示器和4个按键（↑、↓、←、↵），用来显示系统各种状态、设置参数等。操作是分层操作，←键和↵键分别表示层次的后退和前进，↵键还有进入、确定的意义，

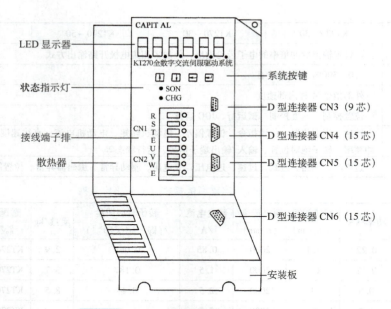

图 4-22　全数字交流伺服电动机驱动器外形

←键则有退出、取消的意义；↑键和↓键表示增大、减小序号或数值大小。如果按下↑键或↓键并保持，则具有重复效果，并且保持时间越长，重复速率越高。

如果 6 个数码管或最右边数码管的小数点显示闪烁，表示发生报警。

（2）SON、CHG 指示灯　SON 为伺服开启信号指示灯，CHG 为伺服系统电源指示灯。

（3）CN3　D 型连接器（9 芯），用于伺服系统接收外部脉冲输入。

（4）CN4　D 型连接器（15 芯），用于伺服系统接收外部控制信号和输出反馈信号。

（5）CN5　D 型连接器（15 芯），用于伺服系统接收电动机编码器检测信号。

（6）CN6　D 型连接器（15 芯），用于伺服系统接收 CNC 输入的模拟量速度信号。

表 4-7　KT270 外部接线端子及线径

外部接线端子			线径/mm²			
			型号			
名称		标号	KT270-20	KT270-30	KT270-50	KT270-75
CN1 CN2	主回路电源端子	R、S、T	1.5	2	2.5	4
	电动机接线端子	U、V、W				
	接地端子	E				
	外部再生放电电阻端子	D、C、P	2			2.5
			（长度在 1m 以内）			
	控制电源端子	L11、L21	0.5 以上			
CN3	位置脉冲输入信号	3、4、8、9	4 芯双绞屏蔽线 0.3 以上			
CN4	控制输入/输出信号	1~14	屏蔽线 0.2 以上（长度在 10m 以内）			
CN5	编码器信号输入	1~14	双绞屏蔽线 0.2 以上（长度在 30m 以内）			

(续)

外部接线端子		线径/mm²			
名称	标号	型号			
		KT270-20	KT270-30	KT270-50	KT270-75
CN6	编码器信号输出	2~4、7~9	双绞屏蔽线0.2以上（长度在5m以内）		
	Z信号集电极开路输出	1、6			
	辅助伺服开启信号输入	14、15			
	速度模拟指令信号	12、13	2芯双绞屏蔽线0.3以上（长度在5m以内）		

表4-7中再生放电电阻的作用是通过泄放能量来达到限制电压的目的。KT270-20、KT270-30伺服驱动器需外接再生放电电阻，KT270-50、KT270-75伺服驱动器必须采用外部再生放电电阻（38Ω/220V）。机械负载惯量折算到电动机轴端为电动机惯量的4倍以下时，一般都能正常运行。当惯量太大时或降速时间过小时，在电动机减速或制动过程中将出现主电路过电压报警。

图4-23所示为KT270-20、KT270-30标准接线，各端子引脚号的含义见表4-8~表4-12。

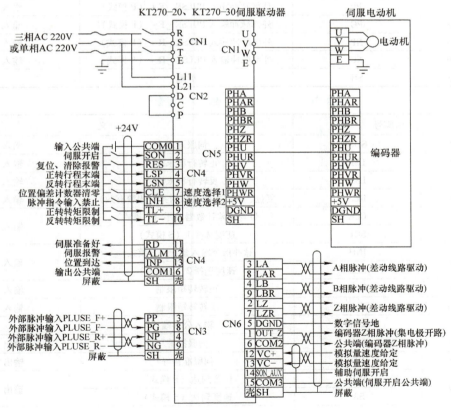

图4-23　KT270-20、KT270-30伺服驱动器标准接线

表 4-8 CN1、CN2 各端子引脚号的含义

端子引脚号	KT270-20、KT270-30	KT270-50、KT270-70	含义	
R	CN1-1	CN1-3	三相220V交流输入端	输入
S	CN1-2	CN1-4	三相220V交流输入端	输入
T	CN1-3	CN1-5	三相220V交流输入端	输入
E	CN1-4	CN1-8	接地	接地
U	CN1-5	CN2-1	三相交流输出端，接电动机	输出
V	CN1-6	CN2-2	三相交流输出端，接电动机	输出
W	CN1-7	CN2-3	三相交流输出端，接电动机	输出
E	CN1-8	CN2-4	接地，接电动机	接地
L11	CN2-1	CN1-1	单相220V交流输入端	输入
L21	CN2-2	CN1-2	单相220V交流输入端	输入
D	CN2-3		已接内部再生放电电阻	
C	CN2-4		接外部再生放电电阻	
P	CN2-5	CN1-6	接外部再生放电电阻	
B		CN1-7	接外部再生放电电阻	

表 4-9 CN3（9芯）外部位置指令的含义

端子引脚号		含 义	
CN3-3	PP	外部脉冲输入 PULSE_F+（P模式）	输入
CN3-8	PG	外部脉冲输入 PULSE_F-（P模式）	输入
CN3-4	NP	外部脉冲输入 PULSE_R+（P模式）	输入
CN3-9	NG	外部脉冲输入 PULSE_R-（P模式）	输入
金属壳	SH	屏蔽	

表 4-10 CN4（15芯）输入/输出信号的含义

端子引脚号		含 义	
CN4-2	SON	伺服开启	输入
CN4-4	LSP	正转行程末端	输入
CN4-5	LSN	反转行程末端	输入
CN4-3	RES	复位、清除报警（仅对某些报警有效）	输入
CN4-7	CLE	位置偏差计数器清零（P模式）	输入
	SC1	速度选择1（S模式）	
CN4-8	INH	脉冲指令输入禁止（P模式）	输入
	SC2	速度选择2（S模式）	
CN4-9	TL+	正转转矩限制	输入
CN4-10	TL-	反转转矩限制	输入
CN4-1	COM0	输入公共端	
CN4-12	ALM	伺服报警	输出
CN4-11	RD	伺服准备好	输出
CN4-13	INP	位置到达（P模式）	输出
	SA	速度到达（S模式）	
CN4-6	COM1	输出公共端	
金属壳	SH	屏蔽	

表 4-11　CN5（15 芯）编码器（电动机侧）各端子引脚号的含义

端子引脚号		含　义	
CN5-1	PHA	编码器 A 相脉冲	输入
CN5-6	PHAR		输入
CN5-2	PHB	编码器 B 相脉冲	输入
CN5-7	PHBR		输入
CN5-3	PHZ	编码器 Z 相脉冲	输入
CN5-8	PHZR		输入
CN5-4	PHU	位置检测 U 相信号	输入
CN5-9	PHUR		输入
CN5-5	PHV	位置检测 V 相信号	输入
CN5-10	PHVR		输入
CN5-11	PHW	位置检测 W 相信号	输入
CN5-12	PHWR		输入
CN5-13	+5V	电源	
CN5-14	DGND	数字信号地	
金属壳	SH	屏蔽	

表 4-12　CN6（15 芯）数字齿轮（编码器信号输出）各端子引脚号的含义

端子引脚号		含　义	
CN6-3	LA	A 相脉冲（差动线路驱动）	输出
CN6-8	LAR		输出
CN6-4	LB	B 相脉冲（差动线路驱动）	输出
CN6-9	LBR		输出
CN6-2	LZ	Z 相脉冲（差动线路驱动）	输出
CN6-7	LZR		输出
CN6-5	DGND	数字信号地	输出
CN6-10			
CN6-1	OUT_Z	编码器 Z 相脉冲（集电极开路）	输出
CN6-6	COM2	公共端（编码器 Z 相脉冲（集电极开路））	
CN6-12	VC+	速度指令（S 模式，仅 KT270-XXA 型提供）	输入
CN6-13	VC-	速度指令（S 模式，仅 KT270-XXA 型提供）	输入
CN6-14	SON_AUX	伺服开启	输入
CN6-15	COM3	公共端（伺服开启公共端）	
金属壳	SH	屏蔽	

图 4-24 所示为 KT270-20、KT270-30 伺服驱动系统与 KT590 数控系统的连接。

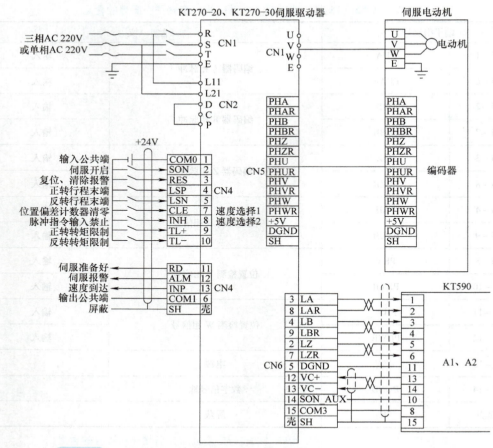

图 4-24　KT270-20、KT270-30 伺服驱动系统与 KT590 数控系统的连接

第四节　直流伺服电动机

直流伺服系统在 20 世纪七八十年代的数控机床中占据主导地位，但由于直流伺服电动机的结构较复杂，电刷和换向器需经常维护，因此，逐渐被交流伺服电动机取代。图 4-25 所示为直流伺服电动机及其驱动器的实形。

一、直流伺服电动机的类型

直流伺服电动机按照励磁方式不同，可分为电磁式直流伺服电动机和永磁式直流伺服电动机两种，其中电磁式直流伺服电动机采用励磁绕组励磁，永磁式直流伺服电动机则采用永久磁铁励磁。电磁式直流伺服电动机按照励磁绕组与电枢绕组的连接方式不同，又分为并励直流伺服电动机、串励直流伺服电动机和复励直流伺服电动机三种；按照电动机转子的转动惯量的不同，又可分为小惯量直流伺服电动机和大惯量直流伺服电动机两种。

二、直流伺服电动机的结构与工作原理

直流伺服电动机工作原理是建立在电磁力和电磁感应基础上的，带电导体在磁场中受到

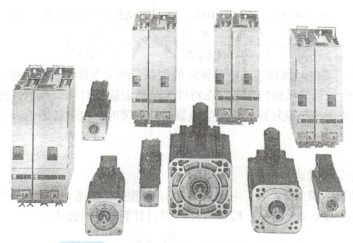

图4-25 直流伺服电动机及其驱动器的实形

电磁力的作用。如图4-26所示,直流电动机模型包括三个部分:固定的磁极、电枢、换向片与电刷。将直流电压加到 A、B 两电刷之间,电流从 A 刷流入,从 B 刷流出,根据左手定则,载流导体 ab 在磁场中受的作用力 F 指向逆时针方向,同理,载流导体 cd 受到的作用力也是逆时针方向的,因此,转子在电磁转矩的作用下逆时针方向旋转。当电枢恰好转过90°时,电枢线圈处于中性面(此时线圈不切割磁力线),电磁转矩为零。但由于惯性的作用,电枢将继续转动,当电刷与换向片再次接触时,导体 ab 和 cd 交换了位置,因此,导体 ab 和 cd 中的电流方向改变了,这就保证了电枢可以连续转动。从上面分析可知,要电磁转矩方向不变,导体从 N 极转到 S 极时,导体中的电流方向必须相应地改变,换向片与电刷即实现这一任务的机械式"换向装置"。

三、直流电动机的静态特性

当直流电动机的控制电压 U_a 和负载转矩 M 不变,电动机的电流 I_a 和转速 n 达到恒定的稳定值时,称为电动机处于静态(或稳态),此时直流电动机所具有的特性称为静态特性,一般包括机械特性(n 与 T 的关系)和调节特性(n 与 U_a 的关系)。

根据电动机学的基本知识,有

$$E = C_e \Phi n \tag{4-8}$$

$$T = C_T \Phi I_a \tag{4-9}$$

$$U_a = E + R_a I_a \tag{4-10}$$

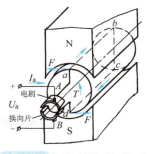

图4-26 直流电动机模型

式中　E——电枢感应电动势(V);
　　　T——电磁转矩(N·m);
　　　U_a——电枢电压(V);
　　　Φ——主磁通(Wb);
　　　I_a——电枢电流(A);
　　　R_a——电枢回路总电阻(Ω);
　　　C_e、C_T——电势常数和力矩常数;
　　　n——电动机转速(r/min)。

根据式（4-8）、式（4-9）、式（4-10），得到电动机的机械特性方程

$$n = \frac{U_a}{C_e \Phi} - \frac{R_a}{C_e C_T \Phi^2} T = n_0 - \frac{R_a}{C_e C_T \Phi^2} T \tag{4-11}$$

式（4-11）表明了电动机转速与电磁转矩的关系，此关系称为机械特性。如图 4-27 所示，n 与 T 的关系是线性关系。机械特性为静态特性，是稳定运行时带负载的性能，当电动机稳定运行时，电磁转矩与所带负载转矩相等。当负载转矩为零时，电磁转矩也为零，这时可得

$$n_0 = \frac{U_a}{C_e \Phi}$$

式中　n_0——理想空载转速。

当电动机带动某一负载 T_L 时，电动机转速与理想空载转速 n_0 会有一个差值 Δn，Δn 的值表示机械特性的硬度，Δn 越小，机械特性越硬，计算 Δn 的公式为

$$\Delta n = \frac{R_a}{C_e C_T \Phi^2} T$$

四、直流电动机的调速

由式（4-11）可知，直流电动机的调速方式为改变电枢电压 U_a、改变励磁电流 I_f 以改变磁通 Φ 和改变电枢回路电阻 R_a。

1. 机械调速特性

当电枢电压 U_a 和磁通 Φ 一定时，转速 n 是转矩 T 的函数，它表明电动机的机械调速特性，如图 4-28 所示。

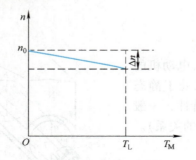

图 4-27　直流电动机的机械特性

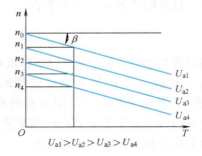

图 4-28　直流电动机的机械调速特性

如果改变电枢电压 U_a，可得到一组平行直线。在相同转矩时，电枢电压越高，静态转速越高。

2. 调节特性

调节特性是指电磁转矩（或负载转矩）一定时电动机的静态转速与电枢电压的关系，它表明电枢电压 U_a 对转速 n 的调节作用。图 4-29 所示是转速 n 和控制电压 U_a 在不同转矩值时的一簇调节特性曲线。

如图 4-29 所示，当负载转矩为零时，电动机的起动没有死区；如果负载转矩不为零，则调节特性就会出现死区。

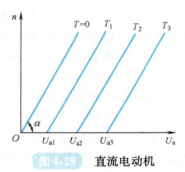

图 4-29　直流电动机的调节特性曲线

只有当电枢电压 U_a 大到一定值,所产生的电磁转矩大到足以克服负载转矩,电动机才能开始转动,并随着电枢电压的提高,转速也逐渐提高。

综上所述,通过调节电枢电压的方式控制直流电动机时,其机械特性和调节特性都是直线,特性簇是平行直线,这样使控制方便。

第五节　主轴电动机及驱动装置

一、数控机床主轴部件

数控机床主轴电动机通过同步带将运动传递到主轴,主电动机为变频调速三相异步电动机,由变频器控制其速度的变化,从而使主轴实现无级调速,主轴转速范围为 250～6000r/min。

现代数控机床的主轴起动与停止、主轴正反转与主轴变速等都可以按照程序介质上编入的程序自动执行。不同的机床其变速功能与范围也不同。有的采用变频机组(目前已很少采用),固定几种转速,可任选一种编入程序,但不能在运转时改变;有的采用变频器调速,将转速分为几挡,编程时可任选一挡,在运转中可通过控制面板上的旋钮在本挡范围内自由调节;有的则不分挡,编程可在整个调速范围内任选一值,在主轴运转中可以在全速范围内进行无级调整,但从安全角度考虑,每次只能在允许的范围内调高或调低,不能有大起大落的突变。在数控铣床的主轴套筒内一般都设有自动拉、退刀装置,能在数秒内完成装刀与卸刀,使换刀显得较方便。此外,多坐标数控铣床的主轴可以绕 X、Y 或 Z 轴摆动,也有的数控铣床带有万能主轴头,扩大了主轴自身的运动范围,但主轴结构更加复杂。

二、数控机床主轴驱动系统的特点

1) 随着生产力的不断提高,机床结构的改进,加工范围的扩大,要求机床主轴的速度和功率也不断提高,主轴的转速范围也不断扩大,主轴的恒功率调速范围更大,并有自动换刀的主轴准停功能等。

2) 为了实现上述要求,主轴驱动要采用无级调速系统驱动。一般情况下,主轴驱动只有速度控制要求,少量有位置控制要求,所以主轴控制系统只有速度控制环。

3) 由于主轴需要恒功率调速范围大,采用永磁式电动机就不合理,往往采用他励式直流伺服电动机和笼型异步交流伺服电动机。

4) 数控机床主旋转运动不需要丝杠或其他直线运动的机构,机床的主轴驱动与进给驱动有很大的差别。

5) 早年的数控机床多采用直流主轴驱动系统,但由于直流电动机的换向限制,大多数系统恒功率调速范围都非常小。随着微处理器技术和大功率晶体管技术的发展,20 世纪 80 年代初期开始,数控机床的主轴驱动应用了交流主轴驱动系统。目前,国内外新生产的数控机床基本都采用交流主轴驱动系统。交流主轴驱动系统将完全取代直流主轴驱动系统,这是因为交流电动机不像直流电动机那样在高转速和大容量方面受到限制,而且交流主轴驱动系统的性能已达到直流驱动系统的水平,甚至在噪声方面还有所降低,价格也比直流主轴驱动系统低。

三、交流主轴驱动系统

在 CNC 系统中，主轴转速通过 S 指令进行编程，被编程的 S 指令可以转换为模拟电压或数字量输出，因此主轴的转速有两种控制方式：利用模拟量输出进行控制（简称模拟主轴）和利用串行总线进行控制（简称串行主轴）。其中，模拟主轴广泛应用于中小型经济型数控机床。下面介绍模拟主轴的应用。

1. 变频电源的应用

变频器即电压频率变换器，是一种将固定频率的交流电变换成频率、电压连续可调的交流电，以供给电动机运转的电源装置。交流电动机变频调速与控制技术已经在机床、纺织、印刷、造纸、冶金、矿山以及工程机械等各个领域得到了广泛应用。

中小功率变频电源产品由于运行时其散热表面的温度可高达 90℃，所以大多数要求壁挂立式安装，并在机壳内配有冷却风扇，以保证热量得到充分的散发。在电气柜中，应注意给变频电源的两侧及后部留出足够空间，而且在它的上部不应安排容易受人影响的器件。多台变频电源安装在一起时要尽量避免竖排安装，如必须竖排时，则要在两层间配备隔热板。变频电源工作的环境温度不准超过 50℃。

2. 变频电源的基本接线

小功率变频电源的外形如图 4-30 所示。一般三相输入、三相输出变频电源的基本电气接线原理如图 4-31 所示。

在图 4-31 中，主电路接入口 R、S、T 处应按常规动力电路的要求预先串接符合该电动机功率容量的空气断路器和交流接触器，以便对电动机工作电路进行正常的控制和保护。经过变频后的三相动力接出口 U、V、W，在它们和电动机之间可安排热继电器，以防止电动机长时间过载或单相运行等问题。电动机的转向仍然靠外部的线头换相来确定或控制。

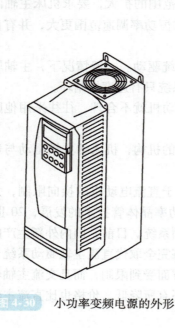

图 4-30 小功率变频电源的外形

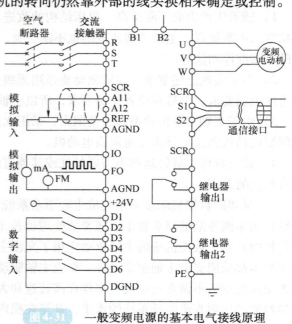

图 4-31 一般变频电源的基本电气接线原理

B1、B2 用来连接外部制动电阻，改变制动电阻值的大小可调节制动的程度。

工作频率的模拟输入端为 A11 和 A12，模拟量地端 AGND 为零电位点。电压或电流模拟方式的选择一般通过这些端口的内部跳线来确定。电压模拟输入也可以从外部接入电位器实现（有的变频电源将此环节设定在内部），电位器的参考电压从 REF 端获取。

工作频率挡位的数字输入由 D3、D4、D5 的三位二进制数设定，"000"为模拟控制方式。另外三个数字端可分别控制电动机电源的起动、停止、起动及制动过程的加减速时间选定等功能。数字量的参考电位点是 DGND。

一般变频电源都提供模拟电流输出端 IO 和数字频率输出端 FO，便于建立外部的控制系统。如果需要电压输出，可通过外接频压转换环节来获得。继电器输出 KM1 和 KM2 可对外表述诸如变频电源有无故障、电动机是否在运转、各种运转参数是否超过规定极限、工作频率是否符合给定数据等种种状态，便于整个系统的协调和正常运行。

通信接口可以选择是否将该变频电源作为某个大系统的终端设备，它们的通信协议一般由变频电源厂商规定，不可改变。

为保证变频电源的正常工作，其外壳 PE 应可靠地接入大地零电位。所有与信号相关的接线群都要有屏蔽接点 SCR。

3. 变频器主接线端子的介绍

主接线端子是变频器与电源及电动机连接的接线端子。

（1）主接线端子的示意图　主接线端子示意如图 4-32 所示。

图 4-32　主接线端子示意

（2）主接线端子的功能　主接线端子的功能见表 4-13。

表 4-13　主接线端子的功能

目的	使用端子
主回路电源输入	R、S、T
变频器输出	U、V、W
直流电源输入	-、+
直流电抗器连接	+、B1（去掉短接片）
制动电阻连接	B1、B2
接地	⏚

4. 变频器的试运行连接

Micromaster 440 型变频器的外观如图 4-33a 所示。当采用电位器作为速度的给定模拟量时，用开关作为起动/停止和正转/反转控制简单试运行的连接方式，如图 4-33b 所示。按该图连接以后，确认无误即可进行操作。

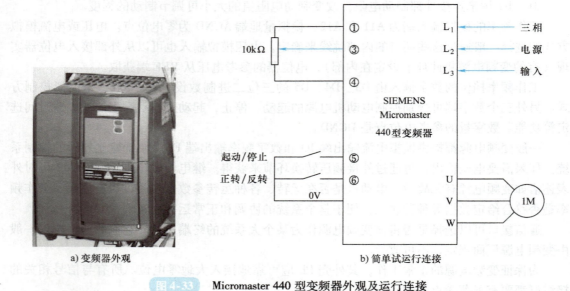

a) 变频器外观　　　　　　　　　b) 简单试运行连接

图 4-33　Micromaster 440 型变频器外观及运行连接

5. 变频器与华中 HNC–21 数控系统的连接

Micromaster 440 型变频器与华中 HNC–21 数控系统连接的端子与接口如图 4-34 所示。

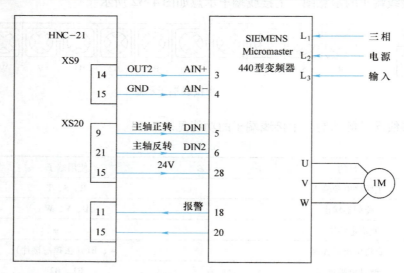

图 4-34　Micromaster 440 型变频器与华中 HNC–21 数控系统的连接

6. 变频器中电动机参数的设置

在 Micromaster 440 型变频器的基本操作面板（Bop）进行调试，把变频器所有参数复位为出厂时默认的设置值。接通变频器三相（380V）输入电源，然后进行快速调试，将参数 P0010 设置为"1"，设置参数 P0100（=0）和下列电动机参数：

电动机额定电压　　P0304 = 380V

电动机额定电流　P0305 = 1.5A
电动机额定功率　P0307 = 0.55kW
电动机额定频率　P0310 = 50Hz
电动机额定转速　P0311 = 1390r/min

再依次设置参数 P0700 = 1（将变频器设置为基本操作面板 Bop 控制方式）、P1000 = 1（用 Bop 控制频率的升降）、P1080 = 0（电动机最小频率 0Hz）、P1082 = 50（电动机最大频率 50Hz）、P1120 = 10（斜坡上升时间 10s）和 P1121 = 10（斜坡下降时间 10s）。完成上述步骤后，将参数 P3900 设置为"1"，使变频器自动执行必要的电动机其他参数计算；并使其余参数恢复为默认的设置值，自动将 P0010 参数设置为"0"。

7. 数控装置与主轴装置的连接

华中 HNC-21 数控装置通过 XS9 主轴控制接口和 PLC 输入/输出接口，连接各种主轴驱动器，实现正转、反转、定向、调速等控制，还可以外接主轴编码器，实现螺纹车削和铣床上的刚性攻螺纹功能。

（1）主轴起/停　主轴起/停控制由 PLC 承担，标准铣床 PLC 程序和标准车床 PLC 程序中关于主轴起/停控制的信号见表 4-14。

利用 Y1.0、Y1.1 输出即可控制主轴装置的正转、反转及停止，一般定义接通有效；当 Y1.0 接通时，可控制主轴装置正转；Y1.1 接通时，主轴装置反转；二者都不接通时，主轴装置停止旋转。在使用某些主轴变频器或主轴伺服单元时，也用 Y1.0、Y1.1 作为主轴单元的使能信号。

部分主轴装置的运转方向由速度给定信号的正、负极性控制，这时可将主轴正转信号用作主轴使能控制，主轴反转信号不用。

部分主轴控制器有速度到达和零速信号，由此可使用主轴速度到达和主轴零速输入，实现 PLC 对主轴运转状态的监控。

表 4-14　与主轴起/停有关的输入/输出开关量信号

信号说明	标号（X/Y 地址）		所在接口	信号名	引脚号
	铣	车			
输入开关量					
主轴速度到达	X3.1	X3.1	XS11	I25	23
主轴零速	X3.2			I26	10
输出开关量					
主轴正转	Y1.0	Y1.0	XS20	O08	9
主轴反转	Y1.1	Y1.1		O09	21

（2）主轴速度控制　华中 HNC-21 通过 XS9 主轴接口中的模拟量输出可控制主轴转速，当主轴模拟量的输出范围为 -10 ~ +10V 时，用于双极性速度指令输入主轴驱动单元或变频器，这时采用使能信号控制主轴的起动、停止。当主轴模拟量的输出范围为 0 ~ +10V 时，用于单极性速度指令输入的主轴驱动单元或变频器，这时采用主轴正转、主轴反转信号控制主轴的正、反转。模拟电压的值由用户 PLC 程序送到相应接口的数字量决定。

(3) 主轴定向控制　与主轴定向有关的输入/输出开关量信号见表4-15。实现主轴定向控制的方案及控制方式见表4-16。

(4) 主轴编码器连接　通过主轴接口 XS9 可外接主轴编码器,用于螺纹切割、攻螺纹等,华中 HNC – 21 数控装置可接入两种输出类型的编码器,即差分 TTL 方波编码器或单极性 TTL 方波编码器。一般使用差分编码器,确保长传输距离的可靠性及提高抗干扰能力。华中 HNC – 21 数控装置与主轴编码器的接线如图 4-35 所示。

表 4-15　与主轴定向有关的输入/输出开关量信号

信号说明	标号(X/Y地址) 铣	所在接口	信号名	引脚号
输入开关量				
主轴定向完成	X3.3	XS11	I27	27
输出开关量				
主轴定向	Y1.3	XS20	O11	20

表 4-16　主轴定向控制的方案及控制方式

序号	控制的方案	控制方式及说明
1	用带主轴定向功能的主轴驱动单元	标准铣床 PLC 程序中定义了相关的输入/输出信号。由 PLC 发出主轴定向命令,即 Y1.3 接通主轴单元,完成定向后送回主轴定向完成信号 X3.3
2	用伺服主轴即主轴工作在位控方式下	主轴作为一个伺服轴控制,在需要时可由用户 PLC 程序控制定向到任意角度
3	用机械方式实现	根据所采用的具体方式,用户可自行定义有关的 PLC 输入/输出点,并编制相应的 PLC 程序

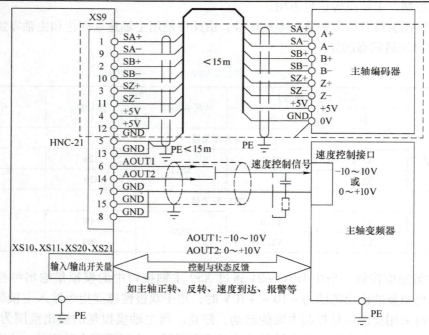

图 4-35　数控装置与主轴编码器的接线(若没有主轴编码器则虚线框中的内容没有)

（5）数控装置与主轴装置的连接实例

1）与普通三相异步电动机连接。用无调速装置的交流异步电机作为主轴电动机时，只需利用数控装置输出开关量控制中间继电器和接触器，便可控制主轴电动机的正转、反转、停止，如图4-36所示。图4-36中，KA3、KM3控制电动机正转，KA4、KM4控制电动机反转。

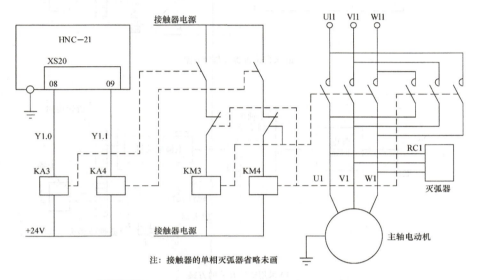

图4-36 数控装置与普通三相异步主轴电动机的连接

华中HNC-21数控装置与普通三相异步主轴电动机的连接，可配合主轴机械换挡实现有级调速，还可外接主轴编码器实现螺纹车削加工或刚性攻螺纹。

2）与交流变频主轴连接。采用交流变频器控制交流变频电动机，可在一定范围内实现主轴的无级变速，这时需利用数控装置的主轴控制接口（XS9）中的模拟量电压输出信号，作为变频器的速度给定，采用开关量输出信号（XS20、XS21）控制主轴起动、停止（或正转、反转）。华中HNC-21数控装置与主轴变频器的接线如图4-34所示。

采用交流变频主轴时，由于低速特性不很理想，一般需配合机械换挡以兼顾低速特性和调速范围。需要车削螺纹或攻螺纹时，可外接主轴编码器。

8. 主轴准停控制

主轴准停指使主轴准确地停止在某一固定位置，以便加工中心在该处执行换刀等操作。现代数控机床中，一般采用电气控制方式使主轴定向，只要数控装置发出M19主轴准停指令，主轴就能准确地定向。它是利用安装在主轴上的主轴位置编码器或接近开关（如磁性接近开关、光电开关等）作为位置反馈元件，控制主轴准确地停止在规定的位置上。

主轴准停控制，实际上是在主轴速度控制的基础上，增加一个位置控制环。图4-37a、b所示分别为采用主轴位置编码器或磁性开关两种方案的原理。采用磁性传感器时，磁性元件直接安装于主轴上，而磁性传感头则固定在主轴箱上，为减少干扰，磁性传感头与放大器之间的连线需采用屏蔽线，且连线越短越好。采用位置编码器时，若安装不方便，可通过1∶1齿轮连接。这两种方案要依机床实际情况来选用。

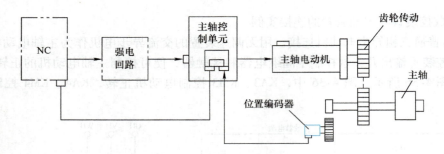

a) 采用位置编码器的方案

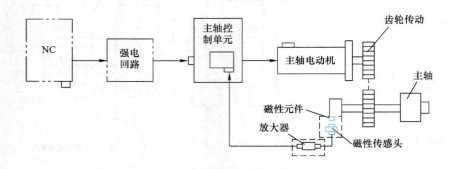

b) 采用磁性开关的方案

图 4-37　主轴准停控制原理

主轴位置编码器的工作原理和光电脉冲编码器相同,但其线纹是 1024 条/周,经 4 倍频细分电路细分为 4096 脉冲/r,输出信号幅值为 5V。

习　题

1. 数控机床对伺服系统有哪些要求?
2. 简述反应式步进电动机的工作原理。
3. 某五相步进电动机转子有 48 个齿,试计算单拍制和双拍制的步距角。
4. 如何控制步进电动机的转速及输出转角?
5. 什么是反应式步进电动机的起动矩频特性和运行矩频特性?
6. 步进电动机的控制电源由哪几部分组成? 各有什么作用?
7. 试比较高低压驱动电路、恒流斩波驱动电路的特点。
8. 交流伺服电动机的调速方法有几种? 哪种方法应用最广泛?
9. 简述数控机床主轴对伺服系统的要求。

第五章

位置检测装置

本章着重介绍光电编码器、光栅、感应同步器、旋转变压器及磁栅等检测装置的结构、工作原理、工作方式及安装使用。通过学习,掌握角位移和直线位移检测装置在数控机床上的应用,能根据测量对象正确选择不同的检测装置,要求对每种检测装置的工作原理、结构和应用有较深入的理解。

位置检测装置种类较多,工作原理不同,要求学生严谨治学的科学态度和终身学习的职业素养,培养学生团结协作、求真务实的优秀品质。

第一节 概 述

一、位置检测装置的作用与要求

数控机床加工中的位置精度,主要取决于数控机床驱动元件和位置检测装置的精度。位置检测装置是闭环、半闭环伺服系统的重要组成部分,是数控机床的关键部件之一,其作用是检测位移和速度,发送反馈信号,构成闭环控制,它对提高数控机床的加工精度有决定性的作用。

通常位置检测装置的精度指标主要包括系统精度和系统分辨率。系统精度是指在某单位长度或角度内的最大累积测量误差,目前直线位移的测量精度可达 $\pm(0.001\sim0.02)\,\text{mm/m}$,角位移的测量精度可达 $\pm10''/360°$;而系统分辨率是指位置检测装置能够正确检测的最小位移量,目前直线位移的分辨率可达 $0.001\,\text{mm}$,角位移的分辨率可达 $2''$。分辨率不仅取决于检测装置本身,也取决于检测电路的设计。一般来说,数控机床上使用的位置检测装置应满足如下要求:

1)在机床工作台移动范围内,能满足精度和速度的要求。
2)工作可靠,抗干扰能力强,并能长期保持精度。
3)使用、维护简单、方便,成本低。

二、位置检测装置的分类

不同类型的数控机床对检测系统的要求不同,一般大型数控机床应满足运动速度的要求,而中、小型和高精度数控设备首先要满足位置精度要求。由于工作条件和测量要求不同，数控机床常用以下几种测量方式：

1. 绝对值测量方式和增量值测量方式

绝对值测量方式是任一被测量点位置都由一个固定的测量基准（即坐标原点）算起，每一测量点都有一个相对于原点的绝对测量值。绝对值测量装置的结构较增量值测量装置复杂，且分辨精度要求越高，量程越大，结构也越复杂。增量值测量方式检测的是相对位移量，是终点相对于起点的位置坐标增量，这种测量方式不需要知道起始位置，只需要知道位置的变化量即可，因而检测装置比较简单，在轮廓控制数控机床上大多采用这种测量方式。增量值测量方式的不足是，一旦某种故障（如停电、刀具损坏而停机等）发生，当故障排除后，找不到故障发生前执行部件的正确位置，必须将执行部件移至起始点重新计数才能找到。典型的检测元件有感应同步器、光栅、磁栅等。

2. 数字式测量和模拟式测量

数字式测量是将测量对象以数字形式表示。数字式测量输出信号一般是电脉冲，可以把电脉冲直接送到数控装置（计算机）进行比较、处理，其典型的检测装置是光栅位移测量装置。数字式测量的特点如下：

1）将测量对象量化成脉冲个数，便于显示和处理。
2）测量精度取决于测量单位，与量程基本无关（当然也有累积误差）。
3）测量装置比较简单，脉冲信号抗干扰能力强。

模拟式测量是将测量对象用连续的变量（如相位变化、电压幅值变化）来表示。在数控机床上模拟式测量主要用于小量程的测量，如感应同步器的一个线距（节距）内信号相位变化等。模拟式测量的特点如下：

1）直接测量被测对象，无须信号转换。
2）在小量程内可以实现高精度测量，如用旋转变压器、感应同步器等。

3. 直接测量和间接测量

直接测量的精度主要取决于测量元件的精度。检测装置直接安装在执行部件上，其优点是直接反映工作台的直线位移量；缺点是检测装置要和工作台行程等长，这对大型数控机床而言是一个很大的限制。

间接测量是对与工作台运动相关联的伺服电动机输出轴的丝杠回转运动的测量。例如，用旋转式检测装置反映工作台的直线位移，即通过角位移与直线位移之间的线性关系求出工作台的直线位移，设丝杠螺距为6mm，角位移测量值为30°，则工作台直线位移为6mm × 30°/360° = 0.5mm。间接测量组成位置半闭环伺服系统，位置精度取决于检测装置和机床传动链的精度，其优点是可靠方便，无长度限制；缺点是测量信号加入了机械运动传动链的误差，从而影响测量精度。

常用位置检测装置见表5-1，本章主要介绍光电编码器、光栅、感应同步器等。

表5-1 常用位置检测装置

类型	数字式检测装置	模拟式检测装置
旋转式检测装置	圆光栅、光电编码器	旋转变压器、圆形感应同步器、多极旋转变压器
直线式检测装置	直线光栅、激光干涉仪、编码尺	直线型感应同步器、磁栅、绝对值式磁尺

第二节 光电编码器

一、光电编码器分类及工作原理

光电编码器是一种光学式位置检测装置,通常与被测轴同轴安装,采用光电感应元件输出一系列的电脉冲或二进制代码来反映被测轴的机械位移。光电编码器的主要结构是一个圆盘,圆周上分布有相等的透光和不透光辐射状窄缝,另有两组静止不动的扇形窄缝,相互错开 1/4 节距。当光线通过这两个做相对运动的窄缝群时,光电池组会受到明暗光的照射,经信号变换、放大和整形,转换成脉冲信号。光电编码器直接将被测角位移转换成数字(脉冲)信号,所以也称为脉冲编码器。光电编码器也可用来检测转速,通过脉冲计数和测量频率便可计算工作轴的转角和转速。

光电编码器可以按照测量的读数方式来分类,分为增量式光电编码器和绝对式光电编码器,下面分别介绍这两种光电编码器的工作原理。

1. 增量式光电编码器

增量式光电编码器也称为光电盘,其检测原理如图 5-1 所示。

增量式光电编码器检测装置由光源、聚光镜、光电码盘、光栏板、光敏器件、整形放大电路和脉冲输出装置等组成。光电码盘和光栏板用玻璃研磨抛光制成,玻璃的表面在真空中

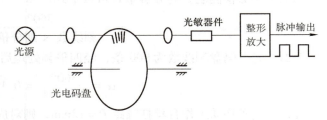

图 5-1 增量式光电编码器检测原理

镀一层不透明的铬,然后用照相腐蚀法,在光电码盘的边缘上开有间距相等的透光狭缝。在光栏板上制成两条狭缝,每条狭缝的后面对应安装一个光电管。当光电码盘随被测工作轴一起转动时,每转过一个缝隙,光电管就会感受到一次光线的明暗变化,使光电管的电阻值改变,这样就把光线的明暗变化转变成电信号的强弱变化,而这个电信号的强弱变化近似于正弦波的信号,经过整形和放大等处理,转换成脉冲信号。通过计数器计量脉冲的数目,即可测定旋转运动的角位移;通过计量脉冲的频率,即可测定旋转运动的转速,测量结果可以通过数字显示装置进行显示。

为了使光电编码器的输出波形能反映编码器的旋转方向,采用光栏板两条狭缝的光信号 A 和 B 输出两路信号,其相位差为 90°,通过光电管转换并经过信号的放大整形后,成为两相方波信号,如图 5-2 所示。

2. 光电编码器的分辨率

(1) 物理线数 码盘在 360° 具有的刻线条数,是编码器分辨能力的表示,一般为 5~10000 线。有多少线,编码器每转就有多少个原始脉冲发出,如 2500 脉冲/r = 2500 线。

(2) 倍频提高分辨率 编码器送出的一个脉冲对应的长度并非总是等于要求的轴的分辨率。进一步提高分辨率的方法是对输出信号进行倍频处理。

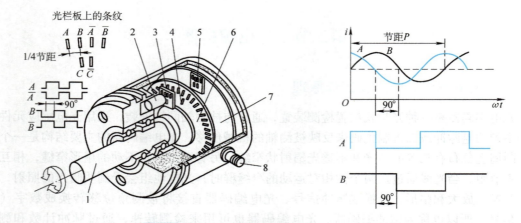

图 5-2 增量式光电编码器结构及其输出信号
1—转轴 2—LED 3—光栅板 4—零基准槽 5—光敏器件
6—编码盘 7—印制电路板 8—电源及信号线连接座

光电编码器检测装置的分辨率 α 可按下式计算

$$\alpha = \frac{360°}{刻线数 \times 细分倍数}$$

例如，光电码盘刻线数为 900 条，经四倍频处理后，其分辨率为

$$\alpha = \frac{360°}{900 \times 4} = 0.1°$$

若数控设备移动工作台丝杠螺距 $P=12\mathrm{mm}$，则对应单位角位移的脉冲当量 δ 为

$$\delta = \frac{\alpha}{360°}P = \frac{0.1°}{360°} \times 12\mathrm{mm} = 0.003\mathrm{mm}$$

此光电编码器每次测量的角度值都是相对于上一次读数的增量值，而不能反映工作轴旋转运动的绝对位置，所以称为增量式光电编码器。

为了提高光电编码器的分辨率，可以采用提高光电码盘上狭缝密度和增加光电码盘发信通道的办法，还可以增大测量电路的细分倍数，使光电码盘旋转一周时发出的脉冲信号数目增多，进而使分辨率得到提高。

需要说明的是，手轮实际上是具有某线数的编码器，学名为手摇脉冲发生器（Manual Pulse Generator）。例如美国 HAAS 公司的 VF-3 加工中心的手轮实际上是每转 100 线的编码器。

3. 绝对式光电编码器

与增量式光电编码器不同，绝对式光电编码器是通过读取编码器上的图案来获得轴的角位移的，它以固定点为参考原点，输出为编码器轴的当前值偏离原点的角位移。绝对式光电编码器是目前使用最广泛的角位移检测装置，常用的有光电式和接触式两种。图 5-3 所示为接触式绝对光电编码器，是四码道的二进制编码器，码盘上有四条码道。所谓码道就是码盘上的同心圆环，每条码道对应不同的半径，代表二进制的各位。编码器的白色部分为绝缘体，表示二进制的 0，黑色部分为导电体，表示二进制的 1。四条码道上分别安装有电刷，码盘每周产生 2^4 个二进制数。当码盘旋转时，四条码道上的电刷依次输出 0000~1111 二进制编码，代表对应的绝对转角。码盘的分辨率与码道数的多少有关，码道越多，分辨率越高。接触式码盘原理简明,结构简单,但电刷与码盘接触,精度较差。

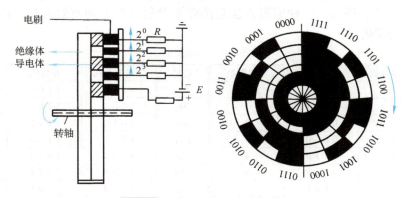

图5-3　接触式绝对光电编码器

图5-4所示是光电式绝对光电编码器,其四位二进制码盘的每条码道以二进制的分布规律被加工成透明的亮区和不透明的暗区。码盘的一侧安装光源,另一侧安装一排径向排列的光电管,每个光电管对准一条码道。当光源产生的光线经透镜变成一束平行光线照射在码盘上时,如果是亮区,则通过亮区的光线被光电管接收,并转变成电信号,输出电信号为"1";如果是暗区,则光线不能被光电管接收,输出电信号为"0"。由于光电管呈径向排列,数量与码道相对应,故根据四条码道沿码盘径向分布的明暗区状态,即可读取四位二进制数代码。一个四位码盘在360°范围内可编码2^4(16)个。输出信号再经过整形、放大、锁存及译码等电路进行信号处理,输出的二进制代码即代表了码盘轴的对应位置,也就实现了角位移的绝对值测量。

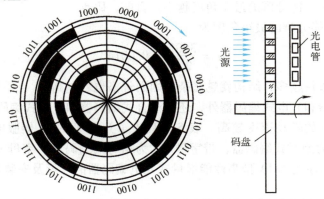

图5-4　光电式绝对光电编码器

由于光电管安装误差的影响,当码盘回转在两段码交替过程中时,就会有一些光电管越过分界线,而另一些尚未越过,于是便会产生读数误差。例如图5-4中,当码盘顺时针方向旋转时,由位置"0111"变为"1000"时,这四位数同时都有变化,可能将数码误读成为16种代码中的任意一种(与光电管偏离位置有关),如读成"1111""1011""1101"等,这种误差称为非单值性误差。为了消除这种误差,绝对式光电编码器的码盘大多采用循环码盘(或格雷码盘),码盘数码见表5-2。格雷码的特点是任意相邻的两个代码之间只改变一位二进制数,这样,即使制作和安装不很准确,也只能读成相邻两个数中的一个,产生的误差最多不超过"1",所以,这种编码方法是消除非单值性误差的有效方法。图 5-5 所示为有四位二进制格雷码盘。

表 5-2 码盘数码

角度	二进制数码	格雷码	十进制数	角度	二进制数码	格雷码	十进制数
0	0000	0000	0	8α	1000	1100	8
α	0001	0001	1	9α	1001	1101	9
2α	0010	0011	2	10α	1010	1111	10
3α	0011	0010	3	11α	1011	1110	11
4α	0100	0110	4	12α	1100	1010	12
5α	0101	0111	5	13α	1101	1011	13
6α	0110	0101	6	14α	1110	1001	14
7α	0111	0100	7	15α	1111	1000	15

绝对式光电编码器可以直接读出角位移的绝对值,这样,数控机床开动后不必回零,这种测量方法没有累积误差,电源切断后位置信号不会丢失,允许的最高转速较高。

码盘的分辨率与码道数 n 的大小有关,其分辨率 α 为

$$\alpha = \frac{360°}{2^n}$$

四位二进制码盘能分辨的最小角度为

$$\alpha = \frac{360°}{2^4} = 22.5°$$

码道的数目越多,能分辨的最小角度越小。目前,码盘码道可做到 18 条,能分辨的最小角度为

$$\alpha = \frac{360°}{2^{18}} \approx 0.0014°$$

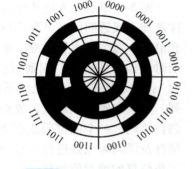

图 5-5 四位二进制格雷码盘

当然,码道的数目越多,结构就越复杂,因而价格也就越高。

除接触式编码器和光电式编码器外,还有混合式编码器和电磁式编码器等。非接触式编码器不易磨损,允许的转动速度较高。表 5-3 列出了几种 FANUC 伺服电动机内装编码器。型号中带字母 A 的为绝对式编码器,带字母 I 的为相对式编码器,字母 α、β 表示编码器的不同类别。图 5-6 所示为 CHA 型高性能增量式光电编码器的外形及安装尺寸。

表 5-3 FANUC 公司生产的编码器

型号	分辨率(p/r)	绝对/增量
αA64	65536 (2^{16})	绝对
αI64	65536 (2^{16})	增量
αA32B	32768 (2^{15})	绝对
αI8	8192 (2^{13})	增量
βA32B	32768 (2^{15})	绝对
βI32B	32768 (2^{15})	增量
βA64B	65536 (2^{16})	绝对
βI64B	65536 (2^{16})	增量
β128iA	131072 (2^{17})	绝对

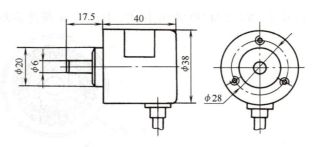

图5-6　CHA型编码器的外形及安装尺寸

二、光电编码器在数控机床中的应用

1. 位移测量

由于增量式光电编码器每转过一个分辨角对应一个脉冲信号，因此，根据脉冲的数量、传动比及滚珠丝杠螺距即可得出移动部件的直线位移量。例如某带光电编码器的伺服电动机轴与滚珠丝杠直连（传动比1:1），光电编码器1200脉冲/r，丝杠螺距为6mm，在数控系统位置控制中断时间内计数1200个脉冲，则在该时间段里，工作台移动距离为6mm。

2. 螺纹加工控制

为便于数控机床加工螺纹，在其主轴上安装光电编码器，光电编码器通常与主轴直连（传动比1:1）。为保证切削螺纹的螺距准确，要求主轴转一周，工作台移动一个导程，必须有固定的起刀点和退刀点。安装在主轴上的光电编码器在切削螺纹时就可解决主轴旋转与坐标轴进给的同步控制，保证主轴每转一周，刀具准确地移动一个导程。此外，螺纹加工要经过几次切削才能完成，每次重复切削时，开始进刀的位置必须相同。为了保证重复切削不乱牙，数控系统在接收到光电编码器中的一转脉冲后才开始螺纹切削的计算。

三、光电编码器在永磁式交流伺服电动机中的应用

永磁式交流伺服电动机是当代电气伺服控制中最新的技术之一，它是利用控制理论新成果——矢量控制技术，结合电子新技术实现的。永磁式交流伺服电动机的定子是三相绕组，转子是永久磁铁构成的永磁体，同轴连着位置传感器，其结构如图5-7a所示。位置检测装置采用光电编码器，其作用有三个：①提供电动机定子、转子之间的相互角度位置和电子电路配合，使得三相绕组中流过的电流和转子位置转角成正弦函数关系，彼此相差120°电位角。三相电流合成的磁动势在空间的方向总是和转子的磁场成90°电位角（超前），产生最大可能的转矩，实现矢量控制。②通过频率/电压转换电路，提供电动机转速反馈信号。③提供数控系统的位置反馈信号。

由于绝对式光电编码器价格昂贵，采用绝对式光电编码器一般情况下是不适宜的。因为如果位数少，则控制精度不高；如果位数多，则编码器很难制造，速度无法提高，价格也很高。实用的方案是采用两套编码器，即用绝对式光电编码器对定子、转子之间的相对位置进行初定位，然后用增量式光电编码器对位置进行精确定位。编码器共有12路信号输出：A、$\overline{A}$、B、$\overline{B}$、Z、$\overline{Z}$以及U、$\overline{U}$、V、$\overline{V}$、W、$\overline{W}$，如图5-7b所示，其中A、$\overline{A}$、B、$\overline{B}$是精确定位的增量式光电编码器信号，Z、$\overline{Z}$为每转一个脉冲零位信号，信号U、$\overline{U}$、V、$\overline{V}$、W、$\overline{W}$每转的脉冲数与

电动机的极对数一致。信号 A、B 之间相差 $90°$ 电位角，U、V、W 彼此相差 $120°$。

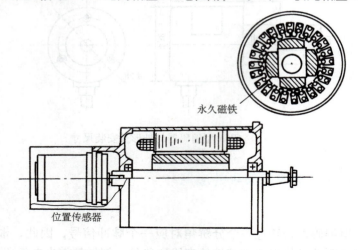

a) 永磁式交流伺服电动机的结构

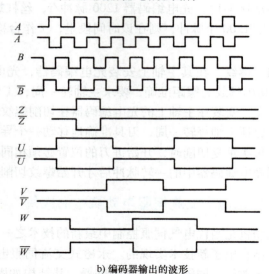

b) 编码器输出的波形

图 5-7　永磁式交流伺服电动机的结构及其编码器输出的波形

第三节　光　　栅

一、光栅及其工作原理

5-1 光栅尺的工作原理

光栅主要有两大类，物理光栅和计量光栅。物理光栅的测量精度非常高（栅距为 $0.002 \sim 0.005$ mm），通常用于光谱分析和光波波长测定等。相对而言，计量光栅刻度线粗一些，栅距大一些（$0.004 \sim 0.25$ mm），通常用于检测直线位移和角位移等。在高精度数控机床上，目前大多使用计量光栅作为位置检测装置。下面介绍的就是计量光栅。光栅位置检测装置的构成如图 5-8 所示。光栅的主要特点如下：

1）具有很高的检测精度。直线光栅的精度可达 3μm，分辨率可达 0.1μm；圆光栅的精度可达 0.15″，分辨率可达 0.1″。

2）响应速度较快，可实现动态测量，易于实现检测及数据处理自动化。

3）对使用环境要求较高，怕油污、灰尘及振动。

4）标尺光栅一般比较长，安装、维护困难，成本较高。

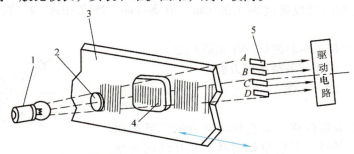

图 5-8　光栅位置检测装置的构成

1—光源　2—透镜　3—标尺光栅　4—指示光栅　5—光电池

（一）光栅的分类

光栅主要用于检测直线位移和角位移，其中检测直线位移的称为直线光栅，检测角位移的称为圆光栅。

1. 直线光栅

直线光栅主要有玻璃透射光栅和金属反射光栅两种。玻璃透射光栅是在透明的光学玻璃表面上制有感光涂层或金属镀膜，经过涂敷、蚀刻等工艺制成间隔相等的透明与不透明线纹，所以称为透射光栅，如图 5-9 所示。

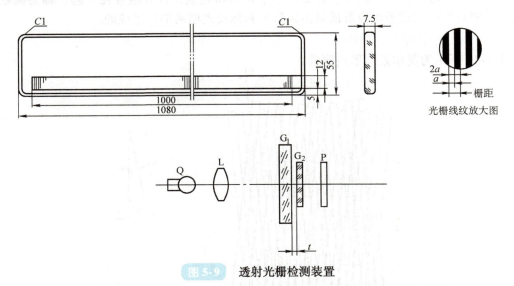

图 5-9　透射光栅检测装置

Q—光源　L—透镜　G_1—标尺光栅　G_2—指示光栅　P—光电元件　t—两光栅距离

常用透射光栅的线纹密度为 25 条/mm、50 条/mm、100 条/mm、250 条/mm，其主要特点如下：

1）光源可以垂直射入，光电元件可以直接接收光信号，因此信号幅度大，读数头结构比较简单。

2）刻线密度较大，再经过电路细分，分辨率可达到微米级。

金属反射光栅是在金属直尺或不锈钢带的镜面上经过腐蚀或直接刻划等工艺制成光栅线纹，所以称为反射光栅，如图 5-10 所示。

常用的反射光栅的线纹密度为 4 条/mm、10 条/mm、25 条/mm、40 条/mm、50 条/mm，其主要特点如下：

1）光栅材料与机床材料的线膨胀系数相近。
2）坚固耐用，安装与调整比较方便。
3）分辨率低于透射光栅。

2. 圆光栅

圆光栅用于测量角位移，是在玻璃圆盘的圆环端面上制成黑白相间的条纹，条纹呈辐射状，相互间的夹角相等。圆光栅的检测原理与直线光栅检测原理相同，其输出的信号表示角位移。

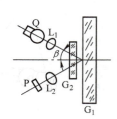

图 5-10　反射光栅检测装置
Q—光源　L_1、L_2—透镜　G_1—标尺光栅
G_2—指示光栅　P—光电元件　β—入射角

（二）直线透射光栅及其工作原理

1. 直线透射光栅的构造

直线透射光栅由标尺光栅、指示光栅、光源、透镜、光电元件及驱动电路等组成，如图 5-8 所示。标尺光栅和指示光栅也可分别称为长光栅和短光栅，它们的线纹密度相等。长光栅可安装在机床的固定部件上（如机床床身），其长度选定为机床工作台的全行程，短光栅则安装在机床的运动部件上（如工作台）。当工作台移动时，指示光栅与标尺光栅产生相对移动。两光栅尺面相互平行地重叠在一起，并保持一定的间隙，且两平面相对转过一个很小的角度。在实际应用中，总是把光源、指示光栅和光敏元件等组合在一起，称为读数头。因此，光栅位置检测装置可以看成是由读数头和标尺光栅两部分组成的。

2. 直线透射光栅的工作原理

图 5-11 所示为莫尔条纹形成原理。

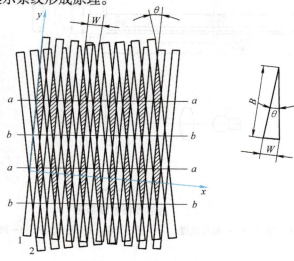

图 5-11　莫尔条纹形成原理

将长光栅和短光栅重叠在一起,中间保持 0.01~0.1mm 的间隙,并使两光栅的线纹相对转过一个很小的夹角 θ。当光线平行照射光栅时,由于光的透射及衍射效应,在与线纹垂直的方向上,准确地说,在与两光栅线纹夹角 θ 的平分线相垂直的方向上,会出现明暗交替、间隔相等的粗条纹,这就是"莫尔干涉条纹",简称"莫尔条纹"。

两条明带或两条暗带之间的距离称为莫尔条纹的间距 B,若光栅的栅距为 W,两光栅线纹的夹角为 θ,则它们之间存在以下几何关系

$$B = \frac{W}{2\tan\frac{\theta}{2}}$$

因为 θ 很小,所以 $\tan\frac{\theta}{2} \approx \frac{\theta}{2}$,则

$$B \approx \frac{W}{\theta}$$

由此可见,莫尔条纹的间距与光栅栅距成正比关系。

莫尔条纹具有如下特点:

(1) 起放大作用 由上式可知,减小 θ 可增大 B,相当于把栅距 W 扩大了 $1/\theta$ 倍后,转化为莫尔条纹。例如,栅距 $W=0.01\text{mm}$ 的线纹,人的肉眼是无法分辨的,而当 $\theta=0.001\text{rad}$ 时,莫尔条纹的间距 $B=10\text{mm}$,这就清晰可见了,这说明莫尔条纹可以把光栅的栅距放大 1000 倍,从而大大提高了光栅的分辨率。

(2) 起均化误差作用 莫尔条纹是由若干条光栅线纹形成的,若光电元件接收长度为 10mm,当 $W=0.01\text{mm}$ 时,则 10mm 长的一根莫尔条纹就是由 1000 条线纹组成的,因此制造上的缺陷,如间断地少了几条线,只会影响千分之几的光电效果。所以,用莫尔条纹测量长度时,决定其精度的不是一两条线纹,而是一组线纹的平均效应。

(3) 莫尔条纹移动与光栅栅距移动之间的关系 当光栅移动一个栅距 W 时,莫尔条纹也相应移动一个莫尔条纹的间距 B,即光栅某一固定点的光强按"明→暗→明"规律交替变化一次。因此,光电元件只要读出移动的莫尔条纹数目,就知道光栅移动了多少栅距,从而也就知道了运动部件的准确位移量。

在移动过程中,经过光栅的光线,其光强呈正弦波形变化,莫尔条纹移动通过光电元件转换成检测的电信号。

3. 光栅的辨向与信号处理

为了既能计数,又能判别工作台移动的方向,图 5-12 所示的光栅用了 4 个光电池。每个光电池相距四分之一光栅刻线间距($W/4$),当标尺光栅移动时,莫尔条纹通过各个光电池的时间不一样,光电池的电信号虽然波形一样,但相位差 1/4 周期。当标尺光栅 3 向右移动时,莫尔条纹向上移动,光电池输出的信号 A 滞后光电池的输出信号 B 1/4 周期。根据各光电池输出信号的相位关系,就可以确定标尺光栅移动的方向。据此,可设计出光栅的检测电路图(见图 5-12a)。图 5-12b 中,各光电池之间的电信号波形相差 90°,1、3 及 2、4 间相差 180°。将光电池输出分两路,一路由 1 和 3 经差动放大器和整形电路后形成方波,另一路由 2 和 4 经差动放大器和整形电路后得到方波。为了得到四个相差 π/2 的脉冲,整形后的方波,一路直接微分产生脉冲,另一路经反相后再微分产生脉冲。将微分后的脉冲用 8 个与

门和 2 个或门进行逻辑组合，从而实现辨别移动部件的方向。

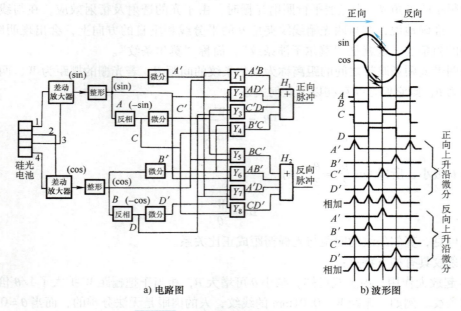

a) 电路图　　b) 波形图

图 5-12　光栅的检测电路图和波形图

（1）正向运行脉冲　由 $Y_1 \to Y_4$ 输出，此时，莫尔条纹按 $1 \to 2 \to 3 \to 4$ 顺序对光电池进行扫描

$$Y_1 = A'B, Y_2 = AD', Y_3 = C'D, Y_4 = B'C$$
$$H_1 = Y_1 + Y_2 + Y_3 + Y_4$$

从而得到脉冲顺序为：$A' \to D' \to C' \to B' \to A'$。

（2）反向运行脉冲　由 $Y_5 \to Y_8$ 输出，此时，莫尔条纹按 $4 \to 3 \to 2 \to 1$ 顺序对光电池进行扫描

$$Y_5 = BC', Y_6 = AB', Y_7 = A'D, Y_8 = CD'$$
$$H_2 = Y_5 + Y_6 + Y_7 + Y_8$$

从而得到反向脉冲顺序为：$D' \to A' \to B' \to C' \to D'$。

正向脉冲和反向脉冲的输出波形如图 5-12b 所示。由此可见，光栅每移过一个栅距，光栅检测电路便输出四个脉冲，实现了电子细分的目的。光栅检测系统的分辨率与栅距 W 和细分倍数 n 有关，即

$$\text{分辨率} = \frac{W}{n}$$

光栅检测装置结构比较简单，但使用时极易受外界温度的影响，也容易被切屑、油污等污染。此外，由于标尺光栅较长，当室温变化 $\pm 10\text{℃}$ 时，可引起 0.02mm 的测量误差，这些在使用时应加以注意。

反映光栅移动的正弦波光信号由光电元件转换为正弦波电信号，再经过放大、整形、微分等处理后，转换成相应的测量脉冲，即由电脉冲来标定直线位移，一个脉冲表示一个栅距大小的位移量。

二、光栅检测装置及其应用

光栅检测装置是数控设备、坐标镗床、工具显微镜工作台及某些坐标测量仪器上广泛使用的位置检测装置。光栅主要用于测量运动位移、确定工作台运动方向及工作台运动速度。下面以 JENIX 系列光栅数显装置为例介绍其结构和使用。

JENIX 系列光栅数显装置由光栅尺和数字显示器组成,光栅尺包括主尺与分度尺,主尺固定在导轨上,分度尺(即扫描头)安装在移动部件上。光栅尺工作原理如图 5-13 所示,由红外线发射真空管产生的光源经两光栅尺形成莫尔条纹后,由光电晶体感光并将光信号转换成电流信号,再经 4 倍电子细分电路产生高分辨的信号,通过扫描头输入数字显示器显示。光栅尺主要型号有 JSS 和 JSM 两种。图 5-14 所示为光栅尺输入、输出的波形,当扫描头正方向移动时,A 相滞后 B 相 90°,输出为下波计数脉冲。图5-15所示为光栅尺的安装尺寸。表 5-4 为光栅尺的技术参数。光栅主尺要求对导轨安装面的平行度公差为 0.3mm,扫描头安装面对导轨的平行度误差应控制在 0.01mm 内。扫描头装上后,应测量扫描头与主尺的间距,使其保证测量全长的值在 (1.5±0.3) mm 之内。当导轨直线度误差较大时,应对光栅尺进行长度校正。校正的方法是:首先将扫描头输出接头与数字显示器相连,把扫描头移至测量起点,将激光干涉仪置于工作台上并将其清零,然后将扫描头全程移动,转动校正螺钉,使其在任意位置上数字显示器的读数与激光干涉仪的读数相符。图 5-16 所示为光栅尺与导轨连接的一种方案,光栅尺外观及其在车床上的安装示意如图 5-17 所示。各种直线式光栅的主要规格见表 5-5。

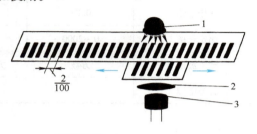

图 5-13 光栅尺工作原理

1—红外线发射真空管 2—光源接收镜 3—光电晶体

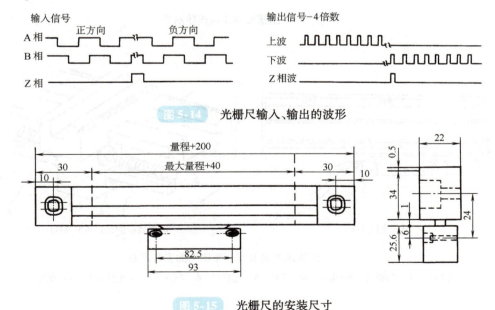

图 5-14 光栅尺输入、输出的波形

图 5-15 光栅尺的安装尺寸

表5-4 光栅尺的技术参数　　　　　　　　　　　　　　（单位：mm）

型号	JSM		JSS	
	5L	1L	5L	1L
分辨率	0.005	0.001	0.001	0.001
光栅节距	0.02	0.02	0.02	0.02
测定长度	0~2000	0~2000	0~2000	0~2000
输出波形	方波	方波、正弦波	方波	方波、正弦波
直流电源	+5V			

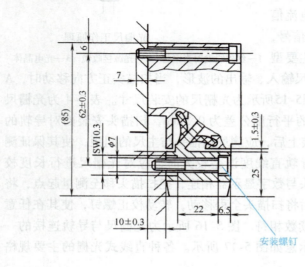
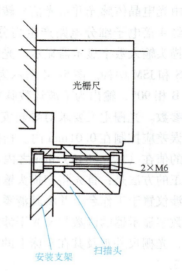

图5-16　光栅尺与导轨连接示意

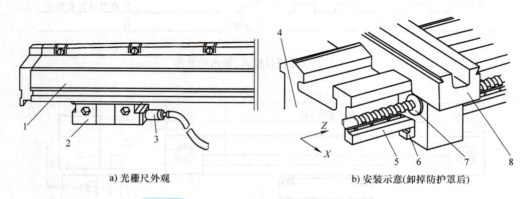

a) 光栅尺外观　　　　b) 安装示意(卸掉防护罩后)

图5-17　光栅尺外观及其在车床上的安装示意

1—光栅尺　2—扫描头　3—电缆　4—床身　5—光栅尺　6—扫描头　7—滚珠丝杠　8—床鞍

表 5-5　直线式光栅的主要规格

直线式光栅	光栅长度/mm	线纹数/(条/mm)	精度/μm
玻璃透射式	100	100	10
	110	100	10
	500	100	5
金属反射式	1220	40	7
	1000	50	7.5
	300	250	≈1.5

第四节　感应同步器

感应同步器是一种电磁式位置检测元件，按照其结构特点一般分为直线式感应同步器和旋转式感应同步器两种。直线式感应同步器由定尺和滑尺组成，旋转式感应同步器由转子和定子组成。前者用于直线位移测量，后者用于角位移测量，它们的工作原理与旋转变压器相似。感应同步器具有检测精度比较高、抗干扰能力强、寿命长、维护方便、成本低、工艺性好等优点，广泛应用于数控机床及各类机床数控改造。下面仅以直线式感应同步器为例，对其结构特点和工作原理进行介绍。

感应同步器一般由 1000~10000Hz、几伏到几十伏的交流电压励磁，输出电压一般不超过几毫伏。

一、感应同步器的基本结构和分类

（一）感应同步器的基本结构

以直线式感应同步器为例，感应同步器由定尺和滑尺两部分组成，如图 5-18 所示。

定尺和滑尺的基板由与机床线膨胀系数相近的钢板或铸铁制成，钢板上用绝缘黏结剂贴以铜箔，并利用照相腐蚀的办法制成印制绕组。定尺表面制有连续平面绕组，滑尺上制有两组分段绕组，分别称为正弦绕组（sin 绕组）和余弦绕组（cos 绕组），这两段绕组相对于定尺绕组在空间错开 1/4 的节距。定尺与滑尺平行安装，且保持一定间隙。工作时，当在滑尺两个绕组中的任一绕组上加激励电压时，由于电磁感应，在定尺绕组中会感应出相同频率的感应电压，通过对感应电压的测量，可以精确地测量出位移量。

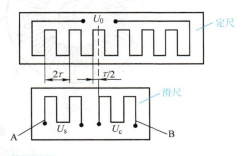

图 5-18　直线式感应同步器的定尺与滑尺

（二）感应同步器的分类

感应同步器一般分为直线式感应同步器和旋转式感应同步器两种。

1. 直线式感应同步器

直线式感应同步器是直线条形，由基板、绝缘层、绕组及屏蔽层组成，如图 5-19 所示。考虑到接长和安装，通常定尺绕组做成连续式单相绕组，滑尺绕组做成分段式的两相正交绕组，分为正弦绕组和余弦绕组。定尺与滑尺之间的间隙为（0.25±0.05）mm。一般定尺安

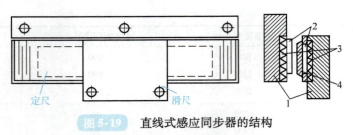

图 5-19　直线式感应同步器的结构

1—基板　2—绝缘层　3—绕组　4—屏蔽层

装在固定导轨上，长度不够可以多块连接。定尺与滑尺绕组相邻两有效导体之间的距离称为节距，用 2τ 表示，常取为 2mm，节距代表测量周期。

直线式感应同步器有标致型、窄型、带型和三重型。其中，三重型结构是在一根尺上有粗、中、精三种绕组，以便构成绝对测量系统。

2. 旋转式感应同步器

旋转式感应同步器的结构如图 5-20 所示，定子相当于直线式感应同步器的定尺，其上两个绕组也错开 1/4 节距，转子相当于滑尺，二者都用不锈钢、硬铝合金等材料作为基板，绕组呈环形辐射状。定子和转子相对的一面均有导电绕组，绕组用铜箔构成（厚 0.05mm），基板和绕组之间有绝缘层，绕组表面还要加一层和绕组绝缘的屏蔽层（材料为铝箔或铝膜）。转子绕组为连续绕组，定子上有两相正交绕组（sin 绕组和 cos 绕组），做成分段式，两相绕组交差分布，相差 90°相位角，属于同一相的各相绕组用导线串联起来。

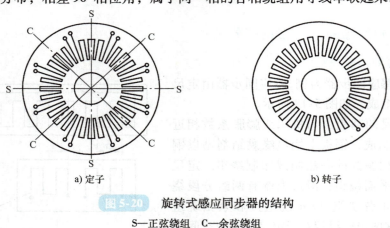

a) 定子　　　　　　　　　　　b) 转子

图 5-20　旋转式感应同步器的结构

S—正弦绕组　C—余弦绕组

二、感应同步器的工作原理和工作方式

（一）感应同步器的工作原理

下面以直线式感应同步器为例，介绍感应同步器的工作原理。图 5-21 所示为滑尺在不同位置时定尺上的感应电压。在 a 点时，定尺与滑尺绕组重合，这时感应电压最大；当滑尺相对于定尺平行移动后，感应电压逐渐减小，在错开 1/4 节距的 b 点时，感应电压为零；再继续移至 1/2 节距的 c 点时，得到的电压值与 a 点相同，但极性相反；在 3/4 节距时到达 d 点，又变为零；再到错开一个节距的 e 点，电压幅值与 a 点相同。这样，滑尺在移动一个节距的过程中，感应电压变化了一个余弦波形。由此可见，在励磁绕组中加上一定的交变励磁

电压，感应绕组中会感应出相同频率的感应电压，其幅值大小随着滑尺移动呈余弦规律变化，即滑尺移动一个节距，感应电压变化一个周期。感应同步器就是利用感应电压的变化进行位置检测的。

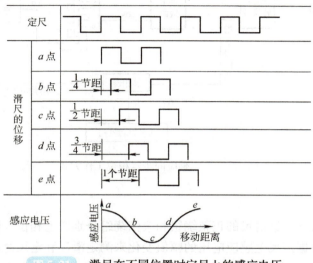

图 5-21　滑尺在不同位置时定尺上的感应电压

（二）感应同步器的工作方式

感应同步器作为位置测量装置在数控机床上有两种工作方式：鉴相式和鉴幅式。

1. 鉴相式

在此种工作方式下，给滑尺的正弦绕组和余弦绕组分别通上幅值、频率相同，而相位差为 90°的交流电压

$$U_s = U_m \sin\omega t$$
$$U_c = U_m \cos\omega t$$

励磁信号将在空间产生一个以 ω 为频率移动的电磁波。磁场切割定尺导线，并在其中感应出电动势，该电动势随着定尺与滑尺位置的不同而产生超前或滞后的相位差 θ。

设感应同步器的节距为 2τ，测量滑尺直线位移量 x 和相位差 θ 之间的关系为

$$\theta = \frac{2\pi}{2\tau}x = \frac{\pi}{\tau}x$$

由此可知，在一个节距内 θ 与 x 是一一对应的，通过测量定尺感应电动势的相位角 θ，即可测量出滑尺相对于定尺的位移 x。例如，定尺感应电动势与滑尺励磁电动势之间的相位角 $\theta = 18°$，在节距 $2\tau = 2\mathrm{mm}$ 的情况下，表明滑尺移动了 0.1mm。

数控机床闭环系统采用鉴相型系统时，感应同步器的相位工作方式如图 5-22 所示。误差信号 $\Delta\theta$ 用来控制数控机床的伺服驱动机构，使机床向减小误差的方向运动，构成位置反馈。指令相位 θ_1 由数控装置发出，机床工作时由于定尺和滑尺之间产生了相对运动，则定尺上感应电压的相位发生了变化，其值为 θ_2。当 $\theta_1 \neq \theta_2$ 时，即感应同步器的实际位移与 CNC 装置给定指令位置不相同，利用相位差作为伺服驱动机构的控制信号，控制执行机构带动工作台向减小误差的方向移动，直至 $\Delta\theta = 0$ 时停止。

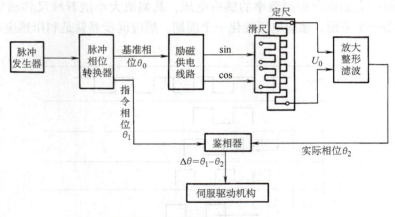

图 5-22　感应同步器相位工作方式

2. 鉴幅式

在此种工作方式下，给滑尺的正弦绕组和余弦绕组分别通上相位、频率相同，但幅值不同的交流电压，并根据定尺上感应电压的幅值变化来测定滑尺和定尺之间的相对位移量。

定尺感应电压 U_0（也称为误差电压）与 $\sin\omega t$ 的幅值中 ΔX 的大小成正比。幅值测量系统的基本原理是通过改变滑尺上正弦绕组、余弦绕组的激励电压幅值，使定尺、滑尺有任意相对位移时定尺绕组输出的感应电压均为零，即使 θ_1 跟随 θ 变化（$\theta_1 = \theta$ 时，$x_1 = x$）。在幅值工作方式中，测出的 ΔX 为滑尺相对定尺位移的增量，ΔX 与 U_0 对应，当 U_0 超过事先设定的门槛电平时，就产生一个脉冲信号，同时对励磁信号 U_s、U_c 进行修正，通过对脉冲计数就可实现对位移的测量。图 5-23 所示为感应同步器在幅值工作方式的检测原理。定尺感应电压 U_0 经放大后进入误差转换器，输出一路为方向控制信号，另一路为实际脉冲值。输出脉冲作为实际位移值被送到脉冲混合器，同时被送至正/余弦信号发生器，修正励磁信号。误差转换器环节还包含有门槛电路，门槛电平确定与系统的脉冲当量 δ 有关，当 δ = 0.01mm 时，门槛电压应定在 0.007mm，也就是使滑尺位移 0.007mm 后，产生的误差电压刚好达到门槛电压。一旦定尺上输出感应电压越过门槛时便有脉冲输出，该环节输出脉冲一方面作为

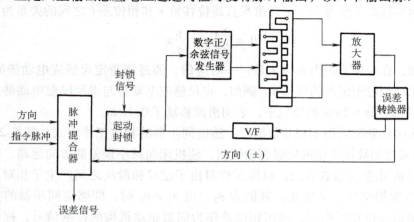

图 5-23　感应同步器在幅值工作方式的检测原理

实际位移值送脉冲混合器,另一方面作为正、余弦绕组的指令脉冲与反馈脉冲进行比较,得出系统的位置误差,经信号转换后,控制伺服机构向减小误差的方向运动。

三、感应同步器的典型应用

感应同步器的定尺安装在不动部件的导轨上,其长度应大于被检测件的长度;滑尺较短,安装在运动部件上。感应同步器安装时,两尺保持平行,两尺之间间隙为(0.25±0.05)mm,一般定尺每段长250mm。由于感应同步器工作条件较差,安装使用时应加强防护,最好使用防护带将尺面覆盖起来,以保证检测可靠。

直线式感应同步器的安装如图5-24所示,图中定尺和滑尺组件分别由尺子和尺座组成,防护罩的功能是防止灰尘、油污及切屑进入。通常将定尺尺座与固定导轨连接,滑尺尺座与移动部件连接。为保证检测精度,要求定尺侧母线与机床导轨基准面的平行度公差在全长内为0.1mm,滑尺侧母线与机床导轨基准面的平行度公差在全长内为0.02mm,定尺与滑尺之间的间隙应保证在(0.25±0.05)mm之内,定尺与滑尺接触的四角间隙一般不大于0.05mm(可用塞尺测量),定尺安装面挠度在250mm内应小于0.01mm。每当量程超过250mm时,需将多个定尺连接起来,此时应将连接后的定尺组件在全行程上的累积误差控制在允许范围内。

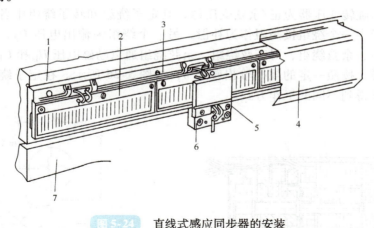

图5-24 直线式感应同步器的安装
1—机床不动部件 2—定尺 3—定尺座 4—防护罩
5—滑尺 6—滑尺座 7—机床可动部件

第五节 旋转变压器

一、旋转变压器的结构及工作原理

旋转变压器亦称解析器、解算器等,是一种输出电压随转子转角变化的信号元件。当励磁绕组以一定频率工作时,输出绕组的电压幅值与转子转角成正弦或余弦函数关系,或者保持某一比例关系,或者在一定角度范围内呈线性关系。旋转变压器以其高精度、高可靠性、耐高低温、防水、防尘、抗振动、抗强电磁干扰等特点,广泛应用于要求可靠性高的各种数控机床的伺服控制系统中。

(一) 旋转变压器的结构

旋转变压器是利用电磁感应的原理来检测位移量的,主要用于角位移的测量。图 5-25 所示为无刷旋转变压器的结构。旋转变压器由两部分组成,一部分称为分解器,由旋转变压器的定子和转子组成;另一部分称为变压器,用以取代电刷和集电环,其一次绕组与分解器的转子轴固定在一起,与转子轴一起旋转,分解器中的转子输出信号接在变压器的一次绕组上,变压器的二次绕组与分解器中的定子一样固定在旋转变压器的壳体上。工作时,分解器的定子绕组外加励磁电压,转子绕组即耦合出与偏转角相关的感应电压,此信号接在变压器的一次绕组上,经耦合由变压器的二次绕组输出。

(二) 旋转变压器的工作原理

将励磁电压接在定子绕组上(变压器的一次侧),励磁频率通常为 400Hz、500Hz、1000Hz、2000Hz 及 5000Hz。通过电磁耦合,在转子绕组(二次侧)中产生感应电压,感应电压随被测角位移的变化而变化。旋转变压器的工作原理和普通变压器基本相似,区别在于普通变压器的一次、二次绕组是相对固定的,所以输出电压和输入电压之比是常数,而旋转变压器的一次、二次绕组则随转子角位移的改变发生相对位置的改变,因此其输出电压的大小也随之变化。

实际应用的旋转变压器为正/余弦变压器,其定子绕组和转子绕组中各有互相垂直的两个绕组,转子中一个绕组接高阻作为补偿,另一个绕组为输出电压 U_2,定子两个绕组分别是正弦绕组、余弦绕组,对正弦绕组、余弦绕组通以励磁电压 U_{1s} 和 U_{1c},当转子随被检测对象转动时,按照一定的规律输出转角 θ,如图 5-26 所示。在定子绕组中通入不同的励磁电压,可得到不同的工作方式。

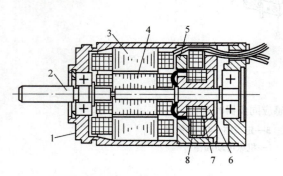

图 5-25 无刷旋转变压器的结构
1—壳体 2—转子轴 3—旋转变压器定子
4—旋转变压器转子 5—变压器定子 6—变压器转子
7—变压器一次绕组 8—变压器二次绕组

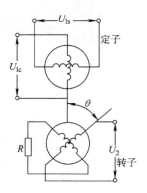

图 5-26 正/余弦旋转变压器原理

1. 鉴相工作方式

给定子的两个绕组分别通以同幅、同频但相位差为 90° 的交流励磁电压,即

$$U_{1s} = U_m \sin\omega t$$
$$U_{1c} = U_m \cos\omega t$$

则电压 U_{1s} 和 U_{1c} 在转子上产生的感应电动势分别为

$$E_{1s} = kU_m \sin\omega t \sin\theta$$
$$E_{1c} = kU_m \cos\omega t \cos\theta$$

这两个励磁电压在转子绕组中产生的感应电压是叠加在一起的，因而转子中感应电压为

$$U_2 = kU_m \sin\omega t \sin\theta + kU_m \cos\omega t \cos\theta = kU_m \cos(\omega t - \theta)$$

式中　U_m——励磁电压幅值（V）；

　　　k——电磁耦合系数，$k<1$；

　　　θ——相位角，即转子转角（°）。

同理，假如转子逆向旋转，则

$$U_2 = kU_m \cos(\omega t + \theta)$$

可见，转子输出电压的相位角和转子的偏转角之间有严格的对应关系，只要检测输出电压的相位角，就可以知道转子的转角，从而测出被检测对象的角位移。

2. 鉴幅工作方式

若给定子的两个绕组分别通以同频率、同相位但幅值不同的交流励磁电压，即

$$U_{1s} = U_{sm}\sin\omega t$$
$$U_{1c} = U_{cm}\sin\omega t$$

式中　U_{sm}、U_{cm}——励磁电压的幅值，$U_{sm} = U_m\sin\alpha$，$U_{cm} = U_m\cos\alpha$。

则在转子上的叠加感应电压为

$$U_2 = kU_m\cos(\alpha - \theta)\sin\omega t$$

同理，如果转子逆向转动，则

$$U_2 = kU_m\cos(\alpha + \theta)\sin\omega t$$

以上两式中，$kU_m\cos(\alpha - \theta)$ 和 $kU_m\cos(\alpha + \theta)$ 分别为感应电压的幅值。可见，转子输出电压的幅值随转子的偏转角而变化，测量出幅值即可求得转子转角值。

二、旋转变压器的应用

无刷旋转变压器具有高可靠性、寿命长、不用维修以及输出信号大等优点，是数控机床主要使用的位置检测元件之一。为使电气转角为机械转角的倍数，无刷旋转变压器一般为多极旋转变压器，其定子和转子有多对磁极。旋转变压器安装时，二极旋转变压器的轴与伺服电动机的轴通过精密升速齿轮连接，升速比通常为1:2、1:3、1:4、2:3、1:5、2:5 等几种。根据机床传动丝杠螺距的不同，选用不同的升速比，以保证机床的脉冲当量与 CNC 设定单位一致。而四极旋转变压器使用时，不用中间齿轮，直接与伺服电动机同轴安装，因此精度较高。使用旋转变压器时，必须同时使用测速发电机。图 5-27 所示是二极旋转变压器

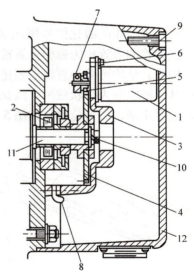

图 5-27　二极旋转变压器与伺服电动机的安装

1—二极旋转变压器　2—测速发电机
3—安装支架　4—大齿轮　5—小齿轮
6、9、10—螺钉　7—夹紧盘　8—输出电缆
11—电动机　12—防护罩

与伺服电动机的安装,旋转变压器安装在电极的非输出端,用一对齿轮连接实现升速传动。旋转变压器的技术参数见表5-6。

表5-6 旋转变压器的技术参数

产品型号	YS36XZW001	YS36XZW002	YS40XZW001	YS52XZW001	YS90XZW001
出线方式	1相输入/2相输入	1相输入/2相输入	1相输入/2相输入	1相输入/2相输入	1相输入/2相输入
轴倍角	1X	1X	1X	1X	1X
励磁电压/V	4	7	4	7	10
励磁频率/kHz	2	10	10	10	5
电压比	0.5±10%	0.286±10%	0.5±10%	0.5±10%	0.5±10%
电气误差/(′)	≤±7	≤±10	≤±10	≤±8	≤±6
零位剩压/mV	≤20	≤20	≤20	≤30	≤30
相位移/(°)	≤10	≤10	≤10	≤10	≤15
工作温度/℃	-55~155	-55~155	-55~155	-55~155	-55~155
最高转速/(r/min)	10000	30000	30000	10000	10000

第六节 磁　　栅

将一定节距的磁化信号用记录磁头记录在磁性标尺上,并以此作为测量基准来测量位移,这种检测装置称为磁栅位置检测装置,简称磁栅。磁栅由磁性标尺、磁头和检测电路组成,按照其结构可分为直线形磁栅和圆形磁栅,分别用于测量直线位移和角位移。磁性标尺按照基体形状分为带状磁尺、线状磁尺和圆形磁尺,线状磁尺和带状磁尺的磁头相同,圆形磁尺主要用来检测角位移,如图5-28所示。

图5-28 带状磁尺、线状磁尺及圆形磁尺

磁栅精度高,外形小巧,易安装,抗恶劣环境能力优良,对周围电磁场的抗干扰能力较强,在油污、粉尘较多的场合下使用有较好的稳定性,适用于中小型机械及精密仪器作为位移测量检测。目前磁栅的检测行程可达100~2300mm,检测精度可达±5μm/m,分辨率达到0.5μm,最大响应速度为60m/min。

一、磁栅的组成

(一) 磁性标尺

磁性标尺常采用不导磁材料做基体,在上面镀上一层 3~10μm 厚的高导磁性材料,形成均匀磁膜,再用录磁磁头在标尺上记录相等节距的周期性磁化信号,用以作为测量基准,信号可为正弦波、方波等。节距通常为 0.05mm、0.1mm、0.2mm、1mm 等几种。最后在磁尺表面还要涂上一层 1~2μm 厚的保护层,以防磁头与磁尺频繁接触而引起磁膜磨损。

(二) 读取磁头

读取磁头是磁电转换装置,其功能是将记录在磁性标尺上的磁化信号检测出来送至测量电路。常用磁头有两种,即速度响应型磁头和磁通响应型磁头,如图 5-29 所示。

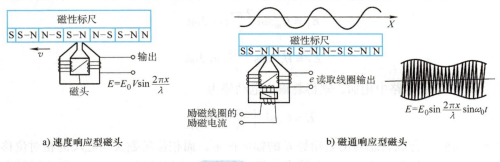

a) 速度响应型磁头   b) 磁通响应型磁头

图 5-29 读取磁头

1. 速度响应型磁头

速度响应型磁头与普通录音机的读取磁头类似,磁头输出的电压幅值取决于磁通变化率。这种磁头必须相对磁性标尺有位移时才有信号输出,如图 5-29a 所示,因此不能用于静态检测。

2. 磁通响应型磁头

数控机床要求在静止状态也能进行位置检测,就必须采用一种称为磁通响应型磁头来检测磁化信号。如图 5-29b 所示,与速度响应型磁尺不同的是,磁通响应型磁头多了一组励磁线圈,当励磁电流 ($I = I_0 \sin \omega_0 t$) 输入励磁线圈时,产生磁通 Φ。当 I 的瞬时值增大到某一值时,磁头横臂铁心材料饱和,磁阻很大,切断磁尺与磁头构成的磁路;当 I 变小时,磁阻变小,磁尺与磁头又构成磁路。这样即使磁头不移动,由于输出线圈电动势为

$$E = \omega \frac{d\phi}{dt}$$

当 $\frac{d\phi}{dt}$ 改变时,仍有感应电动势输出,从而实现静态检测的目的。励磁电流的作用是产生一个磁阻的变化,相当于一个磁开关。励磁电流的频率通常是 5kHz,在每一周期内有正负两个峰值,两次为零,因此读取磁信号的频率是励磁频率的 2 倍,而读取信号的幅值与磁尺进入磁头的磁场强度成正比。

磁头上读取线圈的输出电动势为

$$E = U_m \sin \frac{2\pi x}{\lambda} \sin 2\omega t$$

式中 λ——磁化信号的节距，当 $x = 0$、$\lambda/2$、$\lambda\cdots$时，U 值达到最大；当 $x = \lambda/4$、$3\lambda/4\cdots$
时，U 值为零；

x——磁头在磁尺上移动的位移；

ω——励磁电流的频率。

二、磁栅的检测方法

与感应同步器检测装置一样，磁栅也有鉴相和鉴幅两种检测方式。检测电路包括励磁电路，读取信号的滤波、放大、整形、倍频、细分、数字化和计数等电路，其中以鉴相式测量方式应用较多。图 5-30 所示是鉴相式检测电路框图，将两组磁头通以同频、等幅、相位相差 90°的励磁电流，则两组磁头的输出电动势

$$E_1 = U_m \sin\frac{2\pi x}{\lambda} \cos 2\omega t$$

$$E_2 = U_m \cos\frac{2\pi x}{\lambda} \sin 2\omega t$$

E_1、E_2 在求和电路中相加，则得总输出电动势为

$$E = U_m \sin\left(\frac{2\pi x}{\lambda} + \omega t\right)$$

从上式可知，合成后总输出电动势 E 的幅值恒定，而相位随磁头与磁尺的相对位移 x 变化。将其放大、整形后，送入鉴相电路中，把它和基本波形的相位相比较。两波形相位相差越大，插入脉冲越多；两波形相位相差为零，无插入脉冲，这样就可以检测位移量 x 的值。

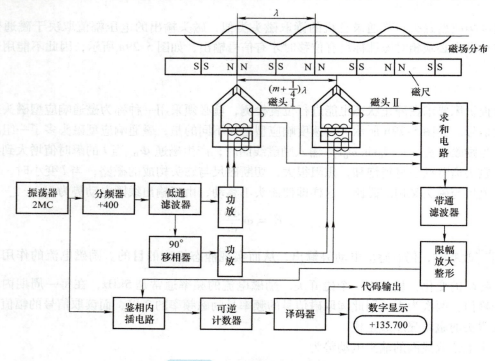

图 5-30 鉴相式检测电路框图

习　题

1. 位置检测装置的基本要求有哪些?
2. 位置检测装置在数控机床控制中起什么作用?
3. 位置检测装置有哪些种类？各有何特点?
4. 何谓绝对式测量和增量式测量？何谓间接测量和直接测量?
5. 什么是细分？什么是辨向？它们各有什么用途?
6. 试说明莫尔条纹的放大作用。设光栅栅距为 0.02mm，两光栅尺夹角为 0.057°，莫尔条纹的宽度为多少?
7. 光电编码器是如何对它的输出信号进行辨向和细分的?
8. 设一绝对编码盘有 8 条码道，求其能分辨的最小角度是多少？普通二进制在码 10110101 对应的角度是多少？若要检测出 0.005°的角位移，应选用多少条码道的编码盘?
9. 感应同步器各由哪些部件组成？判别相位工作方式和幅值工作方式的依据是什么?
10. 试说明速度响应型磁头和磁通响应型磁头各有什么特点。

第六章

数控机床的机械结构

本章重点介绍主传动结构、进给传动结构、滚珠丝杠副、导轨副、自动换刀装置及回转工作台。通过学习掌握数控机床的主要机械结构，了解数控机床的主要机械特点，为解决机械结构问题打下理论基础。

学习数控机床主要机械结构，要求学生养成严谨务实、积极高效的工作作风，通过实践练习，具备一定的专业技能和职业素养。

第一节　主传动结构

6-1 数控机床主传动概念

6-2 数控主轴系统要求

一、对主传动的要求

数控机床与普通机床相比，其工艺范围宽、工艺能力强、自动化程度高，对主传动系统主要有以下要求：

1）转速高、功率大，能使数控机床进行大功率切削和高速切削，实现高效率加工。

2）主轴必须具有较宽的调速范围，能迅速、可靠地实现无级调速，使切削始终处于最佳运行状态。

3）主轴必须具有较高的回转精度、足够的刚度和抗振性、较好的热稳定性，动态响应性好。

4）有些数控机床还应具有自动换刀功能、主轴准停功能等。

二、主轴调速方法

为满足以上对主传动的要求，数控机床常采用电动机无级调速系统。为扩大调速范围、适应低速大转矩的要求，也常用齿轮有级调速和电动机无级调速相结合的方法实现主轴调速。

1. 电动机调速

用于主轴驱动的调速电动机主要有直流电动机和交流电动机两大类。

（1）直流电动机调速　通常数控机床的调速范围较大，对直流电动机的调速同时采用调压和调磁两种方法，典型的直流主轴电动机特性曲线如图6-1所示。从特性曲线可知，电

动机在转速 $n < n_0$ 时，属于恒转矩调速，即通过改变电枢电压来调速；转速 $n > n_0$ 时属于恒功率调速，即通过改变励磁电流来调速。

较为常用的 FANUC 直流他励式主轴电动机采用的是三相全控晶闸管无环流可逆调速系统，可实现调压调速和调磁调速，调速范围为 35～3500r/min。

（2）交流电动机调速　目前数控机床交流主轴驱动中均采用笼型异步电动机，广泛采用矢量控制变频调速的方法。

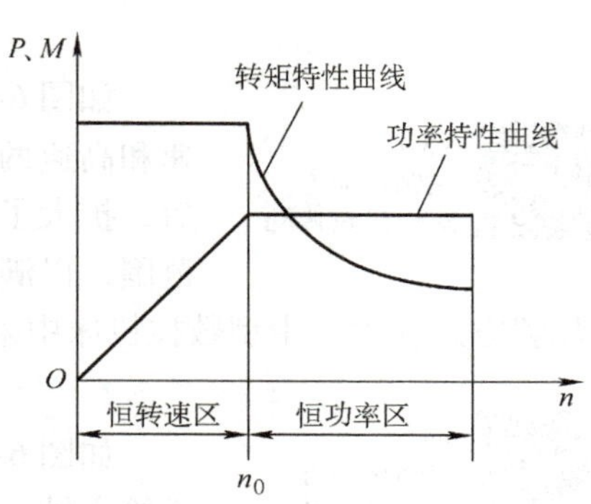

随着新型直流和交流主轴调速电动机性能的日趋完善，电动机调速将得到更广泛的应用，但在经济型数控机床中，为降低成本也常采用机械齿轮换挡的方法来改变主轴转速。

图 6-1　直流主轴电动机特性曲线

2. 机械齿轮变速

在数控机床主传动系统中，由于采用了电动机无级调速，使传统的主轴箱结构大大简化，但由于主轴电动机和驱动电源的限制，往往在其低速段为恒转矩输出。为了尽可能使主轴在整个速度范围内提供主电动机的最大输出功率，并满足数控机床低速强力切削的需要，常采用 1～4 挡齿轮变速与无级调速相结合的方法，即所谓分段无级调速。采用机械齿轮变速，既增加了输出功率，又扩大了调速范围。

数控机床在切削时，主轴按零件加工程序中 S 指令所指定的转速自动运行。因此，数控系统中必须有两类主轴速度指令信号，即用模拟量或数字量信号（S 代码）来控制主轴电动机的驱动调速电路，同时采用开关量信号（M 代码）来控制机械齿轮变速自动换挡的执行机构。自动换挡执行机构是一种电动机转换装置，常用的有液压拨叉和电磁离合器。

三、主传动的配置方式

采用电动机调速的主传动变速系统，通常有以下三种配置方式，如图 6-2 所示。

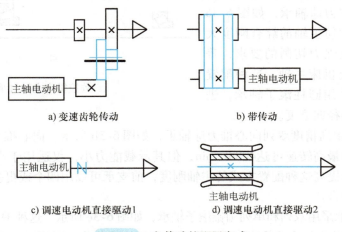

图 6-2　主传动的配置方式

1. 变速齿轮传动方式

6-3 主轴传动方式—齿轮传动

如图 6-2a 所示，主轴电动机经二级齿轮变速，使主轴获得低速和高速两种转速，使之成为分段无级调速。通过齿轮传动降速后，扩大了输出转矩和调速范围，特别是主轴恒功率输出时的调速范围，以满足主轴输出转矩特性、功率特性及调速范围的要求。这种配置方式在大、中型数控机床中采用较多。

2. 带传动方式

6-4 主轴传动方式—带传动

如图 6-2b 所示，主轴电动机将其运动经同步带以定比传动传递给主轴。这种配置方式传动平稳、结构简单、安装调试方便，主要应用在小型数控机床上，但只适用于低转矩特性要求的主轴。

3. 调速电动机直接驱动方式

6-5 主轴传动方式—调速电动机传动

调速电动机直接驱动方式又有两种类型，一种如图 6-2c 所示，主轴电动机的输出轴通过精密联轴器直接与主轴连接，其优点是结构紧凑、传动效率高，因主轴转速的变化及转矩的输出完全与电动机的输出特性一致，因而在使用上受到一定的限制，但是随着主轴电动机性能的提高，这种方式将越来越多地被采用；另一种如图 6-2d 所示，主轴与电动机转子合为一体，称作内装电动机主轴，这种方式的优点是主轴部件结构更紧凑、刚度高、质量小、惯量小，可提高起动、停止的响应频率，有利于控制振动和噪声，缺点是电动机发热对主轴精度影响较大。

四、主轴轴承的配置方式

一般中、小型数控机床的主轴部件多数采用滚动轴承作为主轴支承，目前主要有以下三种配置方式，如图 6-3 所示。

1）前支承采用双列短圆柱滚子轴承和 60°角接触双列向心推力球轴承组合，后支承采用向心推力球轴承，如图 6-3a 所示。此配置方式使主轴的综合刚度大幅度提高，可满足强力切削的要求，普遍应用于各类数控机床主轴。这种配置的后轴承也可以采用圆柱滚子轴承，进一步提高后支承的径向刚度。

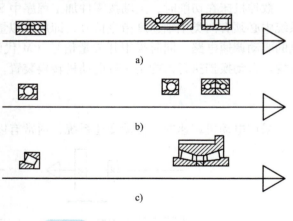

图 6-3 数控机床主轴轴承配置方式

2）前支承采用高精度双列向心推力球轴承，如图 6-3b 所示。向心推力球轴承具有良好的高速性能，主轴最高转速可达4000r/min，但其承载能力小，仅适用于高速轻载和精密的数控机床主轴。为提高这种配置方式的主轴刚度，前支承可以用四个或更多的轴承组合，后支承用两个轴承组合。

3）前、后轴承采用双列和单列圆锥滚子轴承，如图 6-3c 所示。这种轴承能承受较大的径向和轴向力，使主轴能承受重载荷，尤其能承受较强的动载荷，刚度好，安装和调试性能好。但这种配置限制了主轴的最高转速和精度，只适用于中等精度、低速与重载的数控机床主轴。

五、典型主轴部件简介

1. 数控车床主轴箱

图 6-4 所示为 MJ-50 型数控车床主轴箱的结构简图。交流主轴电动机通过同步带轮 15 把运动传给主轴 7，主轴有两个支承，前支承由一圆锥孔双列圆柱滚子轴承 11 和一对角接触球轴承 10 组成，轴承 11 用来承受径向载荷，两个角接触球轴承一个大口向外（朝向主轴前端），一个大口向里（朝向主轴后端），用来承受双向的轴向载荷和径向载荷。前支承轴承的间隙用螺母 8 来调整，螺钉 12 用来防止螺母 8 回松。主轴的后支承为圆锥孔双列圆柱滚子轴承 14，轴承间隙由螺母 1 和 6 来调整，螺钉 17 和 13 分别用来防止螺母 1 和 6 回松。主轴的支承形式为前端定位，主轴受热膨胀将向后伸长。前、后支承所用圆柱滚子轴承的支承刚性好，允许的极限转速高；前支承中的角接触球轴承能承受较大的轴向载荷，且允许的极限转速高。主轴所采用的支承结构适宜高速、大载荷的需要。主轴的运动经过同步带轮 16 和 3 以及同步带 2 带动脉冲编码器 4，使其与主轴同速运转。脉冲编码器用螺钉 5 固定在主轴箱体 9 上。

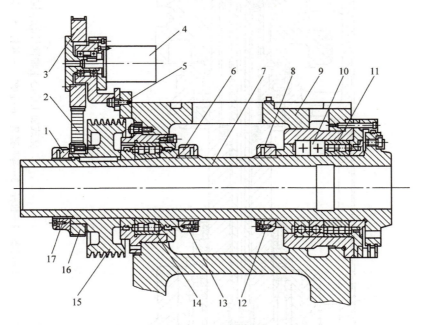

图 6-4　MJ-50 型数控车床主轴箱的结构简图

1、6、8—螺母　2—同步带　3、15、16—同步带轮　4—脉冲编码器
5、12、13、17—螺钉　7—主轴　9—主轴箱体　10、11、14—轴承

2. 立式加工中心主轴部件

图 6-5 所示为立式加工中心主轴部件的结构简图，主轴部件由主轴、刀具的自动夹紧松开机构、前后轴承等组成。主轴的前端采用 7:24 锥孔，易于装卸刀柄，又有临界摩擦力矩，标准拉钉 5 是拧紧在刀柄内的。当需要夹紧刀具时，活塞 1 的上油腔无油压，碟形弹簧 3 的

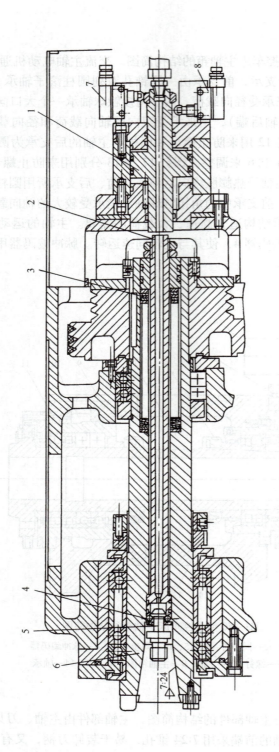

图 6-5 立式加工中心主轴部件的结构简图

1—活塞 2—拉杆 3—碟形弹簧 4—钢球 5—拉钉 6—主轴 7、8—行程开关

150

弹簧力使活塞向上移至图示位置。拉杆 2 在碟形弹簧的压力下向上移至图示位置，钢球 4 被迫收拢，卡紧在拉钉的环槽中，通过钢球拉杆把拉钉向上拉紧，使刀杆锥柄的外锥面与主轴锥孔的内锥面相互压紧，这样刀柄就被夹紧在主轴上。放松刀柄时，液压油进入活塞的上油腔，油压使活塞下移，推动拉杆向下移动。此时，碟形弹簧被压缩，钢球随拉钉一起向下移动，当钢球移至主轴孔径较大处便松开拉钉，刀具连同拉钉可被机械手取下。当机械手将新刀柄装入后，活塞上油腔液压油卸压将刀柄拉紧。刀柄卡紧机构使用弹簧卡紧，液压放松，可保证在工作中如遇突然停电，刀杆不会自行松脱。

在活塞杆孔的上端接有压缩空气，当机械手把刀具从主轴中拔出后，压缩空气通过活塞杆和拉杆的中心孔把主轴锥孔吹净，使刀柄锥面与主轴锥孔紧密贴合，保证刀具的正确定位。行程开关 7 和 8 用于发出夹紧和放松刀杆的信号。

六、电主轴

电主轴技术是 80 年代后在数控机床领域出现的将机床主轴与主轴电动机融为一体的新技术，它与直线电动机技术、高速刀具技术一起，把高速加工推向一个新时代。电主轴是一套组件，包括电主轴本身及其附件，如电主轴本身、高频变频装置、油雾润滑器、冷却装置、内置编码器、换刀装置。高速主轴是高速切削技术最重要的关键应用，也是高速切削机床最重要的部件，要求动平衡性很高、刚性好、回转精度高、有良好的热稳定性、能传递足够的力矩和功率、能承受高的离心力、带有准确的测温装置和高效的冷却装置。高速切削一般要求主轴转速不小于 40000r/min，主轴功率大于 15kW。通常采用主轴电动机一体化的电主轴部件，实现无中间环节的直接传动，电动机大多采用异步集成主轴电动机。在电主轴中目前使用较多的一般是热压氮化硅（Si_3N_4）陶瓷轴承和液体动、静压轴承以及空气轴承，润滑多采用油－气润滑、喷射润滑等技术，主轴冷却一般采用主轴内部水冷或气冷方式。

1. 陶瓷轴承高速主轴

图 6-6 所示为陶瓷轴承高速主轴工作原理，其特点为：①采用 C 或 B 级精度角接触球轴承，轴承布置与传统磨床主轴结构类似。②采用"小珠密球"结构，滚珠材料为 Si_3N_4。③采用电动主轴（电动机与主轴制成一体）。④轴承转速特征值（轴径/mm）×［转速/(r/min)］较普通钢球轴承提高 1.2~2 倍，可达 $0.5 \times 10^6 \sim 1 \times 10^6$ mm·r/min。此类主轴回转精度高，液体静压轴承回转误差在 0.2μm 以下，空气静压轴承回转误差在 0.05μm 以下；功率损失小。液体静压轴承转速特征值可达 1×10^6 mm·r/min，空气静压轴承转速特征值可达 3×10^6 mm·r/min；但空气静压轴承承载能力较小。

与钢球轴承相比，陶瓷轴承的优点如下：
1) 陶瓷球的密度减小 60%，从而可大大降低离心力。
2) 陶瓷的弹性模量比钢的高 50%，使轴承具有更高的刚度。
3) 陶瓷的摩擦因数低，可减小轴承发热、磨损和功率损失。
4) 陶瓷耐磨性好，轴承寿命长。

2. 磁浮轴承高速主轴

图 6-7 所示为磁浮轴承高速主轴工作原理，主轴由两个径向和两个轴向磁浮轴承支承，磁浮轴承定子与转子间空隙约为 0.1mm。此类主轴刚度高，约为滚珠轴承主轴刚度的 10 倍；

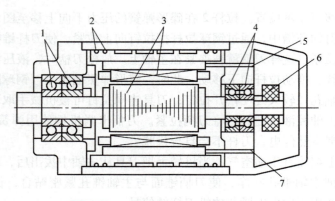

图 6-6　陶瓷轴承高速主轴工作原理

1、4— 陶瓷球轴承　2—密封圈　3—电主轴
5—冷却水出口　6—旋转变压器　7—冷却水入口

转速特征值可达 4×10^6 mm·r/min；回转精度主要取决于传感器的精度和灵敏度，以及控制电路的性能，目前可达 $0.2\mu m$；机械结构及电路系统均较复杂，又由于发热多，对冷却系统性能要求较高。

七、主轴准停装置

为了保证刀具在主轴中的准确定位，提高机床的工作效率和自动化程度，多数数控机床具有主轴准停功能。

现代数控机床一般都采用电气定向式主轴准停装置，这种准停装置结构简单，动作迅速、可靠，精度和刚度较高。电气定向式主轴准停装置的结构原理如图 6-8 所示。在带轮 1 的端面上装有一个厚垫片 4，垫片上装有一个体积很小的永久磁铁 3，在主轴箱箱体对应于

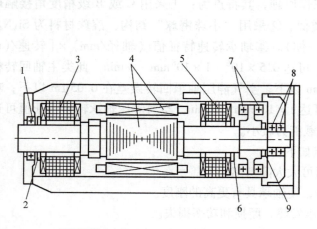

图 6-7　磁浮轴承高速主轴工作原理

1—前辅助轴承　2—前径向传感器　3—前径向轴承　4—电主轴
5—后径向轴承　6—后径向传感器　7—双面轴向推力轴承
8—后辅助轴承　9—轴向传感器

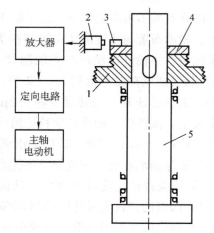

图 6-8　电气定向式主轴准停装置结构原理

1—多楔带轮　2—磁传感器
3—永久磁铁　4—垫片　5—主轴

主轴准停的位置上，装有磁传感器 2，当主运动接到主轴停转的指令后，主轴立即以最低转速转动，当永久磁铁对准磁传感器时，磁传感器立即发出准停信号，信号放大后，由定向电路控制主轴电动机准确地停止在规定的周向位置上。

第二节　进给传动结构

一、对进给运动的要求

数控机床的进给运动是数字控制的直接对象，不论点位控制还是轮廓控制，工件的最后尺寸精度和轮廓精度都受进给运动的传动精度、灵敏度和稳定性的影响。为此，数控机床的进给系统应充分注意减小摩擦阻力、提高传动精度和刚度、消除传动间隙以及减小运动部件惯量等。

1. 减小摩擦阻力

为了提高数控机床进给系统的快速响应性能和运动精度，必须减小运动件的摩擦阻力和动、静摩擦力之差。为满足上述要求，在数控机床进给系统中，普遍采用滚珠丝杠副、静压丝杠副、滚动导轨、静压导轨和塑料导轨。在减小摩擦阻力的同时，还必须考虑传动部件要有适当的阻尼，以保证系统的稳定性。

2. 提高传动精度和刚度、消除传动间隙

进给传动系统的传动精度和刚度，从机械结构方面考虑主要取决于传动间隙以及丝杠螺母副、蜗杆副（圆周进给时）及其支承结构的精度和刚度。传动间隙主要来自传动齿轮副、蜗杆副、丝杠螺母副及其支承部件之间，应施加预紧力或采取消除间隙的措施。缩短传动链和在传动链中设置减速齿轮，也可以提高传动精度。加大丝杠直径，以及对丝杠螺母副、支承部件、丝杠本身施加预紧力，是提高传动刚度的有效措施，刚度不足会导致工作台（或床鞍）产生爬行和振动。

3. 减小运动部件惯量

运动部件的惯量对伺服机构的起动和制动特性都有影响，尤其是高速运转的零部件，其惯量的影响更大。因此，在满足部件强度和刚度的前提下，应尽可能减小运动部件的质量、减小旋转零件的直径和质量，以减小运动部件的惯量。

二、电动机与丝杠间的连接

实现进给传动的电动机主要有三种：步进电动机、直流伺服电动机和交流伺服电动机。目前，步进电动机只用于经济型数控机床，交流伺服电动机作为理想的传动元件正逐步替代直流伺服电动机。当采用不同的传动元件时，数控机床进给系统的传动结构有所不同。电动机与丝杠间的连接主要有三种形式，如图 6-9 所示。

1. 齿轮传动形式

如图 6-9a 所示，数控机床在进给传动装置中一般采用齿轮传动副来达到一定的降速比要求。由于齿轮在制造中不可能达到理想齿面要求，总存在着一定的误差，一对啮合齿轮必须有一定的齿侧间隙才能正常工作，但齿侧间隙会造成反向传动间隙，对闭环系统来说，齿

侧间隙会影响系统的稳定性。因此，齿轮传动副常采用消隙机构来尽量减小齿侧间隙。

2. 同步带传动形式

如图 6-9b 所示，同步带传动连接形式的结构较为简单。同步带传动综合了带传动和链传动的优点，可以避免齿轮传动时引起的振动和噪声，但只能适用于低转矩特性要求的场合，安装时中心距要求严格，且带与带轮的制造工艺较复杂。

3. 联轴器传动形式

如图 6-9c 所示，通常电动机轴和丝杠之间采用锥环无键连接或高精度滑块联轴器连接，从而使进给传动系统具有较高的传动精度和传动刚度，并大

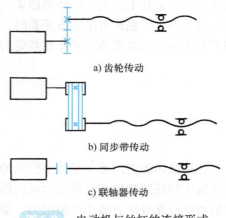

图 6-9 电动机与丝杠的连接形式

大简化了传动结构。在加工中心和精度较高的数控机床的进给传动中，普遍采用这种连接形式。

三、进给系统传动齿轮间隙的消除

对于数控机床进给系统中的传动齿轮，必须尽可能地消除相啮合齿轮之间的传动间隙，否则在进给系统的每次反向之后就会使运动滞后于指令信号，影响加工精度。消除数控机床传动齿轮间隙的常用方法有刚性调整法和柔性调整法两种。

1. 刚性调整法

刚性调整法是调整后齿侧间隙不能自动补偿的调整法，因此，要严格控制齿轮的齿距公差及齿厚，否则将影响传动的灵活性。这种调整方法结构比较简单，具有较好的传动刚度。

（1）偏心轴调整法 如图 6-10 所示，齿轮 1 装在偏心轴套上，调整偏心轴套可以改变齿轮 1 和齿轮 2 之间的中心距，从而消除间隙。

（2）轴向垫片调整法 如图 6-11a 所示，一对啮合的圆柱齿轮 1、2，若它们的节圆直径沿齿轮轴向制成一个较小的锥度，改变垫片 3 的厚度，就能改变齿轮 2 和齿轮 1 的轴向相对位置，从而消除齿侧间隙。

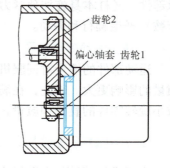

图 6-10 偏心轴消隙结构

如图 6-11b 所示，在两个薄片斜齿轮 6 和 7 之间加一垫片 5，改变垫片的厚度 t，薄片斜齿轮 6 和 7 的螺旋线就会错位，这样它们分别与宽斜齿轮 4 齿槽的左、右侧面相互贴紧，从而消除齿侧间隙。

2. 柔性调整法

柔性调整法是调整之后齿侧间隙仍可自动补偿的调整法。这种方法一般都通过调整压力弹簧的压力来消除齿侧间隙，并在齿轮的齿厚和齿距有变化的情况下，也能保持无间隙啮合。但这种调整方法的结构较为复杂，轴向尺寸大，传动刚度低，传动的平稳性也较差。

（1）轴向压簧调整法 如图 6-12 所示，两个薄片斜齿轮 1 和 2 用键 4 套在轴 6 上，用

螺母5来调节压力弹簧3的轴向压力，使薄片斜齿轮1和2的左、右齿面分别与宽斜齿轮7齿槽的左、右齿面相互贴紧，从而消除齿侧间隙。弹簧力需调整适当，过小消除不了间隙，过大则会加速齿轮的磨损。

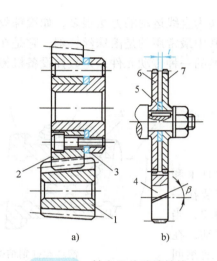

图 6-11　轴向垫片消隙结构
1、2—圆柱齿轮　3、5—垫片
4—宽斜齿轮　6、7—薄片斜齿轮

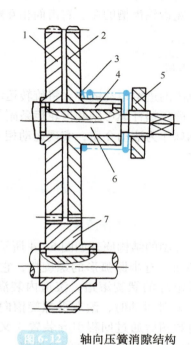

图 6-12　轴向压簧消隙结构
1、2—薄片斜齿轮　3—压力弹簧　4—键
5—螺母　6—轴　7—宽斜齿轮

（2）周向弹簧调整法　如图 6-13 所示，两个齿数相同的薄片齿轮1和2与另一个宽齿

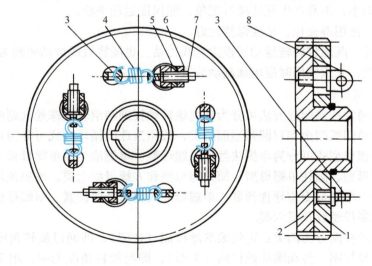

图 6-13　周向弹簧消隙结构
1、2—薄片齿轮　3、8—凸耳　4—弹簧　5、6—螺母　7—调节螺钉

轮相啮合，齿轮 1 空套在齿轮 2 上可以相对回转。每个齿轮端面分别均匀装有四个螺纹凸耳 3 和 8，齿轮 1 的端面还有四个通孔，凸耳 8 可以从中穿过，弹簧 4 分别钩在调节螺钉 7 和凸耳 3 上。转动螺母 5 和 6 可以调整弹簧 4 的拉力，弹簧的拉力使薄片齿轮 1 和 2 相互错位，分别与宽齿轮齿槽的左、右齿面相互贴紧，消除齿侧间隙。

6-6 认识滚珠丝杠副

第三节　滚珠丝杠副

数控机床的进给运动链中，将旋转运动转换为直线运动的方法很多，如滚珠丝杠副、静压丝杠副、静压蜗杆螺母副和齿轮齿条副等，其中最常用的是滚珠丝杠副，它是在丝杠和螺母之间以钢球作为滚动介质，实现运动相互转换的一种传动元件，是数控设备机械系统中的典型机构之一。

一、滚珠丝杠副的工作原理、特点及分类

1. 滚珠丝杠副的工作原理

滚珠丝杠副的结构原理如图 6-14 所示，丝杠 1 和螺母 4 上都加工有半圆弧形的螺旋槽，它们套装在一起时便形成滚珠的螺旋滚道。滚道内装满滚珠 2，当丝杠与螺母相对运动时，滚珠沿螺旋槽向前滚动，在丝杠上滚过数圈后通过回程引导装置 3 又逐个地滚回到丝杠和螺母之间，构成一个闭合回路。

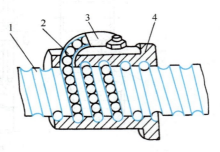

图 6-14　滚珠丝杠副结构原理
1—丝杠　2—滚珠
3—回程引导装置　4—螺母

2. 滚珠丝杠副的特点

1）滚珠丝杠副中是滚动摩擦，摩擦损失小，传动效率高，可达 90% 以上。
2）丝杠螺母预紧后，可以很好地消除间隙，传动精度高，轴向刚性好。
3）摩擦阻力小，不易产生低速爬行现象，能保证运动平稳。
4）磨损小，使用寿命长，精度保持性好。
5）有可逆性，既能将旋转运动转换为直线运动，也能将直线运动转换为旋转运动。
6）不能自锁，立式使用时应增加制动装置。

3. 滚珠丝杠副的分类

滚珠丝杠副通常按照制造方法可分为普通滚珠丝杠副和滚轧滚珠丝杠副两类，按照螺纹滚道型面可分为单圆弧型面和双圆弧型面两类，按照滚珠的循环方式可分为外循环式和内循环式两类，按照螺母型式可分为单侧法兰盘双螺母型、单侧法兰盘单螺母型、双法兰盘双螺母型、圆柱双螺母型、圆柱单螺母型、简易螺母型和方螺母型七类，按照预加载荷形式可分为单螺母无预紧、单螺母变位导程预紧、单螺母加大钢球径向预紧、双螺母垫片预紧、双螺母齿差预紧和双螺母螺纹预紧六类。

国产的滚珠丝杠副分为两类：定位滚珠丝杠副（P 型），即通过旋转角度和导程控制轴向位移量的滚珠丝杠副；传动滚珠丝杠副（T 型），即与旋转角度无关，用于传递动力的滚珠丝杠副。

二、滚珠丝杠副的结构

6-7 滚珠丝杠副结构类型

目前，国内外生产的各种滚珠丝杠副的主要区别体现在螺纹滚道型面的形状、滚珠的循环方式以及轴向间隙的调整和预紧方法等方面。

1. 螺纹滚道型面的形状

螺纹滚道型面常见的法向截形有单圆弧型面和双圆弧型面两种，如图6-15所示。其中双圆弧型面因其性能较好而得到广泛应用。

2. 滚珠的循环方式

（1）外循环式　外循环方式中，滚珠在循环过程中有时与丝杠脱离接触。外循环式按照滚珠循环时的返回方式又分为插管式和螺旋槽式。图6-16a所示为常用的插管式，

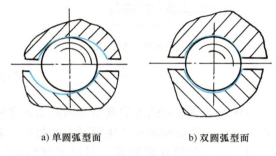

a) 单圆弧型面　　b) 双圆弧型面

图6-15　螺纹滚道型面的形状

用弯管作为返回通道；图6-16b所示为螺旋槽式，在螺母外圆上铣出一条螺旋槽，槽的两端各钻一通孔与螺纹滚道相切，形成返回通道。外循环式应用较广，缺点是滚道接缝处很难做得平滑，从而影响滚珠滚动的平稳性。

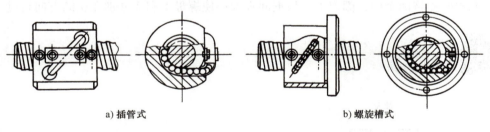

a) 插管式　　b) 螺旋槽式

图6-16　外循环式

（2）内循环式　滚珠在循环过程中始终与丝杠保持接触。内循环式均采用反向器实现滚珠循环。反向器有两种形式，图6-17a所示为圆柱凸键反向器，图6-17b所示为扁圆镶块反向器。反向器上铣有S形反向槽，将相邻两螺纹滚道连接起来，滚珠从螺纹滚道进入反向器，借助反向器迫使滚珠越过丝杠顶牙进入相邻滚道，实现循环。

内循环式和外循环式相比，内循环式结构较为紧凑，定位可靠，刚性好，返回滚道短，摩擦损失小，且不易磨损，不易发生滚珠堵塞；但内循环式的反向器结构复杂，制造困难，不能用于多线螺纹传动。

3. 滚珠丝杠副轴向间隙的调整和预紧方法

滚珠丝杠副的轴向间隙通常是指丝杠和螺母在无相对转动时的最大轴向窜动，除了结构本身的原有间隙之外，还包括施加轴向载荷后的弹性变形所引起的相对位移。滚珠丝杠副的轴向间隙直接影响其传动精度和传动刚度，尤其是反向传动精度。因此，必须对轴向间隙提出严格的要求。

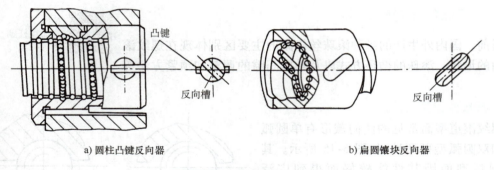

图 6-17　内循环方式原理图
a) 圆柱凸键反向器　　b) 扁圆镶块反向器

滚珠丝杠副轴向间隙的调整和预紧通常采用双螺母预紧方式，使两个螺母之间产生轴向位移，以达到消除间隙和产生预紧力的目的。双螺母预紧方式的结构有三种类型。

（1）双螺母垫片调隙式　通过改变调整垫片的厚度使左、右两个螺母产生轴向位移，即可消除间隙和产生预紧力，如图 6-18 所示。这种调整方法具有结构简单可靠、刚性好、拆装方便等优点，但调整较费时，滚道有磨损时不能随时消除间隙和进行预紧，仅适应于一般精度的数控机床。

（2）双螺母齿差调隙式　如图 6-19 所示，在两个螺母的凸缘上各制有圆柱外齿轮，且齿数差为 1，内齿轮的齿数分别与相啮合的外齿轮的齿数相同，通过螺钉和销固定在套筒的两端。调整时先将两个内齿圈取下，根据间隙大小使螺母 1 和 2 分别在相同方向转过一个或

6-8 滚珠丝杠副间隙消除方法

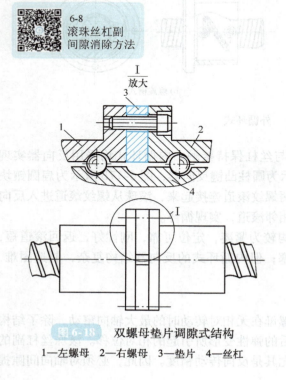

图 6-18　双螺母垫片调隙式结构
1—左螺母　2—右螺母　3—垫片　4—丝杠

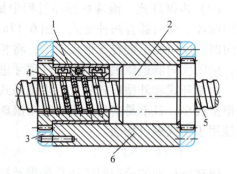

图 6-19　双螺母齿差调隙式结构
1—左螺母　2—右螺母　3—内齿圈
4—外齿轮　5—丝杠　6—套筒

几个齿,通过调整两个螺母之间的距离达到调整轴向间隙的目的。齿差调隙式的结构较为复杂,但调整方便、可靠,并且可以预先计算出精确的调整量,但结构尺寸较大,多用于高精度的传动。

(3) 双螺母螺纹调隙式 如图 6-20 所示,左螺母外端有凸缘,右螺母外端没有凸缘而制有螺纹,并用两个圆螺母固定,使用平键限制螺母在螺母座内的转动,拧动内侧圆螺母可将左螺母沿轴向移动一定距离,即可消除间隙并产生预紧力,在消除间隙后再用外侧圆螺母将其锁紧。这种调整方法具有结构简单、工作可靠、调整方便等优点,但调整精度较差。

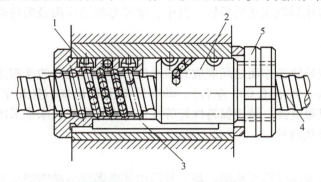

图 6-20 双螺母螺纹调隙式结构
1—左螺母 2—右螺母 3—平键 4—丝杠 5—内侧圆螺母

除以上三种常用形式外,还有单螺母变位导程预紧和单螺母加大钢球径向预紧等结构,这里不再详细介绍。

三、滚珠丝杠副的精度等级及标注方法

1. 滚珠丝杠副的精度等级

GB/T 17587.3—2017 国家标准将滚珠丝杠副根据使用范围及要求分成 0、1、2、3、4、5、7、10 八个标准公差等级,精度最高为 0 级,最低为 10 级。

2. 滚珠丝杠副的标注方法

滚珠丝杠副的标注方法因生产厂家的不同而略有差异,通常采用图 6-21 所示的标注方法。

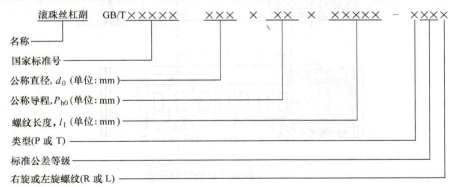

图 6-21 滚珠丝杠副的标注方法

第四节 导 轨 副

机床导轨是机床基本结构的要素之一,机床的加工精度和使用寿命很大程度上取决于机床导轨的质量,对数控机床的导轨则有更高的要求,如高速进给时不振动、低速进给时不爬行、有高的灵敏度、能在重载下长期连续工作、有高的耐磨性、有良好的精度保持性等。因此,现代数控机床普遍采用摩擦因数小、动静摩擦因数相差甚微、运动灵活轻便的导轨副,主要有滚动导轨、静压导轨和塑料导轨。其中,滚动导轨的应用最为普遍。

一、滚动导轨

滚动导轨就是在导轨工作面之间安放有滚动体,导轨面之间的摩擦为滚动摩擦。滚动导轨具有摩擦因数小(一般在0.003左右)、动静摩擦因数相差小且几乎不受运动变化的影响、定位精度高、灵敏度高、精度保持性好等优点。现代数控机床常采用的滚动导轨有滚动导轨块和直线滚动导轨两种。

1. 滚动导轨块

滚动导轨块又称滚动导轨支承块,是一种滚动体做循环运动的滚动导轨,多用于中等载荷,其结构示意如图6-22所示,件1为防护板,端盖2与导向片4引导滚动体(滚柱3)返回,件5为保持器,件6为本体。使用时,滚动导轨块安装在运动部件的导轨面上,每一导轨至少用两块,导轨块的数目取决于导轨的长度和载荷的大小,与之相配的导轨多采用镶钢淬火导轨。当运动部件移动时,滚柱3在支承部件的导轨面与本体6之间滚动,同时又绕本体6做循环滚动,滚柱3与运动部件的导轨面不接触。

滚动导轨块由专业厂家生产,有多种规格供客户选用。滚动导轨块的特点是刚度高、承载能力大、便于拆装。

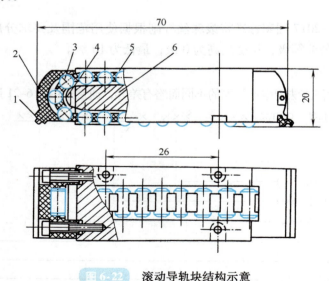

图6-22 滚动导轨块结构示意

1—防护板 2—端盖 3—滚柱 4—导向片 5—保持器 6—本体

2. 直线滚动导轨

直线滚动导轨又称单元式直线滚动导轨，其结构示意如图 6-23 所示，由导轨体 1、滑块 7、滚珠 4、保持器 3、端盖 6 等组成。使用时，导轨固定在不运动部件上，滑块固定在运动部件上。当滑块沿导轨体运动时，滚珠在导轨体和滑块之间的圆弧直槽内滚动，通过端盖内的滚道从工作负载区到非工作负载区，不断循环，从而把导轨体与滑块之间的移动变成滚珠的滚动。

直线滚动导轨一般由生产厂家组装而成，其突出的优点是没有间隙，与一般滚动导轨相比较，还有以下特点：

1) 具有自调整能力，安装基面允许误差大。
2) 制造精度高。
3) 可高速运行，运行速度可大于 10m/s。
4) 能长时间保持高精度。
5) 可预加载荷以提高刚度。

直线滚动导轨分为四个标准公差等级，即 2、3、4、5 级，其中 2 级精度最高，依次递减。

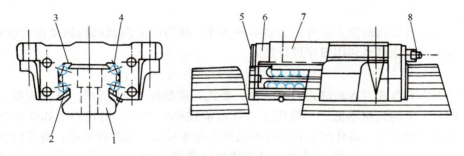

图 6-23　直线滚动导轨结构示意

1—导轨体　2、5—塑料密封垫　3—保持器　4—滚珠　6—端盖　7—滑块　8—注油杯

二、静压导轨

静压导轨是将具有一定压力的油液通过节流器输送到导轨滑动面之间的油腔中，形成压力油膜，将运动件浮起，使导轨面间处于纯液体摩擦状态。根据承载的要求不同，静压导轨分为开式静压导轨和闭式静压导轨两种。开式静压导轨只能承受垂直方向的载荷，承受颠覆力矩的能力差；闭式静压导轨则具有承受各方面载荷和颠覆力矩的能力。

静压导轨的导轨面之间处于纯液体摩擦状态，因此不产生磨损，精度保持性好，寿命长，而且导轨的摩擦因数小（一般为 0.0005～0.001），机械效率高，能长期保持导轨的导向精度。压力油膜承载能力大，刚度好，有良好的吸振性，导轨运行平稳，低速下不易产生爬行现象。但静压导轨结构较为复杂，并需要一个过滤效果良好的供油系统，制造成本也较高。静压导轨多用于重型数控机床。

三、塑料导轨

塑料导轨是在与床身导轨相配的滑动导轨上粘接上静、动摩擦因数基本相同，耐磨，吸振的塑料软带，或者在定、动导轨之间采用注塑的方法制成塑料导轨。这种塑料导轨具有良好的摩擦特性、耐磨性和吸振性，因此在数控机床上广泛使用。

塑料软带以聚四氟乙烯为基体，加入青铜粉、二硫化钼和石墨等填充剂混合烧结并做成软带状，国内已有牌号为 TSF 的导轨软带，以及配套用的 DJ 黏合剂。导轨软带使用的工艺简单，只要将导轨粘贴面半精加工至表面粗糙度值为 $Ra1.6 \sim Ra3.2\mu m$，清洗粘贴面后，用黏合剂粘合，加压固化后，再精加工即可。由于这类导轨软带采用了粘接方法，故习惯上称为贴塑导轨。

导轨注塑的材料是以环氧树脂和二硫化钼为基体，加入增塑剂，混合成膏状为一组分和固化剂为另一组分的双组分塑料，国内牌号为 HNT。导轨注塑的工艺简单，在调整好固定导轨和运动导轨间相互位置精度后注入双组分塑料，固化后将定、动导轨分离即成塑料导轨，这种方法制作的塑料导轨习惯上称为"注塑导轨"。

第五节　自动换刀装置及回转工作台

一、自动换刀装置

目前，数控机床自动换刀装置的类型多种多样，换刀的原理及结构的复杂程度也不同，但绝大多数数控机床都是利用刀库进行换刀。

1. 刀库的类型

常用的刀库有盘式刀库和链式刀库两种。盘式刀库如图 6-24 所示，结构简单，但由于刀具环状排列，空间利用率低，一般用于刀具容量较小的刀库；链式刀库如图 6-25 所示，刀库结构紧凑，容量大。链环的形式可以根据机床的布局配置成各种形状，也可以使换刀位突出以利于换刀，当需要增加刀具时，只需增加链条的长度，刀库的容量一般为 30~120 把刀。

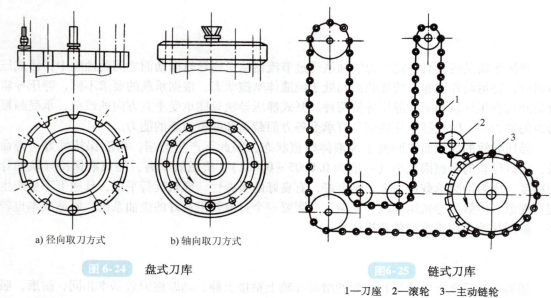

a) 径向取刀方式　　b) 轴向取刀方式

图 6-24　盘式刀库

图 6-25　链式刀库

1—刀座　2—滚轮　3—主动链轮

2. 选刀方式

常用的选刀方式有顺序选刀和任意选刀两种。

3. 刀具交换装置

刀具交换装置是实现刀库与机床主轴之间传递和装卸刀具的装置。刀具的交换方式通常分为无机械手换刀和有机械手换刀两大类。

（1）无机械手换刀 利用刀库与机床主轴的相对运动实现刀具交换。XH754 型卧式加工中心就是采用无机械手换刀，如图6-26所示，换刀过程的基本动作如下：

1）当本工步工作结束后执行换刀指令，主轴准停，主轴箱沿 Y 轴上升。这时刀库上刀位的空档位置正好处在交换位置，装夹刀具的卡爪打开，如图 6-26a、b 所示。

2）主轴箱上升到极限位置，被更换的刀具刀杆进入刀库空刀位，即被刀具定位卡爪钳住，与此同时，主轴内刀杆自动夹紧装置放松刀具，如图 6-26c 所示。

3）刀库伸出，从主轴锥孔中将刀拔出，如图 6-26d 所示。

4）刀库转位，按照程序指令要求将选好的刀具转到最下面的位置，同时，压缩空气将主轴锥孔吹净，如图 6-26e 所示。

5）主轴下降到加工位置后起动，开始下一工步的加工，如图 6-26f 所示。

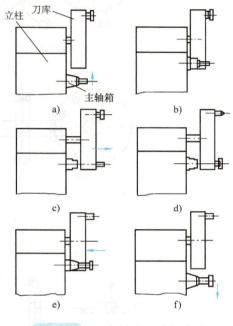

图 6-26 无机械手换刀的过程

这种换刀机构不需要机械手，结构简单、紧凑。由于交换刀具时机床不工作，所以不会影响加工精度，但会影响机床的生产率；其次因刀库尺寸限制，装刀数量不能太多。这种换刀方式常用于小型加工中心。

（2）机械手换刀 目前多数机床广泛采用机械手换刀，其结构简单、动作灵活、快速。根据刀库及刀具交换方式的不同，换刀机械手有多种类形，图 6-27 所示为常用的几种形式。

图 6-28 所示为钩刀机械手换刀一次的基本动作。

1）抓刀。手臂旋转 90°，同时抓住刀库和主轴上的刀具。

2）拔刀。主轴夹头松开刀具，机械手同时将主轴和刀库上的刀具拔出。

3）换刀。手臂旋转 180°，新、旧刀具交换。

4）插刀。机械手同时将新、旧刀具分别插入主轴和刀库，然后主轴夹头夹紧刀具。

5）复位。转动手臂，回到原始位置。

二、回转工作台

工作台是数控机床的重要部件，主要有矩形工作台、回转工作台以及倾斜成各种角度的万能工作台。回转工作台又分为分度工作台、数控回转工作台、卧式回转工作台、立式回转工作台等。

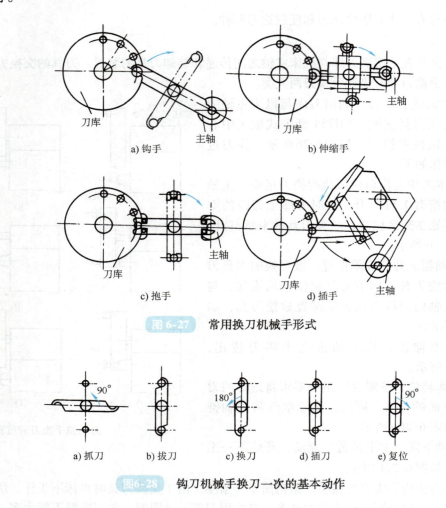

图 6-27　常用换刀机械手形式

图 6-28　钩刀机械手换刀一次的基本动作

1. 分度工作台

分度工作台只能完成分度辅助运动，即按照数控系统指令，在需要分度时，将工作台及其工件回转一定的角度（45°、60°或90°等），改变工件相对于主轴的位置，以加工工件的各个表面。按照定位机构的不同，分度工作台可分为鼠牙盘式分度工作台和定位销式分度工作台。

（1）鼠牙盘式分度工作台　鼠牙盘式分度工作台主要由工作台面、底座、夹紧液压缸、分度液压缸和鼠牙盘等零件组成，如图 6-29 所示，它是目前用得最多的一种精密分度工作台。

机床需要分度时，数控装置发出分度指令（也可以用手操作按钮进行手动分度），由电磁铁控制液压阀（图中未画出），使液压油经管道 23 至分度工作台 7 中央的夹紧液压缸下腔 10，推动活塞上移（液压缸上腔 9 回油经管道 22 排出），经推力轴承 5 使工作台 7 抬起，上鼠牙盘 4 和下鼠牙盘 3 脱离啮合，工作台上移的同时带动内齿圈 12 上移并与齿轮 11 啮合，完成分度前的准备工作。

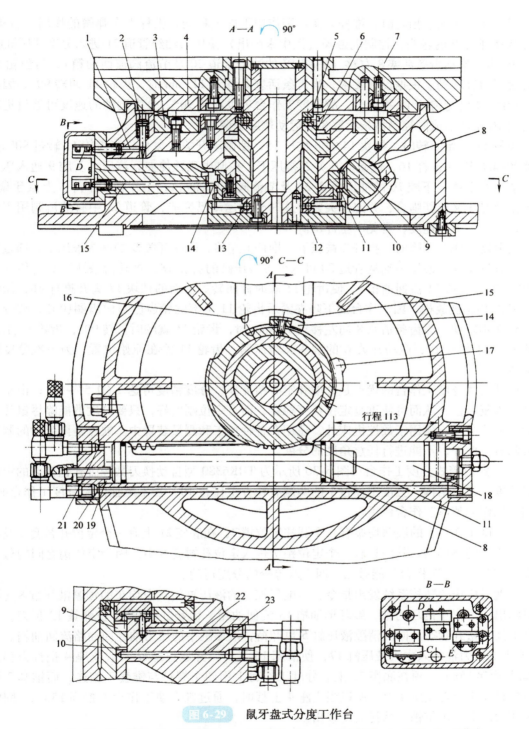

图 6-29 鼠牙盘式分度工作台

1、2、15、16—推杆 3—下鼠牙盘 4—上鼠牙盘 5、13—推力轴承 6—活塞 7—工作台
8—齿条活塞 9—夹紧液压缸上腔 10—夹紧液压缸下腔 11—齿轮 12—内齿圈 14、17—挡块
18—分度液压缸右腔 19—分度液压缸左腔 20、21—分度液压缸进回油管道 22、23—夹紧液压缸进、回油管道

当工作台 7 向上抬起时，推杆 2 在弹簧作用下向上移动，推杆 1 在弹簧的作用下右移，松开微动开关 D 的触头，控制电磁阀（图中未画出）使压力油经管道 21 进入分度液压缸的左腔 19 内，推动齿条活塞 8 右移（右腔 18 的油经管道 20 及节流阀流回油箱），与齿轮 11 啮合做逆时针转动。根据设计要求，当齿条活塞 8 移动 113mm 时，齿轮 11 回转 90°，因此时内齿圈 12 已与齿轮 11 相啮合，故分度工作台 7 也回转 90°。分度运动的速度可通过进回油管道 20 中的节流阀控制齿条活塞 8 的运动速度来调节。

齿轮 11 开始回转时，挡块 14 放开推杆 15，使微动开关 C 复位，当齿轮 11 转过 90° 时，上面的挡块 17 压推杆 16，使微动开关 E 被压下，控制电磁铁使夹紧液压缸上腔 9 通入压力油，活塞 6 下移（下腔 10 的油经管道 23 及节流阀流回油箱），工作台 7 下降。上鼠牙盘 4 和下鼠牙盘 3 又重新啮合，并定位夹紧，这时分度运动已完成，管道 23 中有节流阀用来限制工作台 7 的下降速度，避免产生冲击。

当分度工作台下降时，推杆 2 被压下，推杆 1 左移，微动开关 D 的触头被压下，通过电磁铁控制液压阀，使压力油从管道 20 进入分度液压缸的右腔 18，推动齿条活塞 8 左移（左腔 19 的油经管道 21 流回油箱），使齿轮 11 顺时针回转。上面的挡块 17 离开推杆 16，微动开关 E 的触头被放松，因工作台面下降夹紧后齿轮 11 下部的轮齿已与内齿圈脱开，故分度工作台面不转动。当齿条活塞 8 向左移动 113mm 时，齿轮 11 就顺时针转 90°，齿轮 11 上的挡块 14 压下推杆 15，微动开关 C 的触头又被压紧，齿轮 11 停在原始位置，为下次分度做好准备。

鼠牙盘式分度工作台的优点是分度和定心精度高，分度精度可达 ±(0.5″~3″)；由于采用多齿重复定位，从而可使重复定位精度稳定；而且定位刚度好，只要分度数能除尽鼠牙盘齿数，就能分度；除用于数控机床外，还用在各种加工和测量装置中。缺点是鼠牙盘的制造比较困难；此外，不能进行任意角度的分度。

（2）定位销式分度工作台　图 6-30 所示为 THK6380 型自动换刀数控卧式镗铣床的定位销式分度工作台结构，分度工作台 1 的两侧有长方工作台 10，在不单独使用分度工作台时，它们可以作为整体工作台使用。

在分度工作台 1 的底部均布有八个圆柱定位销 7，在底座 21 上有一个定位孔衬套 6 及供定位销移动的环形槽。其中只有一个定位销 7 进入定位孔衬套 6 中。因为定位销之间的分布角度为 45°，因此工作台只能做二、四、八等分的分度运动。

分度时机床的数控系统发出指令，由电气控制的液压缸使六个均布的锁紧液压缸 8（图中只画出一个）中的压力油，经环形油槽 13 流回油箱，锁紧缸活塞 11 被弹簧 12 顶起，工作台 1 处于松开状态。同时消隙液压缸 5 也卸荷，液压缸中的压力油经回油路流回油箱。油管 18 中的压力油进入中央液压缸 17，使活塞 16 上升，并通过螺栓 15、支座 4 把推力轴承 20 向上抬起 15mm，顶在底座 21 上。分度工作台 1 用四个螺钉与锥套 2 相连，而锥套 2 用六角螺钉 3 固定在支座 4 上，所以当支座 4 上移时，通过锥套使工作台 1 抬高 15mm，固定在工作台面上的定位销 7 从衬套中拔出。

当工作台抬起之后，发出信号使液压电动机驱动减速齿轮（图中未画出），带动固定在工作台 1 下面的大齿轮 9 转动，进行分度运动。分度工作台的回转速度由液压电动机和液压系统中的单向节流阀来调节，分度开始时做快速转动，在将要到达规定位置前减速，减速信

第六章 数控机床的机械结构

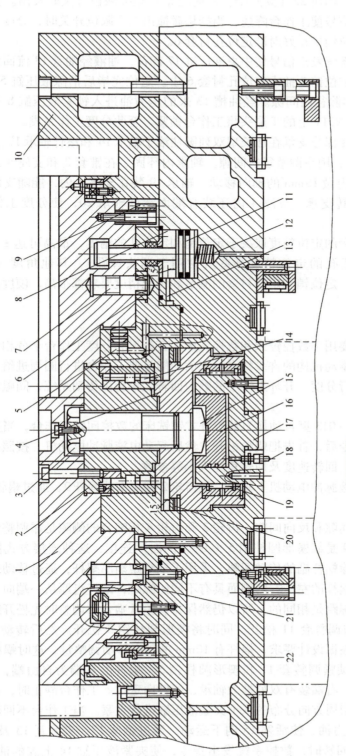

图 6-30 定位销式分度工作台的结构

1—分度工作台 2—锥套 3—螺钉 4—支座 5—消隙液压缸 6—定位孔衬套 7—定位销
8—锁紧液压缸 9—齿轮 10—长方工作台 11—锁紧液压缸活塞 12—弹簧 13—油槽
14、19、20—螺栓 15—螺栓 16—活塞 17—中央液压缸 18—油管 21—底座 22—挡块

167

号由固定在大齿轮9上的挡块22（共八个，周向均布）碰撞限位开关时发出。挡块碰撞第一个限位开关时，发出信号使工作台降速，当挡块碰撞第二个限位开关时，分度工作台停止转动。此时，相应的定位销7正好对准定位孔衬套6。

分度完毕后，数控系统发出信号使中央液压缸17卸荷，油液经油管18流回油箱，分度工作台1靠自重下降，定位销7插入定位孔衬套6中。定位完毕后消隙液压缸5通压力油，活塞顶向工作台1，以消除径向间隙。经油槽13来的压力油进入锁紧液压缸8的上腔，推动活塞11下降，通过活塞11上的T形头将工作台锁紧。至此分度工作完成。

分度工作台1的回转部分支承在加长型双列圆柱滚子轴承14和滚针轴承19上，轴承14的内孔带有1:12的锥度，用来调整径向间隙。轴承内环固定在锥套2和支座4之间，并可带着滚珠在加长的外环内做15mm的轴向移动。轴承19装在支座4内，能随支座4上升或下降并作为另一端的回转支承。支座4内还装有端面滚柱轴承20，使分度工作台回转很平稳。

定位销式分度工作台的定位精度取决于定位销和定位孔的精度，最高可达±5″。一般最常用的相差180°同轴线孔的定位精度高些（常用于调头镗孔），其他角度（45°、90°、135°）的定位精度低些。定位销和定位衬套的制造和装配精度要求都很高，硬度的要求也很高，而且耐磨性要好。

2. 数控回转工作台

数控回转工作台主要用于数控镗床和数控铣床，其外形和分度工作台十分相似，但其内部结构却具有数控进给驱动机构的许多特点。它的功能是使工作台进行圆周进给，以完成切削工作，并使工作台进行分度。开环系统中的数控回转工作台由传动系统、间隙消除装置及蜗轮夹紧装置等组成。

图6-31所示为JCS-013型自动换刀数控卧式镗铣床的数控回转工作台，当数控回转工作台接到数控系统的指令后，首先把蜗轮松开，然后起动电液脉冲电动机，按照指令脉冲来确定工作台的回转方向、回转速度及回转角度大小等参数。

工作台的运动由电液脉冲电动机1驱动，经齿轮2和4带动蜗杆9，通过蜗轮10使工作台回转。

为了尽量消除传动间隙和反向间隙，齿轮2和齿轮4相啮合的侧隙是靠调整偏心环3来消除的。齿轮4与蜗杆9是靠楔形圆柱销5（A—A剖面）连接，这种连接方式能消除轴与套的配合间隙。为了消除蜗杆副的传动间隙，采用了双螺距渐厚蜗杆，通过移动蜗杆的轴向位置来调整间隙。这种蜗杆的左、右两侧面具有不同的螺距，蜗杆齿厚从一端向另一端逐渐增厚，但由于同一侧的螺距是相同的，所以仍然保持着正常啮合。调整时先松开螺母7上的锁紧螺钉8，使压块6与调整套11松开，同时将楔形圆柱销5松开。然后转动调整套11，带动蜗杆9轴向移动。根据设计要求，蜗杆有10mm的轴向移动调整量，这时蜗杆副的侧隙可调整0.2mm，调整后锁紧调整套11和楔形圆柱销5。蜗杆的左端为自由端，可以伸长，以消除温度变化的影响，右端装有双列推力轴承，能轴向定位。工作台静止时，必须处于锁紧状态，通过沿工作台圆周方向分布的八个夹紧液压缸进行夹紧。当工作台不回转时，夹紧液压缸14的上腔进入压力油，使活塞15向下运动，通过钢球17、夹紧瓦13及12将蜗轮10夹紧。当工作台需要回转时，数控系统发出指令，使夹紧液压缸14上腔的油流回油箱。在弹簧16的作用下，钢球17抬起，夹紧瓦12及13松开蜗轮，然后由电液脉冲电动机1

第六章 数控机床的机械结构

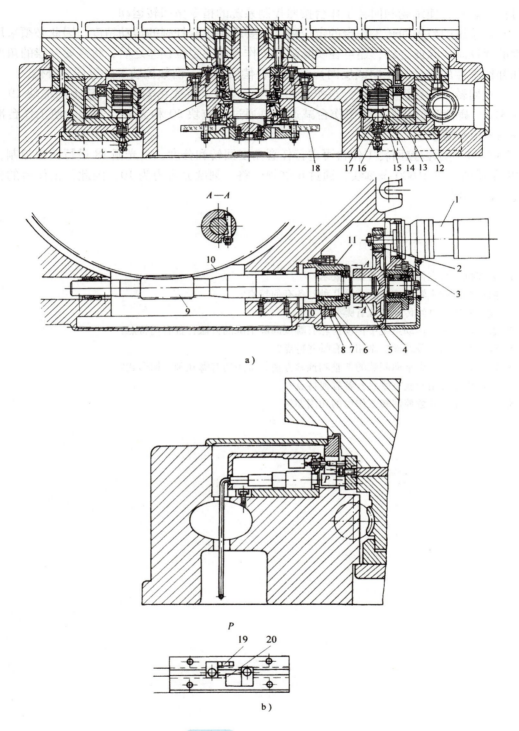

图6-31 数控回转工作台

1—电液脉冲电动机 2、4—齿轮 3—偏心环 5—楔形圆柱销 6—压块 7—螺母 8—锁紧螺钉 9—蜗杆 10—蜗轮 11—调整套 12、13—夹紧瓦 14—夹紧液压缸 15—活塞 16—弹簧 17—钢球 18—光栅 19—撞块 20—感应块

通过传动装置，使蜗轮和回转工作台按照控制系统的指令做回转运动。

开环系统的数控回转工作台的定位精度主要取决于蜗杆副的传动精度，因此必须采用高精度的蜗杆副。除此之外，还可在实际测量工作台静态定位误差之后，将需要补偿的角度位置和补偿脉冲的符号（正向或反向）记忆在补偿回路中，由数控装置进行误差补偿。

数控回转工作台设有零点，当作返回零点运动时，首先由安装在蜗轮上的撞块 19（见图 6-31b）碰撞限位开关，使工作台减速；再通过感应块 20 和无触点开关，使工作台准确地停在零点位置上。

图 6-31 所示数控回转工作台可进行任意角度回转和分度，由光栅 18 进行读数控制，光栅 18 在圆周上有 21600 条刻线，通过 6 倍频电路，刻度分辨力为 10，因此，工作台的分度精度可达 ±10″。

习　题

1. 数控机床对主传动系统有哪些要求？
2. 数控机床的主轴调速方法有哪几种？各有何特点？
3. 数控机床对进给传动系统有哪些要求？
4. 数控机床进给传动系统中传动齿轮有哪些间隙消除的方法？各有何特点？
5. 滚珠丝杠副与普通丝杠副相比有哪些特点？
6. 试述滚珠丝杠副轴向间隙的调整和预紧方法，常用的有哪几种结构形式？
7. 数控机床常用导轨有哪些？各有何特点？
8. 分度工作台和数控回转工作台的功用如何？

第七章

数控系统中的PLC控制

本章着重介绍数控系统中 PLC 的组成、分类及工作过程,数控系统中 PLC 与 CNC、MT 之间的信息交换;以 FANUC PMC 为例,介绍数控系统中 PLC 典型控制功能的实现。通过本章学习,要求对数控系统中的 PLC 控制过程有一个比较全面的了解,对辅助功能控制与实现有比较深刻的认识。

学习数控系统 PLC 知识及典型控制功能实现,要求学生具备动手操作能力和问题分析能力,培养学生团结协作精神及诚实守信的科学态度,树立技能成才、技能报国的人生理想。

第一节 概　　述

数控系统除了对机床各坐标轴的位置进行连续控制外,还需要对机床主轴的正转/反转与起/停、工件的夹紧与松开、切削液的开和关、刀具更换、工件及工作台的交换、液压与气动以及润滑等辅助功能进行顺序控制。顺序控制的信息主要是 I/O 控制,如控制开关、行程开关、压力开关和温度开关等输入元件,控制继电器、接触器和电磁阀等输出元件,同时还包括主轴驱动和进给伺服驱动的使能控制以及机床报警处理等。可编程序控制器 PLC 就是典型的工业控制器,它能满足上述控制的要求。所谓顺序控制是指按照生产工艺要求,根据事先编好的程序,在输入信号的作用下,控制系统的各个执行机构按照一定规律自动实现动作。这些控制功能的优劣将直接影响数控机床的加工精度、加工质量、生产率及稳定性。

数控系统内部信息流大致分为两类,一类是控制机床坐标轴运动的连续数字信息,另一类是通过 PLC 控制的辅助功能(M、S、T 等)信息,如图 7-1 所示。

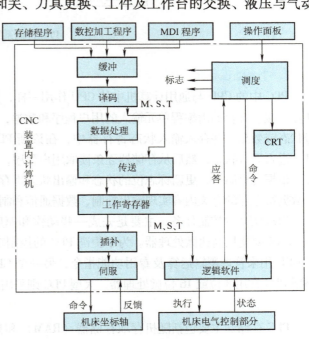

图 7-1　数控系统内部信息流

第二节　数控系统中的 PLC 概述

一、PLC 的结构、特点及其工作过程

（一）PLC 的基本结构

PLC 的种类型号很多，大、中、小型 PLC 的功能不尽相同，但基本的结构形式大体上是相同的，都是由中央处理单元
（CPU）、存储器（RAM/ROM）单元、输入/输出（I/O）单元、编程单元、电源单元和外部设备等组成，并且内部采用总线结构，如图 7-2 所示。

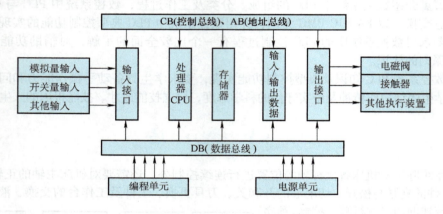

图 7-2　PLC 控制系统的组成

1. 中央处理单元（CPU）

PLC 中的 CPU 与通用计算机中的 CPU 作用一样，是 PLC 的核心。CPU 按照系统程序赋予的功能，接收并存储由编程单元输入的用户程序和数据，用扫描方式查询现场输入状态以及各种信号状态或数据，并存入输入状态寄存器中，在诊断 PLC 内部电路、编程语句和电源都正常后，PLC 进入运行状态，然后从存储器逐条读取用户程序，完成用户程序中的逻辑运算或算术运算任务。根据运算结果，更新标志位的状态和输出状态寄存器的内容，再由输出状态寄存器的位状态或数据寄存器的有关内容实现输出控制、数据通信和制表打印等功能。

PLC 实现的控制任务，主要是完成一些动作和速度要求不特别快的顺序控制，在一般情况下，不需要使用高速微处理器。为了提高 PLC 的控制功能，通常采用多 CPU 控制方式，如用一个 CPU 用来管理逻辑运算及专用功能指令，另一个 CPU 用来管理 I/O 接口和通信等功能。中、小型 PLC 常用 8 位或 16 位微处理器，大型 PLC 则采用高速单片机。

2. 存储器单元

PLC 存储器主要包括随机存取存储器（RAM）和只读存储器（ROM），用于存放用户程序、工作数据和系统程序。用户程序是指用户根据现场的生产过程和工艺要求而编写的应用程序，在修改调试完成后，可由用户固化在 EPROM 中或存储在磁盘中。工作数据是 PLC 运行过程中需要

经常存取并且随时改变的一些中间数据，为了适应随机存取的要求，它们一般存放在 RAM 中。系统程序是指控制和完成 PLC 各种功能的程序，包括监控程序、模块化应用功能子程序、指令译码程序、故障诊断程序和各种管理程序等，这些程序出厂时由制造厂家固化在 PROM 型存储器中。由上述可见，PLC 所用存储器基本上包括 EPROM、RAM 和 PROM 三种，其存储容量随着 PLC 类别或规模的不同而不同。

3. 输入/输出（I/O）单元

I/O 单元是 PLC 与外部设备或现场 I/O 装置之间进行信息交换的桥梁，其任务是将 CPU 处理产生的控制信号输出传送到被控设备或生产现场，驱动各种执行机构动作，实现实时控制，同时将被控设备或被控生产过程中产生的各种变量转换成标准的逻辑（数字）量信号，送入 CPU 处理。

4. 编程单元

编程单元是供用户进行程序的编制、编辑、调试、监视以及运行应用程序的特殊工具，一般由键盘、智能处理器、显示屏、外部设备（如硬盘/软盘驱动器等）组成，通过通信接口与 PLC 相连，完成人机对话功能。

编程单元分为简易型编程单元和智能型编程单元两种。简易型编程单元只能在线编程，通过一个专用接口与 PLC 连接；智能型编程单元既可在线编程也可离线编程，还可通过微型计算机接口或打印机接口，实现程序的存储、打印、通信等功能。

5. 电源单元

电源单元的作用是将外部提供的交流电转换为 PLC 内部所需的直流电。一般电源单元有三路输出，一路供给 CPU 模块使用，一路供给编程单元接口使用，还有一路供给各种接口模板使用。由于 PLC 直接用于工业现场，因此对电源单元的技术要求高，不但要求工作电源稳定，而且还要有过电流和过电压的保护功能，以及较好的电磁兼容性能，以适应电网波动和温度变化的影响，防止在电压突变时 CPU 损坏。

图 7-3 所示为 SIEMENS 公司的 SIMATIC S7 – 300 型可编程序控制器结构。

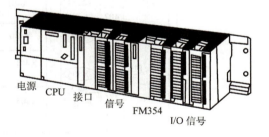

图 7-3　SIMATIC S7 – 300 型可编程序控制器结构

（二）PLC 的特点

1. 可靠性高

由于 PLC 是针对恶劣的工业环境设计的，在硬件和软件方面均采取了很多有效措施来提高其可靠性，如在硬件方面采取了光电隔离、滤波、屏蔽等措施，在软件方面采取了故障自诊断、信息保护与恢复等，从而保证其可以直接应用于工业现场。

2. 灵活性好

PLC 通常采用积木式结构，便于将 PLC 与数据总线连接，由于产品系列化、通用化，稍作修改就可应用于不同的控制对象。

3. 编程简单

PLC 沿用了编程简单的梯形图，易于现场操作人员理解和掌握。

4. 与现场信号直接连接

针对不同的现场信号（如开关量与模拟量、脉冲或电位、直流或交流、电压或电流、弱电或强电等），有相应的输入和输出模块可与现场的工业元件（如按钮、行程开关、电磁阀、控制阀、传感器、电动机起动装置）直接相连，并通过数据总线与微处理器模块相连接。

5. 安装简单、维修方便

PLC 对环境的要求不高，使用时只需保证执行设备及检测元件与 PLC 的 I/O 端口连接无误，系统即可工作。PLC 运行中 80% 以上的故障均出现在外部的输入/输出设备上，能快速准确地诊断故障，目前已能达到 10min 内排除故障，恢复生产。

6. 网络通信

利用 PLC 的网络通信功能可实现计算机网络控制。

（三）PLC 的工作过程

PLC 的工作过程是在硬件的支持下运行软件的过程，如图 7-4、图 7-5 所示。

通过编程单元将用户程序顺序输入用户存储器，CPU 对用户程序循环扫描并顺序执行，这是 PLC 的基本工作方式。图 7-4 给出了 GE 系列 PLC 的 CPU 扫描过程。只要 PLC 接通电源，CPU 即对用户存储

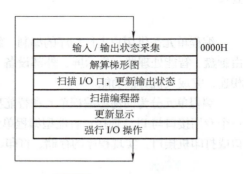

图 7-4 PLC 的扫描过程

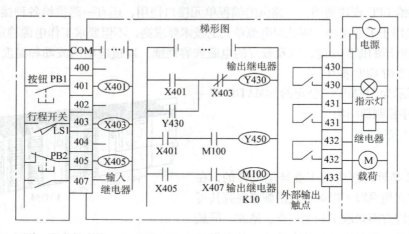

图 7-5 PLC 的工作过程

器内程序进行扫描，每扫描一次，CPU 即进行输入点的状态采集、用户程序的逻辑解算、相应输出状态的更新和 I/O 执行。接入编程单元时，也对编程单元的输入产生响应，并更新其显示，然后 CPU 对自身的硬件进行快速自检，并对监视扫描用定时器进行复位。完成自检后，CPU 又从存储器的 0000H 地址重新开始扫描运行。

图 7-5 所示是一个按钮 PB1 被压下时 PLC 的控制过程，其工作过程如下：

1）当按钮 PB1 压下，输入继电器 X401 的线圈接通。

2）X401 常开触点闭合，输出继电器 Y430 通电。

3）外部输出点 Y430 闭合，指示灯亮。

4）当 PB1 被放开时，输入继电器 X401 的线圈不再工作，其对应的触点 X401 断开，这时输出继电器 Y430 仍保持接通，这是因为 Y430 的触点接通后，其中的一个触点起到了自锁作用。

5）当行程开关 LS1 被压下时，继电器 X403 的线圈接通，X403 的常闭触点断开，使得继电器 Y430 的线圈断电，指示灯灭，输出继电器 Y430 的自锁功能复位。

6）PB1 被按下的同时，X401 的另一个常开触点接通另一个梯级，这时若触点 M100 也处于闭合状态，定时器通电，到达定时器设定的时间后，定时器断开。

二、数控系统中的 PLC 分类

数控系统中的 PLC 可分为内装型（Build-in-Type）PLC 和独立型（Stand-alone-Type）PLC 两种。

1. 内装型 PLC

内装型 PLC 是指 PLC 内置于 CNC 装置内，从属于 CNC 装置，与 CNC 装置集成于一体，如图 7-6 所示。

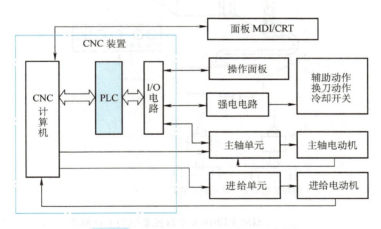

图 7-6　内装型 PLC 的 CNC 系统框图

内装型 PLC 的性能指标（如输入/输出点数、程序扫描时间、每步执行时间、程序最大步数、功能指令数目等）是根据所从属的 CNC 系统的规格、性能、适用机床的类型等确定的，其硬件和软件的功能都被作为 CNC 系统的基本功能，是与 CNC 系统统一设计制造的，因此其系统结构十分紧凑。

在系统的结构上，内装型 PLC 可与 CNC 共用一个 CPU（见图 7-7a），也可单独使用一个 CPU（见图 7-7b）。内装型 PLC 一般单独制成一电路板，插装到 CNC 主板的插座上，PLC 与所从属 CNC 系统之间的信号传送均在其内部进行，不单独配置 I/O 接口，而是使用 CNC 系统本身的 I/O 接口，PLC 控制部分及部分 I/O 电路所用电源由 CNC 系统提供。

SINUMERIK 810 数控系统的 I/O 模块如图 7-8 所示。

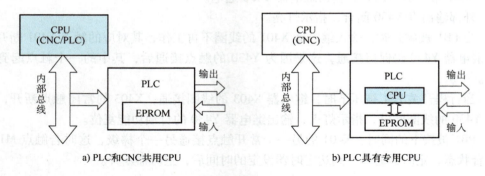

a) PLC和CNC共用CPU　　　　　　b) PLC具有专用CPU

图 7-7　内装型 PLC 中的 CPU

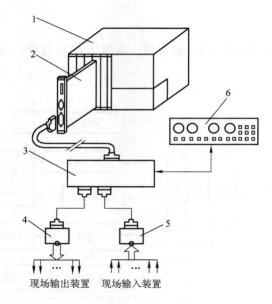

图 7-8　SINUMERIK 810 数控系统的 I/O 模块
1—CNC 系统（背面）　2—I/O 模块　3—I/O 子模块
4—输出端子板　5—输入端子板　6—机床操作面板

　　SINUMERIK 810 数控系统的 I/O 模块采用内装型 PLC 结构，扩展了 CNC 内部直接处理数据的能力，可以使用梯形图编辑，传送复杂的控制功能，提高了 CNC 系统的性能价格比。

　　世界上著名的数控系统生产厂家均在其 CNC 系统中开发了内装型 PLC，如日本的 FANUC 公司、德国的 SIEMENS 公司等，见表 7-1。

2. 独立型 PLC

　　独立型 PLC 完全独立于 CNC 系统，具有完备的硬件和软件功能，能够独立完成 CNC 系统规定控制任务的装置，如图 7-9 所示。

　　独立型 PLC 的基本功能、结构与通用型 PLC 相同。

第七章 数控系统中的PLC控制

表 7-1 具有内装型 PLC 的 CNC 系统

序号	公司名称	CNC 系统型号	内装型 PLC 型号
1	FANUC	System 0	PMC – L/M
2	FANUC	System 0 Mate	PMC – L/M
3	FANUC	System 3	PC – D
4	FANUC	System 6	PC – A/B
5	FANUC	System 10/11	PMC – I
6	FANUC	System 15/16/18	PMC – M
7	SIEMENS	SINUMERIK 820	S5 – 135W
8	SIEMENS	SINUMERIK 3	S5 – 100WB
9	SIEMENS	SINUMERIK 8	S5 – 130WB, S5 – 150A/K/S
10	SIEMENS	SINUMERIK 850	S5 – 130WB, S5 – 150U, S5 – 155U
11	SIEMENS	SINUMERIK 880	S5 – 135W

如图 7-9 所示，独立型 PLC 不但要进行机床侧的 I/O 连接，而且还要进行 CNC 系统侧的 I/O 连接，CNC 和 PLC 均具有各自的 I/O 接口电路。独立型 PLC 一般采用模块化结构，装在插板式机箱内，I/O 点数和规模可通过 I/O 模块的增减灵活配置。对于数控车床、数控铣床和加工中心等单台设备，选用微型或小型 PLC；对于 FMC、FMS、FA、CIMS 等大型数控系统，则需要选用中型或大型 PLC。

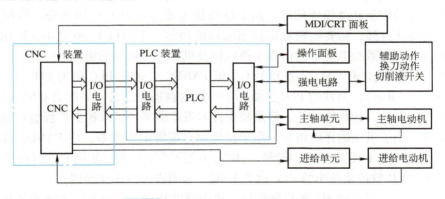

图 7-9 独立型 PLC 的 CNC 系统框图

独立型 PLC 造价较高，其性能价格比不如内装型 PLC。

生产通用型 PLC 的厂家很多，数控系统中选用较多的产品有德国 SIEMENS 公司的 SIMATIC S5、S7 系列，日本 FANUC 公司的 PMC 系列，日本 OMRON 公司的 OMRON – SYS – MAC 系列，三菱公司 FX 系列等。SIEMENS 公司的 SIMATIC S7 – 300 可编程序控制器外观如图 7-10 所示。

总的来说，内装型 PLC 多用于单微处理器的 CNC 系统中，而独立型 PLC 主要用于多微处理器的 CNC 系统中，但它们的作用是相同的，都是配合 CNC 系统实现刀具的轨迹控制和机床顺序控制。

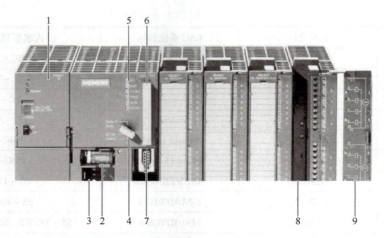

图 7-10　SIMATIC S7-300 可编程序控制器外观

1—负载电源（选项）　2—备用电池（CPU 313 以上）　3—DC 24V 连接　4—模式开关
5—状态和故障指示灯　6—存储器卡（CPU 313 以上）　7—MPI 多点接口　8—前连接器　9—前门

第三节　数控系统中 PLC 的信息交换

由数控系统的组成可以看出，典型的 CNC 系统含有 CNC 装置和 I/O 模块。CNC 装置完成进给插补、主轴控制和监控管理等，而 I/O 模块主要进行 PLC 逻辑处理。数控系统中的 PLC 处理功能往往更强，需要处理机床控制编程的功能。下面以 FANUC 0i – D/0i mate – D 数控系统为例，介绍数控系统中的信息交换内容及机床主要功能的实现。

FANUC 数控系统含有 CNC 装置和 PLC，但 FANUC 公司把 PLC 称为 PMC（Programmable Machine Controller）。通常的 PLC 主要用于一般的自动化设备，一般具有输入、逻辑与、逻辑或、输出、定时、计数等功能，但是缺少针对机床的便于机床控制编程的功能指令，如快捷找刀指令、用于机床的译码指令、用于机床用户报警的指令等，而 FANUC 数控系统中的 PLC 除了具有一般 PLC 的逻辑功能外，还专门设计了便于用户使用的针对机床控制的功能指令，故 FANUC 数控系统中的 PLC 称为 PMC（可编程序机床控制器）。

为了讨论 CNC、PLC 和 MT 各机械部件、机床辅助装置、强电电路之间的关系，通常将数控机床分为 NC 侧和 MT 侧（即机床侧）两大部分。NC 侧包括 CNC 系统的硬件、软件以及与 CNC 系统连接的外部设备。MT 侧包括机床机械部分及其液压、气压、润滑、冷却、排屑等辅助装置，机床操作面板，继电器电路和机床强电电路等。PLC 处于 CNC 和 MT 之间，对 NC 侧和 MT 侧的输入/输出信号进行处理。

各地址类型的相互关系如图 7-11 所示。由图 7-11 中各地址类型的相互关系可以看出，以 PMC 为控制核心，输入到 PMC 信号有 X 地址信号和 F 地址信号；从 PMC 输出的信号有 Y 地址信号和 G 地址信号。PMC 本身还有内部继电器 R 地址信号、计数器 C 地址信号、定时器 T 地址信号、保持继电器 K 地址信号、数据表 D 地址信号以及信息显示 A 地址信号等。要弄懂数控系统，必须了解系统中 PMC 所起的重要作用。PMC 与 CNC、PMC 与机床（MT）、CNC 与机床（MT）之间的关系如图 7-12 所示。

第七章 数控系统中的PLC控制

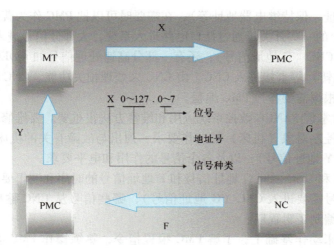

图7-11　FANUC系统各地址间的类型关系

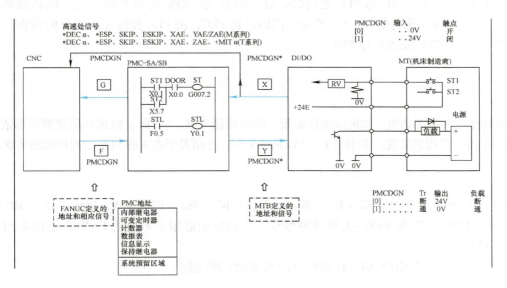

图7-12　CNC、PMC、机床的关系

从图7-11和图7-12中可以看出：

1）CNC是数控系统的核心，机床上的I/O要与CNC交换信息，要通过PMC才能完成信号处理，PMC起着机床与CNC之间桥梁的作用。

2）机床本体上的信号进入PMC，输入信号为X地址信号，PMC输出到机床本体的信号为Y地址信号，因内置PMC和外置PMC不同，地址的编排和范围有所不同。机床本体输入/输出地址分配和信号含义原则上由机床厂确定。

3）根据机床动作要求编制PMC程序，由PMC送给CNC的信号为G地址信号，CNC处理结果产生的标志位为F地址信号，直接用于PMC逻辑编程，各具体信号含义可以参考FANUC有关技术资料。G地址信号和F地址信号含义由FANUC公司指定。

4）PMC本身还有内部地址（内部继电器地址、可变定时器地址、计数器地址、数据表

179

地址、信息显示地址、保持继电器地址等），在需要时可以把 PMC 作为普通 PLC 使用。

5）机床本体上的一些开关量通过接口电路进入系统，大部分信号进入 PMC 参与逻辑处理，处理结果送给 CNC（G 地址信号）；还有一部分高速处理信号如 * DEC（减速）、* ESP（急停）、SKIP（跳转）等直接进入 CNC，由 CNC 来处理相关功能。CNC 输出控制信号为 F 地址信号，该信号根据需要参与 PMC 编程。

理解图 7-12 对掌握 FANUC 数控系统应用和维修方法很重要。要维修与 I/O 逻辑有关的故障，首先要理解控制对象（机床）的动作要求，列出与故障有关的机床本体输入/输出信号（X 地址信号和 Y 地址信号），以及各个信号的作用和电平要求。

其次了解 PMC 和 CNC 之间 G 地址信号和 F 地址信号的时序和逻辑要求，根据机床动作要求，分清哪些信号需要进入 CNC（G 地址信号），哪些信号从 CNC 输出（F 地址信号），哪些信号需要参与编制逻辑程序。

最后在理解机床动作基础上，了解 PMC 编程指令，熟练操作 PMC 有关界面进行诊断分析。

不同数控系统，CNC 与 PLC 之间的信息交换方式、功能强弱差别很大，但其最基本的功能是 CNC 将所需执行的 M、S、T 功能代码送到 PLC，由 PLC 控制完成相应的动作。然后再由 PLC 送给 CNC 完成信号 FIN。

第四节　数控系统中的 PLC 控制功能实现

数控系统中很多功能，如机床操作面板、辅助功能（M、S、T）、机床外部报警等都依靠数控系统的 PLC 编程来实现，本书以 FANUC 系统为例，介绍典型机床的 PLC 控制功能的实现。

一、FANUC PMC 规格介绍

FANUC PLC 有 PMC – 0i – D/0i Mate – D、PMC – SB7、PMC – A、PMC – B、PMC – C、PMC – D、PMC – GT 和 PMC – L 等多种型号，它们分别适用于不同的 FANUC 系统并组成内装型的 PLC。

表 7-2 描述了 FANUC 0i – D 系列数控系统的 PMC 规格。

表 7-2　FANUC 0i – D 系列数控系统的 PMC 规格

功能		0i – D PMC	0i – D PMC/L 0i Mate – D PMC/L
编程语言		梯形图	
梯形图级别		3	2
第一级执行周期		8ms	
基本指令处理速度		25ns/步	1μs/步
程序容量	梯形图	最大约32000 步	最大约8000 步
	符号/注释	1KB	1KB
	信息	8KB	8KB

（续）

功能		0i – D PMC	0i – D PMC/L 0i Mate – D PMC/L
指令	基本指令 功能指令	14 93	14 92
扩展指令	基本指令 功能指令	24 218	24 217
CNC 接口	输入（F） 输出（G）	768B ×2 768B ×2	768B 768B
I/O Link 最大信号点数		2048/2048	1024/1024
符号/注释	符号字符数 注释字符数	40 个 255 个	
程序保存区（F ROM）		最大 384KB	128KB

需要注意的是：

1）最大步数是假定使用基本指令编程。最大步数取决于所使用的功能指令的状态。

2）总的 PMC 程序大小（包括所有的梯形图、符号/注释和信息）一定不能超出 PMC 的存储容量。如果在梯形图、符号/注释、信息中任意一个超出了，则其他的允许容量就要受限制。

二、FANUC PMC 地址介绍

表 7-3 中列出了 FANUC 数控系统若干 PMC 的地址类型、地址含义、地址范围，可以看出，不同的系统类型配置的 PMC 软件版本不同，PMC 的地址范围也不同，但是 FANUC 数控系统 PMC 地址含义是一样的。

表 7-3 FANUC 系列数控系统的 PMC 地址

字符	符号种类	0i – D PMC	0i – D PMC/L 0i Mate – D PMC/L
X	机床给 PMC 的输入信号（MT 到 PMC）	X0 ~ X127	
Y	PMC 输出给机床的信号（PMC 到 MT）	Y0 ~ Y127	
F	NC 给 PMC 的输入信号（NC 到 PMC）	F0 ~ F767	F0 ~ F255
G	PMC 输出给 NC 的信号（PMC 到 NC）	G0 ~ G767	G0 ~ G255
T	可变定时器	T0 ~ T499 T9000 ~ T9499	T0 ~ T79 T9000 ~ T9079
C	计数器	C0 ~ C399 C5000 ~ C5199	C0 ~ C79 C5000 ~ C5039
K	保持继电器	K0 ~ K99 K900 ~ K999	K0 ~ K19 K900 ~ K999
D	数据表	D0 ~ D9999	D0 ~ D2999
A	信息显示请求信号	A0 ~ A249 A9000 ~ A9249	A0 ~ A249 A9000 ~ A9249

1. 内部继电器（R 地址）

内部继电器当上电时被清零，用于 PMC 临时存取数据。0i–D PMC R 地址范围见表 7-4。R9000~R9499 为系统管理继电器，有特殊含义。

表 7-4 0i–D PMC R 地址范围

类型	地址范围	#7	#6	#5	#4	#3	#2	#1	#0
用户地址	R0~R7999	用于 PMC 临时存取数据							
系统管理	R9000~R9499	PMC 程序系统保留区域							

2. 信息显示请求信号（A 地址）

信息显示请求信号为 1 时，对应的信息内容被显示。上电时，信息显示请求信号为 0。FANUC 0i mate–D 系统信息显示请求字节数为 25（A0~A24），信息显示个数为 200。

3. 定时器（T 地址）

定时器用于 TMR 功能指令设置时间，是非易失性存储区。T0~T499 共 500B，每 2B 存放 1 个定时器的定时设置值，定时器号为 1~250。

系统默认 1~8 号定时器精度为 48ms。定时器数据设定界面如图 7-13 所示。T9000~T9499 为可变定时器精度设定区域，分别对应 1~250 号可变定时器。

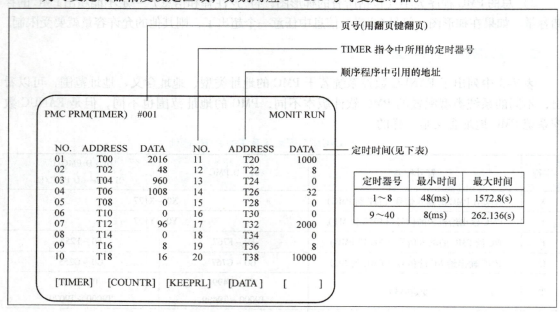

图 7-13 定时器数据设定界面

4. 计数器（C 地址）

计数器用于 CTR 指令和 CTRB 指令计数器功能，是非易失性存取区。可变计数器地址范围为 C0~C399，共 400B，可变计数器个数为 100 个，每 4B 存放 1 个计数器的数值，其中 2B 存放计数器预置值，2B 存放计数当前值。计数器数据设定界面如图 7-14 所示。C5000~C5199 为固定计数器区域，每 2B 存放一个计数器值。固定值计数器共 100 个。

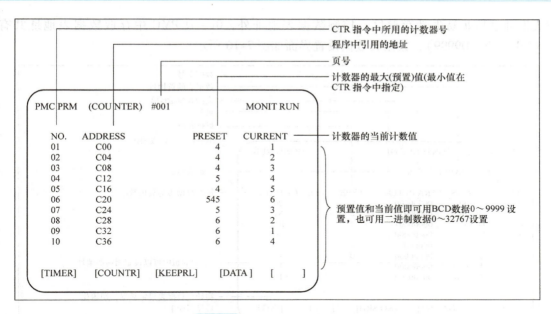

图 7-14　计数器数据设定界面

5. 保持继电器（K 地址）

保持继电器用于用户断电时保持地址和 PMC 软件功能参数设置，每一位都有特殊含义。保持继电器是非易失性存储区。用户地址范围为 K0～K99，共有 100B，保持继电器设定界面如图 7-15 所示。K900～K999 用于 PMC 软件功能参数设置。

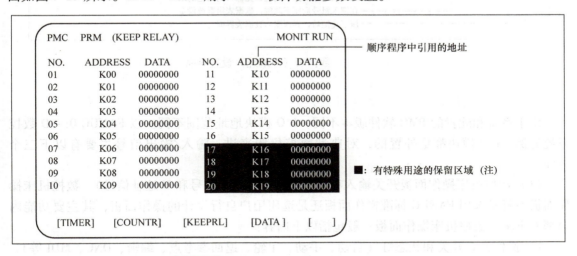

图 7-15　保持继电器（K 地址）设定界面

6. 数据表（D 地址）

PMC 程序有时候需要一定量的区域存放数据，数据表就是用来存放数据的区域。数据表包括控制数据表和多个存取数据表。控制数据表控制存取数据用于数据表格式（二进制还是 BCD 码）和存取数据大小。控制数据表的参数必须在存取数据表存取数据前设定。数据表地址也是非易失性存储区，控制数据表地址外，0i-D PMC 中存取数据表地址共有 10000B（D0~D9999），数据表数据设置界面如图 7-16 所示。

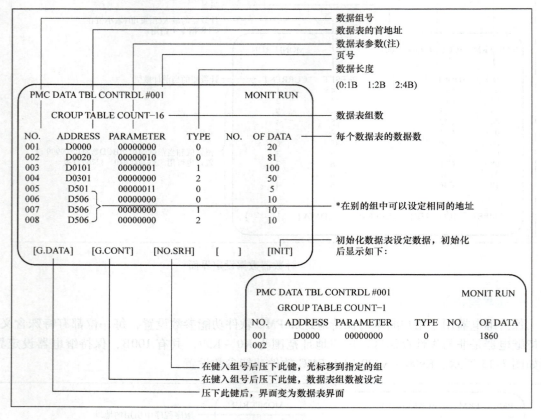

图 7-16　数据表（D 地址）设置界面

7. 输入/输出地址（X 地址和 Y 地址）

由于系统和配置的 PMC 软件版本不同，I/O 模块地址范围不同。以 FANUC 0i-D 数控系统为例，I/O 模块都是外置的，对典型数控机床来讲，输入/输出信号主要有以下三个方面：

（1）数控机床操作面板开关输入和状态指示（X 地址信号和 Y 地址信号）　数控机床操作面板不管是选用 FANUC 标准操作面板还是选用用户自行设计的操作面板，其主要功能内容都差不多。数控机床操作面板一般包括以下内容：

1）操作方式开关和状态灯（自动、手动、手轮、返回参考点、编辑、DNC、MDI 等）。

2）编程检测键和状态灯（单段、空运行、轴禁止、选择性跳跃等）。

3）手动主轴正转、反转、停止和状态灯以及主轴倍率开关。

4）手动进给轴方向及快进键。

5）冷却控制开关和状态灯。

6）手轮轴选择和手轮倍率（×1、×10、×100、×1000）。

7）手轮和自动进给倍率。

8) 急停按钮。
9) 其他开关。

(2) 数控机床本体输入信号（X 地址信号） 数控机床本体输入信号一般有每个进给轴减速开关信号、超程开关信号、机床功能部件上的开关信号。部分特殊固定地址定义见表 7-5。

需要注意的是，标注 * 为低电平有效。

表 7-5　FANUC PMC 固定地址输入信号

	#7	#6	#5	#4	#3	#2	#1	#0
X0004（T）	SKIP	ESKIP	−MIT2	+MIT2	−MIT1	+MIT1	ZAE	XAE
X0004（T）	跳转信号	跳转信号	刀具预调仪	刀具预调仪	刀具预调仪	刀具预调仪	测量信号到达信号	测量信号到达信号
X0004（M）	SKIP	ESKIP				ZAE	YAE	XAE
X0004（M）	跳转信号	跳转信号				测量信号到达信号	测量信号到达信号	测量信号到达信号
X0008				*ESP				
X0008				急停				
X0009	*DEC8	*DEC7	*DEC6	*DEC5	*DEC4	*DEC3	*DEC2	*DEC1
X0009	回参考点参考信号	回参考点参考信号	回参考点参考信号	回参考点参考信号	回参考点参考信号	回参考点参考信号	回参考点参考信号	回参考点参考信号

(3) 数控机床本体输出信号（Y 地址信号） 数控机床本体输出信号一般有冷却泵控制信号、润滑泵控制信号、主轴正转/反转（模拟主轴）控制信号、机床功能部件上执行负载控制信号等。

8. PMC 与 CNC 间信号的地址（G 地址和 F 地址）

PMC 的 G 和 F 地址是由 FANUC 公司规定的。需要 CNC 实现某一个逻辑功能，必须编制 PMC 程序，结果送给 G 地址，由 CNC 实现对伺服电动机和主轴电动机等的控制；CNC 当前运行状态需要参与 PMC 程序控制，可读取 F 地址实现。

在 FANUC 数控系统中，CNC 与 PMC 之间的接口信号随着系统信号和功能不同而不同，但它们有一定的共性和规律。各信号也经常用符号表示，例如 *ESP 表示地址为 G8.4 的位信号。加 " * " 表示 0 有效，平时要使该信号为 1。常用的 FANUC PMC 标准地址信号（G/F 信号）见表 7-6。

表 7-6　常用 FANUC PMC 标准地址信号（G/F 信号）

地址含义	T 系列	M 系列
自动循环启动：ST	G7.2	G7.2
进给暂停：*SP	G8.5	G8.5
方式选择：MD1、MD2、MD4	G43.0~2	G43.0~2
进给轴方向：+J1、+J2、+J3、+J4、−J1、−J2、−J3、−J4	G100.0~3	G102.0~3
手动快速进给：RT	G19.7	G19.7
手摇进给轴选择/快速倍率：HS1A — JS1D	G18.0~3	G18.0~3
手摇进给轴选择/空运行：DRN	G46.7	G46.7
手摇进给/增量进给倍率：MP1、MP2	G19.4、G19.5	G19.4、G19.5

（续）

地址含义	T 系列	M 系列
单程序段运行：SBK		G46.1
程序段选跳：BDT		G44.0、G45
零点返回：ZRN		G43.7
机床锁住：MLK		G44.1
急停：*ESP		G8.4
进给暂停中：SPL		F0.4
自动循环启动指示灯：STL		F0.5
回零点结束：ZP1，ZP2，ZP3，ZP4		F94.0~3
进给倍率：*FV0~*FV7		G12
手动进给倍率：*JV0~*JV15		F79、F80
进给轴分别锁住：*IT1~*IT4		G130.0~3
各轴各方向锁住： +MIT1~+MIT4；（-MIT1）~（-MIT4）	X0004.2~5	G132.0~3 G134.0~3
启动锁住：STLK		G7.1
进给锁住：*IT		G8.0
辅助功能锁住：AFL		G5.6
M 功能代码：M00~M31		F10~F13
M00、M01、M02、M30 代码		F9.4~7
M 功能（读 M 代码）：MF		F7.0
进给分配结束：DEN		F1.3
S 功能代码：S00~S31		F22~F25
S 功能（读 S 代码）：SF		F7.2
T 功能代码：T00~T31		F26~F29
T 功能（读 M 代码）：TF		F7.3
辅助功能结束信号：MFIN		G5.0
刀具功能结束信号：TFIN	G5.3	—
结束：FIN	G4.3	—
倍率无效：OVC	G6.4	—
外部复位：ERS	G8.7	—
复位：RST	F1.1	—
NC 准备好：MA	F1.7	—
伺服准备好：SA	F0.6	—
自动（存储器）方式运行：OP	F0.7	—
程序保护：KEY	F46.3~6	—
进给轴硬超程：*+L1~*+L4； *-L1~*-L4（16）	G114.0~3 G116.0~3	—
位置跟踪：*FLWU	G7.5	—

（续）

地址含义	T 系列	M 系列
位置误差检测：SMZ	G53.6	—
手动绝对值：*ABSM	G6.2	
螺纹倒角：CDZ	G53.7	—
系统报警：AL	F1.0	
电池报警：BAL	F1.2	
串行主轴转速到达：SAR	G29.4	
串行主轴停止转动：*SSTP	G29.6	
串行主轴定向：SOR	G29.5	
主轴转速倍率：SOV0~SOV7	G30	
串行主轴正转：SFRA	G70.5	
串行主轴反转：SRVA	G70.4	
S12 位代码输出：R01O~R12O	F36、F37	
S12 位代码输入：R01I~R12I	G32、G33	
机床就绪：MRDY（参数设）	G70.7	
串行主轴急停：*ESPA	G71.1	

三、PMC 周期

FANUC PMC 分为高速扫描区（LEVEL1 – 第 1 级）和通常顺序扫描区（LEVEL2 – 第 2 级），并用功能指令 END1 和 END2 分别结束两个区域的程序，某些版本的 PMC 使用了 END3 处理中断级别更低（LEVEL3 – 第 3 级）的程序。

它的分级原则是：将一些与安全相关的信号放入高速扫描区域，如急停处理、轴互锁等；将其他逻辑程序放在通用顺序扫描区；如果版本功能具有 END3，则将 PMC 报警显示放到第三级中。

如图 7-17 所示，第 1 级每 8ms（PMC 的最短执行时间）执行一次扫描，PMC – SB7 基本指令执行时间为 0.033μs/步。

第 2 级：第 1 级结束（读取 END1）后继续执行。

但是，通常第 2 级的步数较多，在第 1 个 8ms 中不能全部处理完。所以在每个 8ms 中顺序执行第 2 级的一部分，直至执行到第 2 级的终了（读取 END2）。在其后的 8ms 时间中再次从第 2 级的开头重复执行。

不同版本的 PMC 处理梯形图的能力和速度是不同的，不同版本的 PMC 也不能轻易相互替代，必须做必要的代码转换，在维修调试和日常数据备份时应有所了解，如果处理不当，会导致 PMC 无法正常工作。

四、FANUC PMC 指令介绍

FANUC 系列的 PMC 中有基本指令和功能指令两种，型号不同其功能指令数量不同。

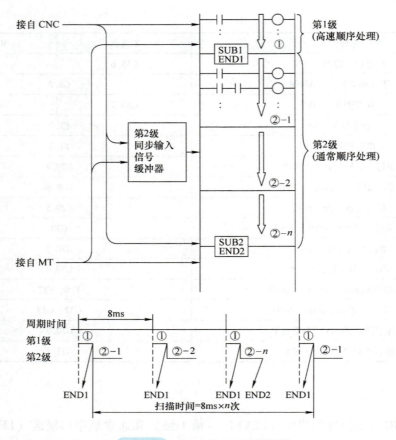

图 7-17 FANUC PMC 扫描周期

1. 基本指令

基本指令共 12 条，指令及处理内容见表 7-7。

表 7-7 基本指令及处理内容

序号	指令	处 理 内 容
1	RD	读指令信号的状态，并写入 ST0 中。在一个梯级开始的节点是常开节点时使用
2	RD. NOT	将信号的"非"状态读出，送入 ST0 中，在一个梯级开始的节点是常闭点时使用
3	WRT	输出运算结果（ST0 的状态）到指定地址
4	WRT. NOT	输出运算结果（ST0 的状态）的"非"状态到指定地址
5	AND	将 ST0 的状态与指定地址的信号状态相"与"后，再置于 ST0 中
6	AND. NOT	将 ST0 的状态与指定的信号的"非"状态相"与"后，再置于 ST0 中
7	OR	将指定地址的状态与 ST0 相"或"后，再置于 ST0
8	OR. NOT	将地址的"非"状态与 ST0 相"或"后，再置于 ST0
9	RD. STK	堆栈寄存器左移一位，并把指定的地址的状态置于 ST0
10	RD. NOT. STK	堆栈寄存器左移一位，并把指定地址的状态取"非"后再置于 ST0
11	AND. STK	将 ST0 和 ST1 的内容执行逻辑"与"，结果存于 ST0，堆栈寄存器右移一位
12	OR. STK	将 ST0 和 ST1 的内容执行逻辑"或"，结果存于 ST0，堆栈寄存器右移一位

基本指令格式如下：

×× ○○○○.○
指令操作码　　地址号　位数
　　　　　　　　操作数据

例如 RD100.6，其中 RD 为操作指令码，100.6 为操作数，即指令操作对象。它实际上是 PMC 内部数据存储器某一个单元中的一位，100.6 表示第 100 号存储单元中的第 6 位。RD100.6 这一位的数据状态"1"或"0"读出并写入结果寄存器 ST0 中。图 7-18 所示为梯形图。

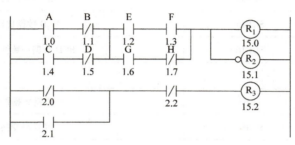

图 7-18　梯形图例

2. 功能指令

FANUC PMC 指令必须满足数控机床信息处理和动作顺序控制的特殊要求，如：CNC 输出的 M、S、T 二进制代码信号的译码（DEC），加工零件的计数（CTR），机械运动状态或液压系统动作状态的延时（TMR）确认，刀库、分度工作台沿最短路径旋转和现在位置至目标位置步数的计算（ROT），换刀时数据检索（DSCH）和数据变址传送指令（XMOV）等。对于上述的译码、计数、定时、最短路径的选择，以及比较、检索、转移、代码转换、四则运算、信息显示等控制功能，仅用一位操作的基本指令编程，实现起来将会十分困难，因此要增加一些具有专门控制功能的指令，这些专门指令就是功能指令。功能指令都是一些子程序，应用功能指令就是调用相应的子程序。在数控系统中，有些逻辑控制不太方便使用基本指令实现，如旋转找刀动作，但选用功能指令编程就方便多了。

FANUC PMC 软件版本不同，提供的功能指令数量也不同，在 PMC 梯形图编程手册（B-64393CM）中详细介绍了功能指令。表 7-8 所示为部分 FANUC PMC 功能指令。

表 7-8　部分 FANUC PMC 常用功能指令

功能名称	命令号	处理内容
定时器指令		
TMR	SUB3	延时定时器（上升沿触发）
TMRB	SUB24	固定延时定时器（上升沿触发）
计数器指令		
CTR	SUB5	计数器
CTRB	SUB56	追加计数器

（续）

功能名称	命令号	处 理 内 容
数据传送指令		
MOVB	SUB43	1B 数据传送
MOVE	SUB8	逻辑与后数据传送
数值比较指令		
COMPB	SUB32	二进制数据比较
COMP	SUB15	BCD 数据比较
COIN	SUB16	BCD 数据一致性判断
数据处理指令		
DSCHB	SUB3	二进制数据检索
COD	SUB17	BCD 码变换
CODB	SUB27	二进制码变换
DCNV	SUB14	数据转换
DEC	SUB4	BCD 译码
DECB	SUB25	二进制译码
运算指令		
NUMEB	SUB40	二进制常数赋值
NUME	SUB23	BCD 常数赋值
CNC 相关指令		
DISPB	SUB41	信息显示
程序控制指令		
JMP	SUB10	跳转
JMPE	SUB30	跳转结束
END1	SUB1	第 1 级程序结束
END2	SUB2	第 2 级程序结束
回转控制指令		
ROT	SUB6	BCD 回转控制
ROTB	SUB26	二进制回转控制

（1）功能指令的格式　功能指令不能使用继电器的符号，必须使用图 7-19 所示格式符号。这种格式包括控制条件、指令标号、参数和输出几个部分。

(2) 部分功能指令说明

1) 顺序程序结束指令(END1、END2)。END1 为第一顺序程序结束指令，END2 为第二顺序程序结束指令。

指令格式为

```
——[ ENDi ]——
```

其中，$i=1$ 或 $i=2$ 分别表示高级和低级顺序程序结束指令。

2) 定时器指令(TMR、TMRB)。在数控机床梯形图编制中，定时器指令是不可缺少

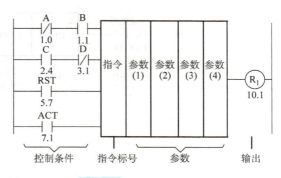

图 7-19　功能指令格式

的，用于顺序程序中需要与时间建立逻辑关系的场合，其功能相当于一种通常的定时继电器。

① TMR 指令设定时间可更改的定时器，指令格式如图 7-20 所示，语句表如下：

RD000.0　　　　　　　　(条件 ACT)
TMR00　　　　　　　　(定时器数据存储单元)
WRT000.0　　　　　　　(输出地址)

定时器的工作原理是：当控制 ACT = 0 时，定时继电器 TM 断开；当 ACT = 1 时，定时器开始计时，到达预定的时间后，定时继电器 TM 接通。

定时器设定时间的更改可通过数控系统(CRT/MDI)在定时器数据地址中来设定，设定值用二进制数表示，如

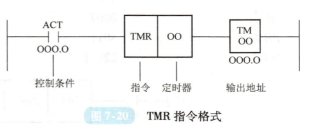

图 7-20　TMR 指令格式

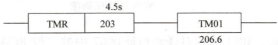

其中 4.5s 的延时数据通过手动数据输入(MDI)在 CRT 上预先设定，由系统存入第 203 号数据存储单元。TM01 即 1 号定时继电器，数据位为 206.6，设定界面如图 7-13 所示。

② TMRB 为设定时间固定的定时器。TMRB 与 TMR 的区别在于，TMRB 的设定时间编在梯形图中，在指令和定时器的后面加上一项参数的预设定时间，与顺序程序一起被写入 EPROM，所设定的时间不能用 CRT/MDI 改写。

(3) 译码指令(DEC)　当数控机床在执行加工程序中规定的 M、S、T 代码信号时，这些信号需要经过译码才能从 BCD 状态转换成具有特定功能含义的一位逻辑状态。DEC 功能指令的格式如图 7-21 所示。

译码信号地址是指 CNC 至 PLC 的二字节 BCD 码的信号地址，译码规格数据由译码值和译码位数两部分组成。其中译码值只能是两位数，如 M30 的译码值为 30。译码位数的设定有以下三种情况。

01：译码地址中的两位 BCD 码，高位不变，只译低位码。

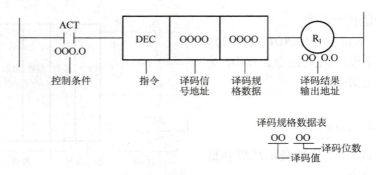

图 7-21　DEC 功能指令格式

10：高位译码，低位不译码。

11：两位 BCD 码均被译码。

DEC 指令的工作原理是：当控制条件 ACT = 0 时，不译码，译码结果继电器 R1 断开；当控制条件 ACT = 1 时，执行译码，当指定译码信号地址与译码规格数据相同时，输出 R1 = 1，否则 R1 = 0。译码输出地址由设计人员确定。

例 7-1　M30 的译码梯形图如图 7-22 所示，语句表如下：

```
RD      66.0
AND     66.3
DEC     0067
PRM     3011
WRT     228.1
```

图 7-22　M30 译码梯形图

0067 为译码信号地址，3011 表示对译码地址 0067 中的二位 BCD 码的高、低位均译码，并判断该地址中的数据是否为 30，译码后的结果存入 228.1 地址中。

（4）CODB 指令　CODB 指令把 1B 二进制数指定数据表内数据（1B、2B 或 4B 的二进制数）输出到转换数据输出地址中，一般用于数控机床操作面板上的倍率开关的控制，如进给速度倍率、主轴速度倍率等的 PMC 控制。CODB 功能指令格式如图 7-23 所示。

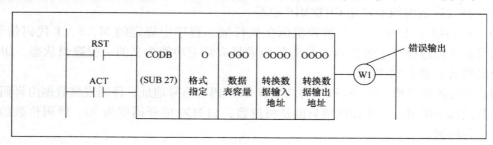

图 7-23　CODB 功能指令格式

错误输出复位(RST)：RST = 0 时，取消复位（输出 W1 不变）；RST = 1 时，进行复位（输出 W1 为 0）。

执行条件（ACT）：ACT = 0 时，不执行 CODB 指令；ACT = 1 时，执行 CODB 功能指令。

数据格式指定：指定转换数据表中二进制数据的字节数，0001 表示 1B 二进制数；0002 表示 2B 二进制数；0004 表示 4B 二进制数。

数据表容量：指定转换数据表的范围（0～255），数据表的开头单元为 0 号，数据表的最后单元为 n 号，则数据表的大小为 $n+1$。

转换数据输入地址：指定转换数据表中的表内地址，一般可以通过机床操作面板的开关来设定该地址的内容。

转换数据输出地址：指定数据表内的 1B、2B 或 4B 的二进制数据转换后的输出地址。

错误输出（W1）：在执行 CODB 功能指令时，如果转换数据输入地址出错（如转换数据地址超过了数据表的容量），则 W1 为 1。

(5) DISPB 指令　该指令用于在 CRT 上显示外部信息。可以通过指定信息号编制相应的报警，最多可编制 200 条信息。DISPB 功能指令格式如图 7-24 所示。

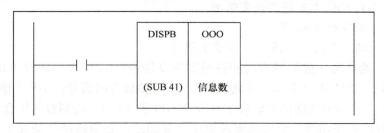

图 7-24　DISPB 功能指令格式

五、机床典型功能程序的实现

1. 典型机床操作面板程序功能分析

同一种机床操作面板外形各异，但最终实现机床基本功能是差不多的，下面以某机床厂生产的 CK6140（FANUC 0i - TD）型数控车床的 I/O 操作面板为例介绍操作面板主要程序，读者可以举一反三，了解操作面板的编程思路。

（1）机床操作方式　机床操作面板操作方式主要有自动运行、编辑、MDI（手动数据输入）、DNC（远程加工）运行、返回参考点、JOG（手动连续进给）运行、手轮进给功能，CNC 系统是根据 G 地址信号的组合以及其他 G 地址信号区分目前是何种操作方式。G43 信号地址含义见表 7-9。机床操作面板操作方式信号关系见表 7-10。

表 7-9　G43 信号地址含义

	#7	#6	#5	#4	#3	#2	#1	#0
G43	ZRN		DNC1			MD4	MD2	MD1

表 7-10 机床操作面板操作方式信号关系

方式	ZRN	DNC1	MD4	MD2	MD1	输出信号
EDIT				1	1	MEDT
MEM		1			1	MMEM
RMT					1	MRMT
MDI						MMDI
HAND			1			MH
JOG			1		1	MJ
REF	1		1		1	MREF

（2）JOG 操作方式程序功能　不同操作面板的操作方法不同，所编制的 PMC 程序也不同。在本机床操作面板上，与 JOG 操作有关的按键有 X、Z、+、- 以及 JOG 方式进给速度倍率选择开关。JOG 操作方法如下所述：

1）选择 JOG 操作方式。

2）选择合适的 JOG 方式进给速度倍率。

3）选择进给轴按键（X、Z）。

4）选择进给轴的方向（+ 或 -）以及快速（~）。

CNC 根据 G 地址确认进给轴方向和进给轴速度倍率。G100.0、G100.1 地址信号为 X、Z 轴正方向信号；G102.0、G102.1 地址信号为 X、Z 轴负方向信号；G19.7 地址信号为快速信号；JOG 方式下进给轴速度倍率取决于 G10 和 G11 共 16 位二进制数的组合。

（3）自动方式程序功能　要实现零件程序自动加工，必须选择自动加工方式（MDI 或 DNC），再按循环启动功能按键，才能自动加工。若需机床暂停，按循环暂停功能按键。在标准操作面板上，与程序自动加工有关的按键有单程序段按键、空运行功能按键、机械锁住功能按键、程序段删除按键等。

2. 辅助功能程序

（1）M 辅助功能　M 功能指辅助功能，用 M 后跟二位数字来表示。根据 M 代码的编程，可以实现机床主轴正转/反转及停止、数控加工程序运行停止、切削液的开/关、自动换刀、卡盘的夹紧和松开等功能的控制。数控系统的基本辅助功能见表 7-11。

表 7-11 基本辅助功能动作类型

辅助功能代码	功能	类型	辅助功能代码	功能	类型
M00	程序停	A	M07	液状冷却	I
M01	选择停	A	M08	雾状冷却	I
M02	程序结束	A	M09	关切削液	A
M03	主轴顺时针旋转	I	M10	夹紧	H
M04	主轴逆时针旋转	I	M11	松开	H
M05	主轴停	A	M30	程序结束并倒带	A
M06	换刀准备	C			

M 辅助功能具体执行过程如下：

1）假设程序中包含 M 辅助功能指令 M＊＊＊。＊＊＊为辅助功能指令位数，由十进制数表示。通过参数 3030 可以指定 M 辅助功能指令最大位数，当指令超过该最大位数时，会有报警发出。

2）系统将 M 后面的数字自动转换成二进制输出至 F10～F13 四个字节的地址中，经过由参数 3010 设定的时间 TMF（标准设定为 16ms）后，选通脉冲信号 MF（F7.0）成为 1。如果移动、暂停、主轴速度或其他功能指令与 M 辅助功能指令编制在同一程序段中，当送出 M 辅助功能指令代码信号时，开始执行其他功能。

3）在 PMC 侧，在 MF（F7.0）选通脉冲信号成为 1 的时刻读取代码信号，执行对应的动作。PMC 执行机床制造商编制的梯形图程序。

4）如果希望 M 辅助功能指令在移动、暂停等功能完成后执行对应的动作，分配完成信号 DNC（F1.3）应为 1。

5）PMC 侧完成对应的动作时，将完成信号 FIN（G4.3）设定为 1。完成信号在 M 辅助功能、主轴功能、刀具功能、第 2 辅助功能以及其他外部动作功能等中共同使用。如果这些外部功能同时动作，则需要在所有外部动作功能已经完成条件下，将完成信号 FIN（G4.3）设定为 1。

6）完成信号 FIN（G4.3）保持为 1 的时间超过参数 3011 设定的时间 TFIN（标准设定：16ms）时，CNC 将选通脉冲信号 MF（F7.0）设定为 0，通知 PMC CNC 已经接受了完成信号的事实。

7）PMC 侧在选通脉冲信号 MF（F7.0）成为 0 的时刻，将完成信号 FIN（G4.3）设定为 0。

8）完成信号 FIN（G4.3）成为 0 时，CNC 将 F10～F13 四个字节地址中的代码信号全都设定为 0，并结束 M 辅助功能的全部顺序操作。

9）CNC 等待相同程序段的其他指令完成后，进入下一个程序段。

M 辅助功能时序图 7-25 所示。

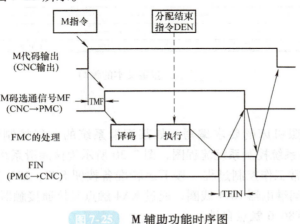

图 7-25　M 辅助功能时序图

（2）T 功能指令　T 功能指令基本思路与 M 辅助功能指令差不多，但 T 功能指令与 M 辅助功能指令处理过程相关的 G 地址和 F 地址见表 7-12。

表 7-12　T 功能指令与 M 辅助功能指令处理过程相关的 G 地址和 F 地址

指令	选通信号地址	完成信号地址	存放数据的 F 存储区	处理过程
T 功能指令	F7.3	F26 – F29	G4.3	相同
M 功能指令	F7.0	F10 – F13		

3. 外部报警程序

FANUC 系统的故障报警号在 EX1000～EX1999 之间的报警一般来讲都是 I/O（输入/输出）部分故障，不是系统本体故障，基本上是由机床制造厂家开发好的。图 7-26 所示为当急停按钮按下时出现 A0.0 信息显示器中提示的报警。其中编写的报警文本如图 7-27 所示。

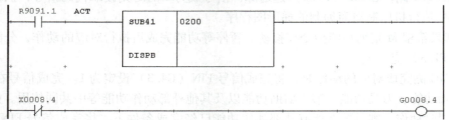

图 7-26　出现急停报警的 PMC 程序

图 7-27　报警文本的编写

4. 其他功能程序

其他功能程序按照机床的要求编写，如某润滑系统的电气控制原理如图 7-28 所示，图 7-29 所示为该润滑系统控制系统流程图，图 7-30 所示为该润滑系统 PLC 控制梯形图。

（1）润滑系统正常工作控制过程　按下运转准备按钮 SB8，23N 行 X17.7 为 "1"，输出信号 Y86.6 接通中间继电器 KA4 线圈，通过 KA4 触点又接通接触器 KM4，使润滑电动机 M04 起动，23P 行的 Y86.6 触点自锁。

当 Y86.6 为 "1" 时，24A 行 Y86.6 触点闭合，TM17 号定时器（R613.0）开始计时，设定时间为 15s（通过 MDI 面板设定），到达 15s 后，TM17 为 "1"，23P 行的 R613.0 触点断开，此时 Y86.6 为 "0"，润滑电动机停止运行。同时也使 24D 行输出 R600.2 为 "1"，并自锁。

第七章　数控系统中的PLC控制

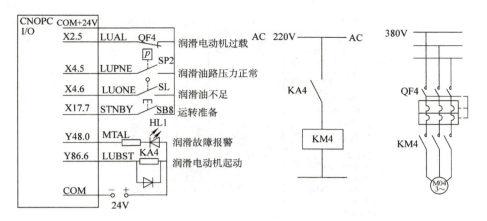

图7-28　某润滑系统电气控制原理

24F行的R600.2为"1"，使TM18定时器开始计时，时间设定为25min，当到达设定时间后，输出信号R613.1为"1"，使24G行的R613.1触点闭合，Y86.6输出并自锁，润滑电动机M04重新起动运行，重复上述控制过程。

（2）润滑系统故障监控

1）当润滑油路出现堵塞或压力开关SP2失灵的情况下，在M04已停止运行25min后，压力开关SP2未关闭，则24G行的X4.5闭合，R600.4输出为"1"，一方面使24I行的R616.7输出为"1"，使23N行的R616.7触点打开，润滑电动机断开；另一方面使24M行的R616.7触点闭合，使Y48.0输出为"1"，报警指示灯（HL1）亮，并通过TM02、TM03定时器控制，使信号报警灯闪烁。

2）当润滑油路出现堵塞或压力开关SP2失灵的情况时，M04已运行15s，但压力开关SP2未闭合，24B行的X4.5触点未打开，R600.3为"1"并自锁，

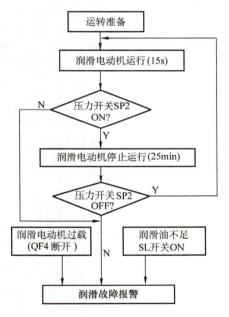

图7-29　润滑系统控制系统流程图

同样使24I行的R616.7输出为"1"，结果与第一种情况相同，使润滑电动机不再起动，并报警指示。

3）润滑电动机M04过载，断路器QF4断开M04的主电路，同时QF4的辅助触点闭合，使24I行的X2.5合上，同样使R616.7输出为"1"，断开M04的控制电路并报警。

4）润滑油不足，液位开关SL闭合，24J行的X4.6闭合，同样使R616.7输出为"1"，断开M04并报警。

通过24P、25A、25B、25C行，将四种报警状态传输到R652地址中的高四位，即R652.4、R652.5、R652.6和R652.7。通过CRT/MDI检查诊断地址DGN NO652的对应状态，若哪一位为"1"，即是哪一项的故障，从而确认报警时的故障原因。

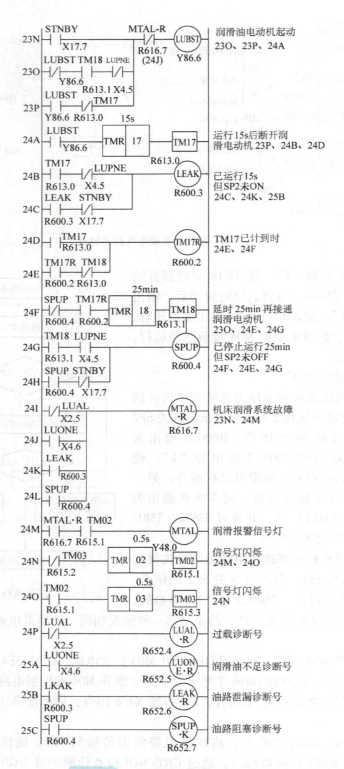

图7-30 润滑系统的PLC控制梯形图

习　题

1. 简述数控系统中 PLC 的结构与特点。
2. 简述数控系统中 PLC 的工作过程。
3. 数控系统中 PLC 的信息交换包括哪几部分？
4. 举例说明数控系统中 PLC 的应用。
5. 以 FANUC 0i – D PLC 为例，编写三色灯控制程序。

第八章

典型数控设备

本章着重介绍现代典型数控设备的组成、结构及应用，通过学习，掌握常见数控设备的选择与使用方法。

典型数控设备主要有数控车床、数控铣床、加工中心、数控电火花线切割机床、数控磨床等，要求学生能够分析、对比各典型设备的结构及应用，做到正确选择，培养学生严谨细致的职业精神和严谨务实的职业素养。

第一节　数控车床

一、数控车床的特点和应用范围

1. 构成

数控车床通常由四大部分构成：主机部分、数控部分、伺服驱动系统和辅助装置，如图 8-1 所示。

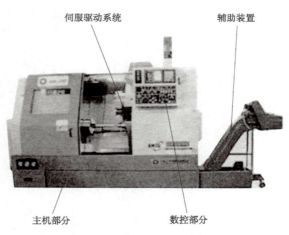

图 8-1　数控车床构成

（1）主机部分　包括床身、主轴箱、进给机构、刀架、尾座等。

（2）数控部分　主要是计算机数控系统，有经济型、全功能型、加工中心之分。

（3）伺服驱动系统　主要将来自数控系统的信号放大，然后驱动数控机床的主运动及进给运动。一般地，主运动和进给运动由各自独立的伺服驱动系统驱动，通常包括伺服驱动电路和动力装置（电动机）两大部分。

（4）辅助装置　指液压、冷却、润滑系统和排屑装置等。

2. 工作原理

根据被加工零件的图样，依照工件的形状、尺寸、加工工艺等，将编制的加工程序输入数控车床的数控装置，按照指令进行运算和处理，并将运算结果输入驱动装置，驱动机床传动机构，使操作工作部件按照程序自动工作，加工出符合图样要求的零件。图 8-2 所示为数控车床加工零件实物。

3. 工艺范围

数控车床主要用于车削加工，可以加工各种回转表面，如圆柱面、圆锥面、成形回转表面、螺纹面等，使用的刀具主要是车刀和各种孔加工刀具（钻头、镗刀、铰刀等）。数控车床加工的公差等级能达到 IT5～IT6，表面粗糙度值 $<Ra1.6\mu m$。图 8-3 所示为精密车削零件。

图 8-2　加工零件实物

图 8-3　精密车削零件

4. 数控车床的特点

在性能上，数控车床与卧式普通车床相比具有如下特点：

（1）高精度　随着机床结构不断完善，控制系统性能不断提高，数控机床精度也逐步提高。

（2）高效率　随着新刀具材料的应用，数控机床主轴转速和功率不断提高，辅助时间大大缩短，加工效率达到卧式普通车床的十几倍，甚至几十倍。

（3）高柔性　数控车床具有高柔性，能适应 70% 以上的多种类、小批量零件的自动加工。

（4）高可靠性　随着数控车床整体性能的提高，其无故障工作时间（MTBF）迅速提高，并且由于数控系统自诊断功能的逐步增强，排除故障的修理时间（MTTR）也迅速减少。

在结构上，数控车床与卧式普通车床比较，仍然是由主轴箱、刀架、进给传动系统、床身、液压系统、冷却系统、润滑系统等部分组成，但二者又存在着本质的区别。

1）卧式普通车床主轴的运动经过交换齿轮架、进给箱、溜板箱传到刀架，实现纵向和横向进给运动，并可进行螺纹加工。数控车床主轴的运动大多采用伺服电动机经滚珠丝杠，传到滑板和刀架,实现 Z 向(纵向)和 X 向(横向)进给运动。

2)两台伺服驱动电动机直接与丝杠连接,分别带动数控车床刀架两个方向的运动,所以传动链短,无须使用光杠、交换齿轮等传动部件。

3)数控车床采用直流或交流主轴控制单元来驱动主轴,可以按照控制指令做无级变速,变速所需的普通齿轮副数量少于卧式普通车床。

4)数控车床主轴箱的结构要比卧式普通车床简单得多。

5)数控车床为了满足控制系统的高精度控制需要,结构刚性好。

6)数控车床轻拖动,刀架移动一般采用滚珠丝杠副(两端安装专用滚动轴承)。

7)数控车床一般采用自动排屑装置、液压动力卡盘和防护门。

二、数控车床的布局

1. 主轴和尾座的布局

数控车床的主轴、尾座等部件相对于床身的布局形式与卧式普通车床基本一致。

2. 床身和导轨的布局

(1)水平床身水平导轨　便于导轨面的加工,刀架运动时的导向性好,刀架的运动精度提高;但占地面积大,排屑性能差。

(2)水平床身斜导轨　具有水平床身加工工艺性好的特点,同时排屑性能得到改善。

(3)斜床身斜导轨　其导轨的倾斜程度分别为 30°、45°、60°、75°、90°,排屑性能好,但导轨的导向性能差,通常是单边导轨起作用。

3. 结构的布局

数控车床按照结构的布局形式不同可分为卧式车床、端面车床、单立柱立式车床、双立柱立式车床和龙门移动式立式车床,如图 8-4 所示。

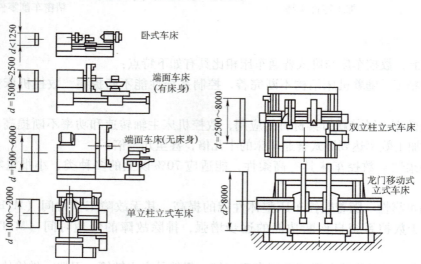

图 8-4　数控车床按照布局形式分类

4. 刀架的布局

按照回转刀架的回转轴线与机床主轴的相对位置来分,回转刀架在机床上有两种布局:

1)用于加工盘类零件的回转刀架,其回转轴垂直于主轴。
2)用于加工轴类零件和套类零件的回转刀架,其回转轴平行于主轴。

5. 选择原则

数控车床的布局形式根据以下因素选择:①工件尺寸、形状和质量;②机床生产率;③机床精度;④操纵方便,运行安全与环保的要求。

一般来讲,中小型数控车床以采用斜床身和平床身斜滑板居多,其优点如下:
1)外形整齐,占地面积小。
2)易于实现机电一体化。
3)易于设置封闭式防护设备。
4)易于排屑及安装自动排屑器。
5)切屑不易堆积在导轨上而影响导轨精度。
6)容易操作。

常见卧式数控车床的布局形式如图 8-5 所示。

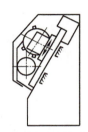 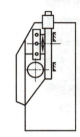 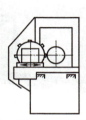 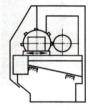 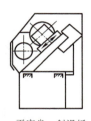

后斜床身-斜滑板　　直立床身-直立滑板　　平床身-平滑板　　前斜床身-平滑板　　平床身-斜滑板

图 8-5　常见卧式数控车床的布局形式

三、数控车床的分类

1. 按照数控车床主轴的配置形式分类

(1) 卧式数控车床　主轴轴线处于水平位置的数控车床,如图 8-6 所示。

图 8-6　卧式数控车床

（2）立式数控车床　主轴轴线处于垂直位置的数控车床，如图 8-7 所示。

图 8-7　立式数控车床

2. 按照数控系统控制的轴数分类

（1）两轴控制的数控车床　机床上只有一个回转刀架，可实现两轴控制，如图 8-8 所示。

（2）四轴控制的数控车床　机床上有两个独立的回转刀架，可实现四轴控制，如图8-9 所示。

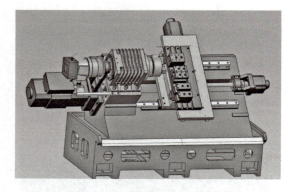

图 8-8　两轴控制的数控车床

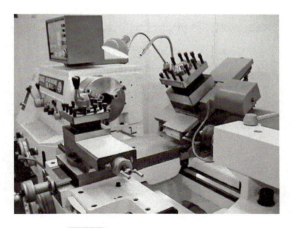

图8-9 四轴控制的数控车床

3. 按照加工零件的基本类型分类

（1）卡盘式数控车床 这类数控车床未设置尾座，适合于车削盘类零件。

（2）顶尖式数控车床 这类车床设置有普通尾座或数控尾座，适合于车削较长的轴类零件及直径不太大的盘类、轴类零件。

4. 按照数控系统的功能分类

（1）全功能型数控车床 例如，配有FANUC6-6T数控系统的车床，如图8-10所示。

（2）经济型数控车床 经济型数控车床是在卧式普通车床的基础上改进设计的，一般采用步进电动机驱动的开环伺服系统，其控制部分通常采用单片机实现，如图8-11所示。

图8-10 全功能型数控车床

四、典型数控车床介绍

（一）MJ-460型数控车床

以MJ-460型数控车床为例说明数控车床的结构，如图8-12所示。

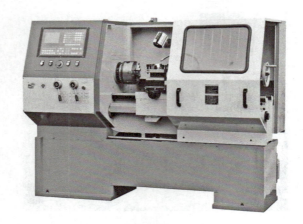

图 8-11　经济型数控车床

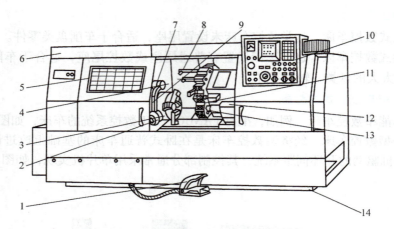

图 8-12　MJ-460 型数控车床的结构

1—主轴卡盘夹紧与松开的脚踏开关　2—对刀仪　3—主轴卡盘　4—主轴箱　5—机床防护门
6—数控装置　7—对刀仪防护罩　8—刀具　9—对刀仪的转臂
10—操作面板　11—回转刀架　12—尾座　13—切削液喷头　14—床身

1. 机床的主要参数

允许最大工件回转直径		460mm
最大切削直径		292mm
最大切削长度		650mm
主轴转速范围		50～2000r/min（无级调速）
床鞍定位精度	X 轴	0.015mm/100mm
	Z 轴	0.025mm/300mm
床鞍重复定位精度	X 轴	±0.003mm
	Z 轴	±0.005mm
刀架有效行程	X 轴	215mm
	Z 轴	675mm

快速移动速度	X 轴	12m/min
	Z 轴	16m/min
刀具规格	车刀 20mm×20mm	
	镗刀 φ8~φ40mm	
自动润滑	15min/次	
卡盘最大夹紧力	42140N	
安装刀具数	12 把	
尾座套筒行程	90mm	
主轴电动机功率	11kW	
进给伺服电动机	X 轴	AC 0.6kW
	Z 轴	AC 1.0kW

2. 数控系统的主要技术规格

控制轴数	2 轴（X 轴、Z 轴手动方式时仅 1 轴）	
联动轴数	2 轴	
最小输入增量	X 轴	0.001mm
	Z 轴	0.001mm
最小指令增量	X 轴	0.0005mm/脉冲
	Z 轴	0.001mm/脉冲
最大编程尺寸	±9999.999mm	
程序存储量	256MB	
程序号	O+4 位数字	

3. 系统的主要功能

数控系统具有直线插补功能、全象限圆弧插补功能、进给功能、主轴功能、刀具功能、辅助功能、编程功能、安全功能、键盘式手动数据输入（MDI）功能、通信功能、CRT 数据显示功能、丝杠间隙补偿、螺距误差补偿、刀具半径及位置补偿功能、故障自诊断功能等。

4. 操作面板

（1）数控系统操作面板　MJ-460 型数控车床的数控系统操作面板如图 8-13 所示，主要由 CRT 显示器和 MDI 键盘两部分组成。显示器旁左下方为 NC 装置电源按钮，"ON" 为电源接通按钮，"OFF" 为电源断开按钮。电源按钮上方为主轴负载表，用于显示主轴功率。

1）CRT 显示器。CRT 显示器可以显示机床的各种参数和功能，如显示机床参考点坐标、刀具起始点坐标、输入数控系统的指令数据、刀具补偿量的数值、报警信号、自诊断结果、滑板快速移动速度以及间隙补偿值等。

2）MDI 键盘。MDI 键盘的各键作用说明如下：

① 功能键。"POS" 键用于显示现在机床的位置。"PRGRM" 键在 EDIT 方式下，编辑、显示存储器里的程序；在 MDI 方式下，输入、显示 MDI 数据；在机床自动操作时，显示程序指令值。"MENU/OFSET" 键用于设定、显示补偿值和宏程序变量。"DGNOS/PARSM" 键用于参数的设定、显示及自诊断数据的显示。"OPR/ALARM" 键用于显示报警号及报警信息。"AUX/GRAPH" 键用于图形的显示。

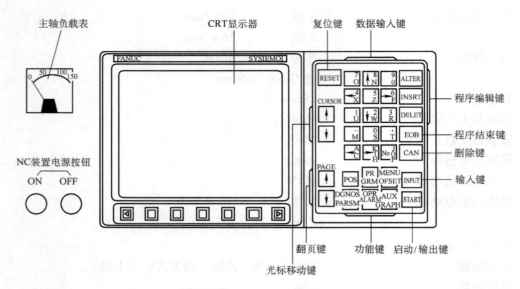

图 8-13　数控系统操作面板

②数据输入键。数据输入键有 15 个，可用来输入字母、数字及其他符号，每次输入的字符都显示在 CRT 显示器的屏幕上。

③"RESET"复位键。当机床自动运行时，按下此键则机床的所有操作都停下来。此状态下若恢复自动运行，滑板需返回参考点，程序将从头执行。

④"START"启动键。按下此键，便可执行 MDI 的命令。

⑤"INPUT"输入键。按下此键，可输入参数或补偿值等，也可以在 MDI 方式下输入命令数据。

⑥"CAN"删除键。用于删除已输入到缓冲器里的最后一个字符或符号，如当输入了"N100"后，又按下"CAN"键，则"N100"被删去。

⑦光标移动键（CURSOR）。"↓"键将光标向下移，"↑"键将光标向上移。

⑧翻页键（PAGE）。"↓"键向后翻页，"↑"键向前翻页。

⑨程序编辑键。"ALTER"键用于程序更改，"INSRT"键用于程序插入，"DELET"键用于程序删除。

⑩"EOB"键。结束程序键。

（2）机床操作面板　图 8-14 所示为数控机床操作面板。

（二）LM－6SY 型车削中心

LM－6SY 型车削中心如图 8-15 所示。

LM－6SY 型车削中心的回转主轴采用内装电动机的电主轴形式，结构紧凑、质量小、惯量小，起/停响应快，主轴、工件装夹和尾座顶尖均采用液压控制。12 位回转刀盘上的动力头均采用可拆卸更换的结构，动力头卸下后即可用于安装车削刀具，动力头刀位只有被转至工作位置处才可获得回转动力，如图 8-16 所示。

CH6145A 型车削中心的机床操作面板如图 8-17 所示，数控系统操作面板如图 8-18 所示。

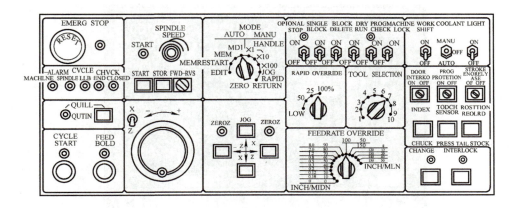

图 8-14　数控机床操作面板

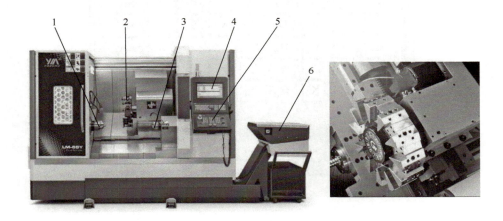

图 8-15　LM-6SY 型车削中心

1—主轴　2—刀盘　3—尾座顶尖　4—数控操作面板　5—手动操作面板　6—排屑机

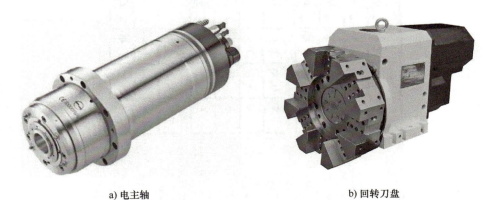

a) 电主轴　　　　　　　　　　　　b) 回转刀盘

图 8-16　电主轴、回转刀盘

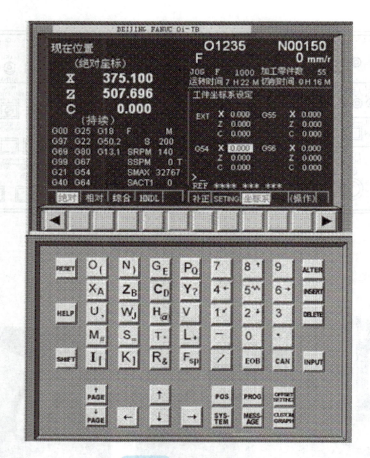

图 8-17　机床操作面板

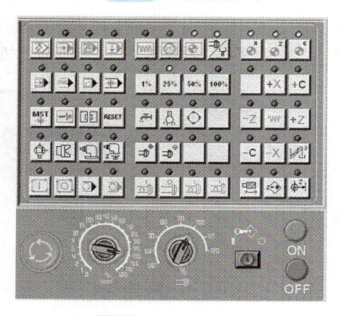

图 8-18　数控系统操作面板

该车削中心采用 FANUC 0i – TB 数控系统，选用彩色 LCD 作为显示装置，屏幕右侧保留了传统的信息显示界面，左侧增加了一些模态信息及坐标信息的显示（见图 8-17），屏幕下方的菜单软键供切换使用。

数控系统操作面板功能及其操作方法和传统的 FANUC 数控系统操作面板一样，通过地址、数字键和编辑键输入、修改程序，通过功能键与显示屏下部的菜单软键切换菜单。

第二节　数　控　铣　床

数控铣床是一种用途十分广泛的机床，主要用于铣削平面、沟槽和曲面，还能加工复杂的型腔和凸台，如各类凸轮、样板、靠模、模具和弧形槽等平面曲线的轮廓，同时还可以进行钻、扩、锪、铰、攻螺纹、镗孔等加工。对于有特殊要求的数控铣床，若增加一个数控分度头或数控回转工作台，系统为四坐标数控系统，可实现螺旋槽、叶片等立体曲面零件加工，还可加工具有一定位置精度要求的孔系。

一、数控铣床的结构特点

规格较小的数控铣床一般是指升降台式数控铣床，其工作台宽度一般在 400mm 以下。规格较大的数控铣床（如工作台宽度在 500mm 以上），其功能已向加工中心靠近，进而演变成柔性加工单元。

数控铣床一般由驱动部分、基本结构部分和数控部分构成。

（1）驱动部分　驱动部分包括主轴旋转电动机、纵向伺服电动机（X 向）、横向伺服电动机（Y 向）、垂向伺服电动机（Z 向）。其中，后三种伺服电动机在开环时为步进电动机，半闭环时则通常使用直流或交流伺服电动机。另外，还有与操纵、控制有关的配电箱、变压器箱等。

（2）基本结构部分　基本结构部分包括床身、底座、床鞍、纵向工作台、升降台、各种手动操作装置以及机械限位挡块等。

（3）数控部分　数控部分包括数控柜（CNC 系统）、数控操作柜等。

数控铣床多为三坐标两轴联动的机床，即在 X、Y、Z 三个坐标轴中，任意两个都可以联动，多用来加工平面曲线的轮廓，其结构如图 8-19 所示。三轴及三轴以上联动的数控铣床功能已接近加工中心。

二、数控铣床的用途

数控铣床一般用来完成板类、盘类、箱体类、模具类等复杂零件的粗加工、半精加工或精加工等，典型零件如图 8-20 所示。

三、数控铣床的分类

按照主轴的布置形式，数控铣床分为三类，即立式数控铣床、卧式数控铣床和立、卧两用数控铣床。

1. 立式数控铣床

立式数控铣床的主轴垂直于水平面，应用最为广泛，通常采用工作台运动的工作方式，

图 8-19　数控铣床的结构

1—主轴箱　2—Z 轴滚珠丝杠及导轨　3—工作台　4—Y 轴滚珠丝杠及支承　5—床身
6—数控系统操作面板　7—X 轴滚珠丝杠及支承

图 8-20　数控铣削加工的典型零件

如图8-21所示。

2. 卧式数控铣床

卧式数控铣床的主轴平行于水平面，通常配有垂直方向的数控回转工作台，可以对工件的侧面进行多工位加工，并可在工件的侧面加工出连续的曲面，如图 8-22 所示。

第八章 典型数控设备

图 8-21 立式数控铣床

图 8-22 卧式数控铣床

3. 立、卧两用数控铣床

立、卧两用数控铣床的主轴方向可以更换，能在一台机床上进行立式或卧式加工，其主轴如图 8-23 所示。

四、典型数控铣床介绍

XK0816A 型数控铣床是一种可以加工复杂轮廓的小型立式数控铣床，其数控系统采用高性能十六位微处理器 Intel 8088，硬件结构为 STD 总线。该系统抗干扰性能好，可靠性高，能实现三轴控制和三轴联动，除可完成复杂的轮廓加工外，还能实现镜像加工，轮廓放大、缩小加工，固定循环等，具有丰富的数控功能。

机床主轴采用高性能的无级变频调速驱动系统，具有过载保护功能。主轴设有刀具快换机构，换刀方便。三轴驱动采用较先进的混合式步进电动机，进给传动采用滚珠丝杠副，保证了 X、Y、Z 三轴传动的平稳性和传动精度。

图 8-23 立、卧两用数控铣床的主轴

XK0816A 型数控铣床的结构如图 8-24 所示。床身 6 固定在底座 1 上，用于安装与支承机床各部件。操作台 10 上有 CRT 显示器、机床操作按钮和各种开关及指示灯。纵向工作台 16、床鞍 12 安装在升降台 15 上，通过纵向进给伺服电动机 13、横向进给伺服电动机 14 和垂向进给伺服电动机 4 的驱动，完成 X、Y、Z 方向的进给。强电柜 2 中装有机床电气部分的接触器、继电器等，变压器箱 3 安装在床身立柱的后面，数控柜 7 内装有机床数控系统，保护开关 8、11 可控制纵向行程硬限位，挡铁 9 为纵向参考点设定挡铁，主轴变速手柄和按钮板 5 用于手动调整主轴的正转、反转、停止及切削液的开和关等。

机床的主要参数如下：

工作台面积（长×宽）　　　　　　　　　1600mm×400mm
工作台最大纵向行程　　　　　　　　　　900mm

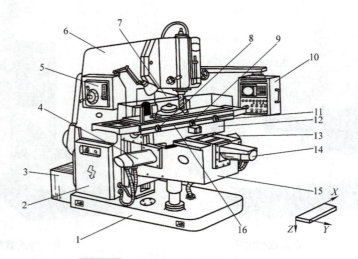

图 8-24 XK0816A 型数控铣床的结构

1—底座 2—强电柜 3—变压器箱 4—垂向进给伺服电动机 5—主轴变速手柄和按钮板
6—床身 7—数控柜 8、11—保护开关 9—挡铁 10—操作台 12—床鞍 13—纵向进给伺服电动机
14—横向进给伺服电动机 15—升降台 16—纵向工作台

工作台最大横向行程	375mm
工作台最大垂直行程	400mm
工作台T形槽数	3
工作台T形槽宽	18mm
工作台T形槽间距	100mm
主轴孔锥度	7:24，Morse No. 50
主轴孔直径	27mm
主轴套筒移动距离	70mm
主轴端面到工作台面距离	50～450mm
工作台侧面至床身垂直导轨距离	30～405mm
主轴转速范围	30～1500r/min
主轴转速级数	18
工作台进给量　　纵向	10～1500mm/min
横向	10～1500mm/min
垂向	10～600mm/min
主电动机功率	7.5kW
伺服电动机额定转矩　X 向	18N·m
Y 向	18N·m
Z 向	35N·m
机床外形尺寸（长×宽×高）	2495mm×2100mm×2170mm

数控系统的主要技术规格如下：

控制轴数	3轴（X、Y、Z轴）

联动轴数	2轴，手动操作仅1轴
最小设定单位	0.001mm
最小移动单位	0.001mm
最大编程尺寸	±9999.999mm
程序存储量	4000个字符
程序号检索	O+4位数字

第三节 加工中心

加工中心（Machining Center，MC），是从数控铣床发展而来的。与数控铣床相同的是，加工中心同样是由计算机数控系统、伺服系统、机械本体、液压系统等各部分组成。加工中心与数控铣床的区别在于加工中心具有刀库和自动换刀装置，在刀库上安装有不同用途的刀具，可在一次装夹中通过自动换刀装置改变主轴上的加工刀具，实现钻、铣、镗、扩、铰、攻螺纹、切槽等多种加工功能，故适合于小型板类、盘类、套类、壳体类、模具类等零件的多品种小批量加工。

一、加工中心的特点

加工中心能在一台机床上完成由多台普通机床才能完成的工作，大大减少工件的装夹、测量和机床的调整时间，减少工件的周转、搬运和存放时间，极大地提高了工效，它具有如下特点：

1. 自动地、连续地完成多工步加工

加工中心在数控镗床或数控铣床的基础上增加自动换刀装置，使工件在一次装夹后可自动、连续地完成对工件表面钻孔、扩孔、铰孔、镗孔、攻螺纹、铣削等多工步加工，工序高度集中。

2. 自动完成多工序加工

加工中心一般带有自动分度回转工作台或主轴箱可自动回转角度，可使工件一次装夹后自动完成多个平面或多个角度位置的多工序加工。

3. 能自动变速

加工中心能自动改变主轴转速、进给量和刀具相对于工件的运动轨迹。

4. 能同时加工和安装工件

一些加工中心如果配有交换工作台，工件在处于工作位置的工作台上加工的同时，另外的待加工工件可在处于装卸位置的工作台上进行安装，减少了辅助工作时间，提高了生产率。

二、加工中心的用途

加工中心适宜于复杂、工序多、要求精度高，需用多种类型的普通机床和众多刀具、夹具，且需经多次装夹和调整才能完成加工的零件，其加工的主要对象有以下五类，如图8-25所示。

图 8-25　加工中心的主要加工对象

1. 箱体类零件

箱体类零件一般是指具有一个以上孔系，内部有型腔，在长、宽、高方向有一定比例的零件。

2. 复杂曲面类零件

复杂曲面类零件在机械制造业，特别是航天航空工业中占有特殊且重要的地位。对于复杂曲面，采用普通机床的加工方法是难以甚至无法完成的，比较典型的有凸轮、凸轮机构、整体叶轮类零件、模具类零件、球面零件。

3. 异形件

异形件是外形不规则的零件，大都需要点、线、面多工位混合加工。

4. 盘、套、板类零件

盘、套、板类零件包括带有键槽、径向孔或端面分布有孔系、曲面的盘套或轴类零件，还有具有较多孔加工的板类零件。

5. 需特殊加工的零件

在加工中心上配合一定的工装和专用工具，可完成一些特殊的工艺制作，如在加工中心的主轴上装上高频电火花电源、在加工中心上装上高速磨头。

三、加工中心的分类

1. 按照加工中心主轴的布局分类

（1）卧式加工中心　卧式加工中心的主轴轴线为水平设置，通常带有可进行分度回转运动的分度工作台，如图8-26所示。

（2）立式加工中心　立式加工中心的主轴轴线为垂直设置，其结构形式多为固定立柱式，工作台为长方形，无分度回转功能，适合加工盘类零件，如图8-27所示。

（3）龙门式加工中心　龙门式加工中心外形与龙门铣床相似，主轴多为垂直设置，带有自动换刀装置和可更换的主轴头附件，如图8-28所示。

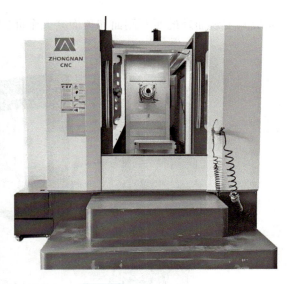

图8-26　卧式加工中心

图8-27　立式加工中心

图8-28　龙门式加工中心

（4）万能加工中心　此类加工中心具有立式和卧式加工中心的功能，工件一次装夹后能完成除安装面外的所有侧面和顶面共五个面的加工，也称五面加工中心，如图 8-29 所示。

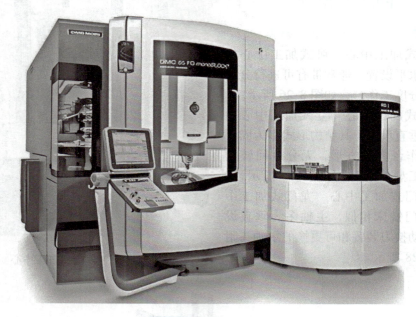

图 8-29　万能加工中心

2. 按照换刀方式分类

（1）带刀库、机械手换刀的加工中心　换旧刀和装新刀能够同时进行，节省了换刀时间。机械手换刀通常由抓刀、拔刀、回转、插刀、返回等过程完成。

（2）无机械手换刀的加工中心　换刀通过刀库和机床主轴的相对运动实现。换刀时，首先将用过的刀具送回刀库，然后再从刀库中取出新刀具，这两个过程不可能同时进行，换刀时间较长。

（3）带转塔刀库的加工中心　通常在转塔的各个主轴头上预先安装有各工序所需的刀具，当发出换刀指令时，各主轴头依次转到加工位置，并接通主运动，使相应的主轴带动刀具旋转，而其他不处于加工位置的主轴都与主运动脱开。

四、加工中心介绍

1. 加工中心的基本结构

根据加工要求的不同，加工中心的具体结构可能多种多样，但大体上由以下几部分构成，如图 8-30 所示。

（1）基础部件　基础部件是加工中心的基础结构，由床身、立柱和工作台组成，主要用于承受加工中心的静载荷及加工时的切削载荷，应具有足够的刚度。

（2）主轴部件　主轴部件是数控机床完成数控加工的主运动部分，其上安装着切削加工的各种刀具，由主轴驱动电动机、机械传动的主轴箱、轴承等构成，其中主轴的起/停和变速均由数控系统自动控制。

（3）数控系统　数控系统是加工中心的指挥中心，可根据加工程序的要求，改变主轴的转速、控制进给运动、选择并更换刀具、起/停润滑和冷却等辅助装置，通常由 CNC 装

第八章 典型数控设备

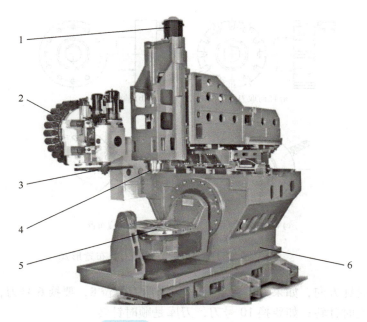

图 8-30 加工中心的基本结构
1—主轴电动机 2—刀库 3—换到机械手 4—主轴 5—工作台 6—床身

置、PLC、伺服驱动装置和操作面板等构成。著名的数控系统有日本的 FANUC 系统、德国的 SIEMENS 系统、西班牙的 FAGOR 系统和美国 AB 公司开发的数控系统等。

(4) 自动换刀系统 自动换刀系统由刀库和自动换刀装置构成，刀库中存放有加工过程中所需的各种刀具，并配有刀具识别装置；自动换刀装置有机械手换刀和非机械手换刀两种，整个选刀、换刀过程均由 CNC 指令控制执行。

(5) 辅助装置 辅助装置包括润滑、冷却、排屑、液压等部分。

2. 刀库的种类

(1) 直线刀库 刀具在刀库中呈直线排列，结构简单，但存放刀具的数量有限（8~12 把）。

(2) 圆盘刀库 有径向和轴向两种取刀方式，刀具布置有径向布置、角度布置等多种形式，如图 8-31 所示。圆盘刀库是固定地址换刀刀库，即每个刀位上都有编号，一般从 1 编到 12、18、20、24 等，即为刀号地址。操作者将一把刀具安装进某一刀位后，不管该刀具更换多少次，总是在该刀位内。

圆盘刀库的特点如下：

1) 制造成本低。主要部件是刀库体及分度盘，只要这两样零件加工精度得到保证即可，运动部件中刀库的分度使用的是非常经典的"马氏机构"，前后、上下运动主要通过气缸实现。圆盘刀库装配调整比较方便，维护简单，一般机床制造厂家都能自制。

2) 刀号的计数原理。一般在换刀位安装一个无触点开关，1 号刀位上安装挡板。每次机床开机后刀库必须"回零"，刀库在旋转时，只要挡板靠近（距离为 0.3mm 左右）无触点开关，数控系统就默认为 1 号刀。并以此为计数基准，"马氏机构"转过几次，当前就是几号刀。只要机床不关机，当前刀号就被记忆。刀具更换时，一般按照最近距离旋转原则，

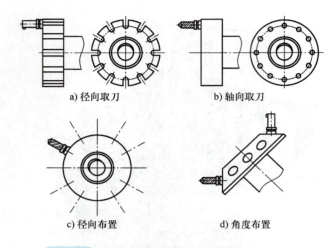

图8-31 圆盘刀库的取刀方式和刀具布置形式

刀号编号按照逆时针方向,如果刀库数量是18,当前刀号位8,要换6号刀,按最近距离换刀原则,刀库是逆时针转;如要换10号刀,刀库是顺时针转。

机床关机后刀具记忆清零。

3) 固定地址换刀刀库换刀时间比较长,国内的机床一般要8s以上(从一次切削到另一次切削)。

4) 圆盘刀库的总刀具数量受限制,不宜过多,一般40#刀柄的不超过24把,50#刀柄的不超过20把,大型龙门机床也有把圆盘结构转变为链式结构,刀具数量多达60把。

(3) 链式刀库　链式刀库是较常用的一种形式,如图8-32所示。链式刀库结构紧凑,刀库容量大。

3. 刀具的选择方式

根据数控装置发出的换刀指令,刀具交换装置从刀库中挑选各工序所需刀具的操作称为自动选刀。

(1) 顺序选刀　顺序选刀是指将刀具按照加工顺序依次放入刀库的每一个刀座

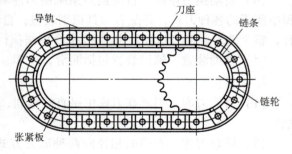

图8-32 链式刀库

内,每次换刀时,刀库按照顺序转动一个刀座的位置,取出所需的刀具,将已经使用过的刀具放回原来的刀座内。采用这种换刀方式,不需要刀具识别装置,直接由刀库分度机构来实现。但是,同一型号的刀具不能重复使用,这增加了刀库的容量,且对工人的要求较高。

(2) 刀具编码选择　刀具编码选择方式采用一种特殊的刀柄结构,如图8-33所示。对每一把刀具进行编码,换刀时,通过编码识别装置,按换刀指令在刀库中寻找所需的刀具。刀具可以放在刀库中的任一刀座内,同一型号的刀具也可以重复使用。

常见的编码识别方式有以下几种:

1) 接触式刀具识别装置,如图8-34所示。

2) 非接触式磁性刀具识别装置,如图8-35所示。

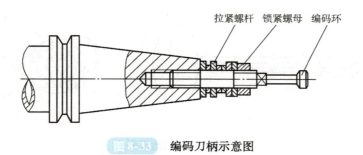

图 8-33　编码刀柄示意图

3）非接触式光电识别装置。

（3）刀座的编码选择　刀座的编码选择方式是对刀库的刀座进行编码，对刀具进行编号。装刀时，将与刀座编码相对应的刀具放入刀座内，然后根据刀座的编码选择刀具，刀座编码识别原理与刀柄编码相同。刀座编码方式取消了刀柄中的编码环，刀柄的结构得到简化。刀座的编码分为永久性编码和临时性编码。

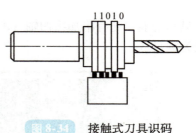

图 8-34　接触式刀具识码

1）永久性编码。永久性编码是将一种与刀座编号相对应的刀座编码块安装在每个刀座的侧面，且编码是固定不变的，在刀库的下方装有固定不动的刀座识别装置，刀座通过识别装置时选中所需刀具，如图 8-36 所示。

2）临时性编码。也称钥匙编码，采用了一种专用的代码钥匙。编码时先给每一把刀具系上钥匙，表示该刀具的编号，将刀具放在任意的刀座内，然后将钥匙插入刀座旁的钥匙孔内，由于钥匙有齿部分将刀座钥匙孔中的簧片顶起，刀座便具有了与钥匙同样的编号，刀座通过识别装置时选中所需刀具。但当钥匙取出后，簧片复原，刀座也就失去了编号，故称临时性编码，如图 8-37 所示。

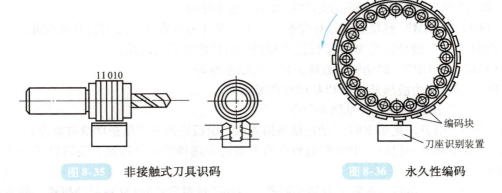

图 8-35　非接触式刀具识码　　　图 8-36　永久性编码

（4）计算机记忆选刀　刀库上的刀具能与主轴上的刀具直接交换，即任意选刀，主轴上换上的新刀及用过的刀具均由计算机存储单元记忆并进行跟踪。

4. 典型加工中心

（1）MITSUBISHI 数控系统加工中心　台湾丽驰 LV-800 立式加工中心采用 MITSUBISHI/M64 数控系统，双臂双手爪机械手换刀模式，盘式侧立刀库，刀库容量 24 把，具有图

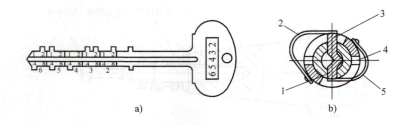

图 8-37 钥匙编码

1—钥匙　2、5—接触片　3—钥匙齿　4—钥匙孔座

形显示功能,配有附加第四轴（A 轴）。其数控操作面板如图 8-38 所示,左侧为显示区,右侧为键盘区。

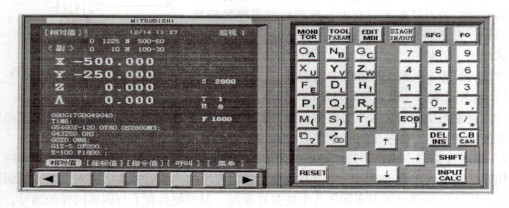

图 8-38 数控操作面板

1) 功能键介绍。

"MONITOR" 键功能为坐标显示切换及加工程序呼叫。

"TOOL/PARAM" 键功能为刀补设置、刀库管理（刀具登录）及刀具寿命管理。

"EDIT MDI" 键功能为 MDI 运行模式和程序编辑修改模式设置。

"DIAGN IN/OUT" 键功能为故障报警、诊断监测等。

"FO" 键功能为波形显示和 PLC 梯形图显示等。

2) 机床操作面板说明（见图 8-39）。

① 手动进给方式是指 JOG 手动连续进给方式,阶段进给方式是指增量进给方式。

② 冷却供液方面提供了手动控制和自动控制切换选择的两个按键,还增设了一个外吹气冷却的按键。

③ 另外,由于本机床配置了自动排屑器,增加了排屑器正转/反转起动按键。除主轴座上已有一个主轴松/紧刀的手控按键外,在面板上也增设了一个主轴松刀/紧刀的手控按键及 ATC 动作指示键。硬超程解除按键设在操控箱的侧部。

（2）TH5632 型立式加工中心　TH5632 型立式加工中心的结构布局如图 8-40 所示。床身 10 顶面的横向导轨支承着滑座 9,滑座沿床身导轨的运动方向为 Y 轴,工作台 8 沿滑座导轨的纵向运动方向为 X 轴,主轴箱 5 沿立柱导轨的上下移动方向为 Z 轴。换刀机械手 2 位于主轴和刀库之间，盘式刀库 4 能储存 16 把刀具，数控柜 3 和驱动电源柜 7 分别位于机床立柱的左、右两侧。

图 8-39　机床操作面板

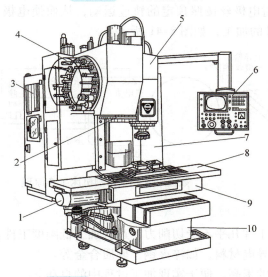

图 8-40　TH5632 型立式加工中心

1—X 轴伺服电动机　2—换刀机械手　3—数控柜　4—盘式刀库　5—主轴箱
6—编程与操作面板　7—驱动电源柜　8—工作台　9—滑座　10—床身

TH5632 型立式加工中心采用 FANUC 数控系统，其参数如下：

工作台外形尺寸	1200mm×450mm（工作面 1000mm×320mm）
工作台左右行程（X 轴）	750mm
工作台前后行程（Y 轴）	400mm
主轴箱上下行程（Z 轴）	470mm

主轴端面到工作台面距离　　　　180~650mm
主轴转速　　　　　　　　　　　22.5~2250r/min
主轴电动机功率　　　　　　　　5.5kW、7.5kW
快速移动速度　　　　　　　　　X、Y轴：14m/min，Z轴：10m/min
进给速度（X、Y、Z轴）　　1~400mm/min
刀库容量　　　　　　　　　　　16把
定位精度　　　　　　　　　　　±0.012mm/300mm
重复定位精度　　　　　　　　　±0.006mm

第四节　其他典型数控机床

一、数控电火花线切割机床

1. 数控电火花线切割机床的工作原理

数控电火花线切割机床的工作原理：利用移动的细金属导线（铜丝或钼丝）作为工具电极（负电极），被切割的工件为工件电极（正电极），在加工中，工具电极和工件电极之间加上脉冲电压，并且工作液包住工具电极，使二者之间不断产生火花放电，工件在数控系统控制下（工作台）相对电极丝按照预定的轨迹运动，从而使电极丝沿着所要求的切割路线进行电腐蚀，完成工件的加工，如图 8-41 所示。

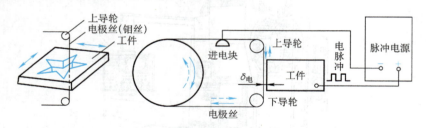

图 8-41　数控电火花线切割机床工作原理

2. 数控电火花线切割机床加工的特点

1）脉冲放电加工，工件几乎不受切削力，适宜加工低刚度工件及细小零件。
2）可以加工难切削导电材料，如淬火钢、硬质合金等。
3）有利于加工精度的提高，便于实现加工过程中的自动化。
4）可以加工微细异形孔、窄缝和复杂零件，切缝可达 0.005mm，材料利用率高。
5）依靠数控系统的间隙补偿偏移功能，使电火花成形机的粗、精电极一次编程加工完成，冲模加工的凹凸模间隙可以任意调节。
6）一般采用水基工作液，安全可靠。

3. 数控电火花线切割机床分类

（1）按照电极丝运动速度分类　分为快走丝数控电火花线切割机床（6~10m/s）和慢走丝数控电火花线切割机床（0.001~0.25m/s），如图 8-42、图 8-43 所示。

（2）按照电极丝位置分类　分为立式数控电火花线切割机床和卧式数控电火花线切割机床。

（3）按照工作液供给方式分类　分为冲液式数控电火花线切割机床和浸液式数控电火花线切割机床。

图8-42　快走丝数控电火花线切割机床

图8-43　慢走丝数控电火花线切割机床

4. 数控电火花线切割机床的主要加工对象

数控电火花线切割机床适用于切割淬火钢、硬质合金等金属材料，特别适用于一般金属切削机床难以加工的细缝槽或形状复杂的零件，在模具行业的应用尤为广泛，如图8-44所示。

主要加工对象如下：

1）形状复杂、带穿孔的、带锥度的电极。

2）注塑模、挤压模、拉深模、冲模。

3）成形刀具、样板、轮廓量规。

4）试制品、特殊形状、特殊材料、贵重材料。

图8-44　数控电火花线切割机床

5. 数控电火花线切割机床的编程特点

要使数控电火花线切割机床按照预定的要求自动完成切割加工，就应把被加工零件的切割顺序、切割方向、切割尺寸等一系列加工信息，按照数控系统要求的格式编制成加工程序。数控电火花线切割机床的程序主要采用以下三种格式编写：3B编程格式、ISO代码编程格式、计算机自动编程格式。

（1）3B编程格式　目前，我国数控电火花线切割机床常用3B编程格式编程，其格式见表8-1。

表8-1　无间隙补偿的程序格式（3B格式）

B	X	B	Y	B	J	G	Z
分隔符号	X坐标值	分隔符号	Y坐标值	分隔符号	计数长度	计数方向	加工指令

（2）ISO代码编程格式　我国快走丝数控电火花线切割机床常用ISO代码指令编程，与国际上使用的标准基本一致。常用指令见表8-2。

表 8-2 ISO 代码

运动指令	坐标方式指令	坐标系指令	补偿指令
G02、G03 圆弧插补指令 G01 直线插补指令 G00 快速定位指令	G90 绝对坐标指令 G91 增量坐标指令	G92 加工坐标系设置指令 G54 加工坐标系 1 G55 加工坐标系 2 G56 加工坐标系 3 G57 加工坐标系 4 G58 加工坐标系 5 G59 加工坐标系 6	G40 取消间隙补偿 G41 左偏间隙补偿，D 表示偏移量 G42 右偏间隙补偿，D 表示偏移量

M 代码	镜像指令	锥度指令	坐标指令
M00 程序暂停 M02 程序结束 M05 接触感知解除 M96 主程序调用子程序 M97 主程序调用子程序结束	G05 X 轴镜像 G06 Y 轴镜像 G07 X、Y 轴交换 G08 X 轴镜像，Y 轴镜像 G09 X 轴镜像，X、Y 轴交换 G10 Y 轴镜像，X、Y 轴交换 G11 Y 轴镜像，X 轴镜像，X、Y 轴交换 G12 消除镜像	G50 消除锥度 G51 锥度左偏，A 为角度值 G52 锥度右偏，A 为角度值	W 下导轮到工作台面高度 H 工件厚度 S 工作台面到上导轮高度

二、数控磨床

1. 数控磨床的工艺用途及分类

数控磨床可用于磨削内外圆柱面、圆锥面、平面、螺旋面、花键、齿轮、导轨、刀具及各种成形面等。

数控磨床的种类很多，按照磨床的工艺用途分为数控外圆磨床、数控内圆磨床、数控平面磨床、数控工具磨床等，此外还有数控成形磨床、数控坐标磨床、磨削加工中心等。图 8-45、图 8-46、图 8-47 所示分别为数控成形磨床、数控平面磨床、数控外圆磨床的外观图。

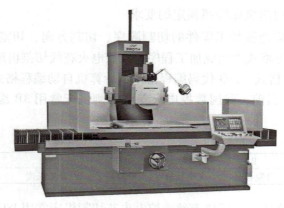

图 8-45 数控成形磨床

图 8-46　数控平面磨床

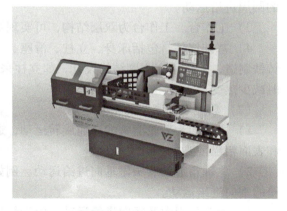
图 8-47　数控外圆磨床

2. 数控磨床的结构特点

1）数控磨床砂轮主轴部件精度高、刚性好。砂轮的线速度一般为 30~60m/s，CBN 砂轮可高达 150~200m/s，最高主轴转速达 15000r/min。主轴单元是磨床的关键部件，高速高精度主轴单元系统应具备刚性好、回转精度高、温升小、稳定性好、功耗低、寿命长、成本适中的特性。砂轮主轴单元的轴承常采用高精度滚动轴承、液体静压轴承、液体动压轴承、动静压轴承。近年来高速和超高速磨床越来越多地采用电主轴单元部件。

2）为适应精密及超精密磨削加工要求，采用低速无爬行的高精密进给单元。进给单元包括伺服驱动部件、滚动部件、位置监测单元等。进给单元是保持砂轮正常工作的必要条件，是评价磨床性能的重要指标之一。进给单元应运转灵活、分辨力高、定位精度高、动态响应快，既要有较大的加速度，又要有足够大的驱动力。进给单元常采用交、直流伺服电动机与滚珠丝杠组合的进给方案或直线伺服电动机直接驱动的进给方案。两种方案的传动链很短，主要是为了减少机械传动误差；两种方案都是依靠电动机实现调速与换向的。

3）磨床具有高的静刚度、动刚度及热刚度。砂轮架、头架、尾座、工作台、床身、立柱等是磨床的基础构件，其设计制造技术是保证磨床质量的根本。

4）磨床有完善的辅助单元。辅助单元包括工件快速装夹装置、高效磨削液供给系统、安全防护装置、主轴及砂轮动平衡系统、切屑处理系统等。

3. 数控坐标磨床

数控坐标磨床具有精密坐标定位装置，主要用于磨削孔距精度很高的圆柱孔、圆锥孔、圆弧内表面和各种成形表面，适合于加工淬硬工件和各种模具（凸模、凹模），是模具制造业、工具制造业和精密机械行业的高精度关键设备。

数控坐标磨床有立式、卧式坐标磨床，分单柱结构、双柱结构，控制方式有手动、数显、程控和数控，其中立式坐标磨床应用最广泛。

（1）数控坐标磨床的主要构成　数控立式坐标磨床主要由以下部件构成：

1）高速磨头。通过磨头的高速旋转运动实现对工件的磨削加工。

2）主轴系统。主轴系统是高速磨头的支承部件，同时主轴系统还带动磨头做上下进给运动（沿 W 垂向进给运动）及绕主轴轴心线的公转运动（绕 C 轴的旋转运动），实现磨头的圆周进给运动。

3) 工作台。工作台为双层结构,可实现纵向（X方向）和横向（Y方向）进给运动。

4) 基础部件。包括床身、立柱、滑座、主轴箱等主要部件,一般采用稳定性好的高级铸铁制造,并采用高刚度结构设计,如立柱采用双层、热对称结构,在增加强度、刚性的同时减少热变形。

(2) 数控坐标磨床的主要运动

1) 主运动为砂轮磨头的高速旋转运动,通过微量切削达到零件图样所要求的尺寸精度和表面粗糙度要求。

2) 主轴箱带动磨头做垂向进给运动。例如当凹模型腔底部为曲面时,精磨时需要主轴箱的垂向进给运动。

3) 磨头的周向及径向进给运动。由于待加工件大多为形状不规则的曲线及曲面,因此磨头需做周向及径向进给运动。周向进给运动主要是通过主轴绕自身的轴线旋转带动磨头公转实现,而径向进给运动只需调整主轴上U形滑板的位置即行星运动砂轮磨头的公转半径即可实现。

4) 工作台的纵、横向进给运动。在伺服电动机的驱动下,工作台可做纵、横向进给运动,以磨削各种形状的曲线和曲面。

(3) 主要技术参数 数控坐标磨床的主参数为工作台宽度,主要规格有200mm、250mm、280mm、320mm、450mm、800mm。定位精度、磨孔圆度和磨孔表面粗糙度综合反映数控坐标磨床的精度,定位精度可达 $\pm 0.002 \sim \pm 0.005$mm,磨孔圆度可达0.002~0.006mm,磨孔表面粗糙度值可达 $Ra0.2 \sim Ra0.4 \mu m$。

4. 典型结构

(1) 高速磨头 磨头的最高转速是反映坐标磨床磨削小孔能力的标志之一。磨头分为气动磨头和电动磨头。气动磨头（也称空气动力磨头或空气透平磨头）的转速通常为120000~180000r/min,最高转速可达250000r/min,主要用于提高磨小孔能力的坐标磨床。电动磨头采用变频电动机直接驱动,输出功率较大,短时过载能力强,速度特性硬,振动较小,主要用于提高磨大孔能力的坐标磨床。

(2) 主轴系统 主轴系统由主轴部件（主轴、导向套和主轴套）、主轴往复直线运动机构、主轴回转机构和主轴回转传动机构组成。主轴在导向套内做往复直线运动（由液压或气动驱动）,通常采用密珠直线循环导向套。主轴连同导向套和主轴套一起慢速旋转,使磨头除高速自转外同时做行星运动,以实现圆周进给,通常由直流电动机或步进电动机经齿轮或蜗轮传动实现。主轴部件可由气缸平衡其自重。

三、三坐标测量机

1. 三坐标测量机的分类

三坐标测量机有多种分类方法,下面从不同的角度对其进行分类。

(1) 按照技术水平分类 可分为数显及打字型三坐标测量机、数据处理型三坐标测量机、计算机数字控制型三坐标测量机。

1) 数显及打字型三坐标测量机（N）。主要用于几何尺寸测量,采用数字显示,并可打印出测量结果,一般采用手动测量,但多数具有微动机构和机动装置。这类测量机的技术水平不高,虽然提高了测量效率,解决了数据打印问题,但记录下来的数据仍需进行人工运算。例如测量孔距,测得的结果是孔上各点的坐标值,需计算处理才能得出孔距。

2) 数据处理型三坐标测量机(NC)。技术水平略高,目前应用较多。测量仍为手动或机动,但用计算机处理测量数据。该机由三部分组成:数据输入部分、数据处理部分与数据输出部分。有了计算机,可进行诸如工件安装倾斜角度的自动校正计算、坐标变换、孔心距计算及自动补偿等工作,并且可以预先储备一定量的数据,通过计量软件存储所需测量件的数学模型,对曲线表面轮廓进行扫描测量。

3) 计算机数字控制型三坐标测量机(CNC)。技术水平较高,像数控机床一样可按照编好的程序进行自动测量。编制好的程序通过读取装置输入计算机和信息处理电路,通过数控伺服机构控制测量机按程序自动测量,并将测量结果输出,按照程序的要求自动打印数据等。由于数控机床加工用的程序可以和测量机的程序互相通用,因而提高了数控机床的设备利用率。

(2) 按照工作方式分类　可分为点位测量方式三坐标测量机和连续扫描测量方式三坐标测量机。

1) 点位测量方式三坐标测量机。测量机采集零件表面上一系列有意义的空间点,通过数学处理,求出这些点所组成的特定几何元素的形状和位置。

2) 连续扫描测量方式三坐标测量机。对曲线、曲面轮廓进行连续测量,多为大、中型测量机。

(3) 按照结构形式分类　三坐标测量机一般都具有三个测量方向,水平纵向运动为 X 方向(又称 X 轴),水平横向运动为 Y 方向(又称 Y 轴),垂直运动为 Z 方向(又称 Z 轴)。三坐标测量机常见的结构有悬臂式、桥式、龙门式、立柱式、坐标镗床式等,每种类型的三坐标测量机都有各自的特点与适用范围。

1) 悬臂式三坐标测量机。测量机结构紧凑、装卸工件方便、便于测量,但悬臂易于变形,且变形量随测量轴 Y 轴位置的变化而变化,因此 Y 轴测量范围受限(一般不超过 500mm)。

2) 桥式三坐标测量机。测量机以桥框作为导向面,X 轴能沿 Y 方向移动。测量机结构刚性好,X、Y、Z 方向的行程大,一般为大型机,其中桥框(X 轴)的移动距离可达 10m。

3) 龙门式三坐标测量机。龙门架刚度大,结构稳定性好,精度较高。由于龙门或工作台可以移动,装卸工件方便,但考虑龙门移动或工作台移动的惯性,龙门式测量机一般为小型机。

4) 立柱式三坐标测量机。适合于大型工件的测量。

5) 坐标镗床式三坐标测量机。坐标镗床式三坐标测量机的结构与镗床基本相同,结构刚性好,测量精度高,但结构复杂,适用于小型工件测量。

在零件的制造和检验中,常用的为桥式三坐标测量机、龙门式三坐标测量机和双立柱式三坐标测量机,如图 8-48 所示。

2. 三坐标测量机的测量方式

一般点位式测量机有三种测量方式:直接测量方式、程序测量方式和自学习测量方式。

(1) 直接测量方式　直接测量即手动测量,由操作员利用键盘按照顺序输入指令。测

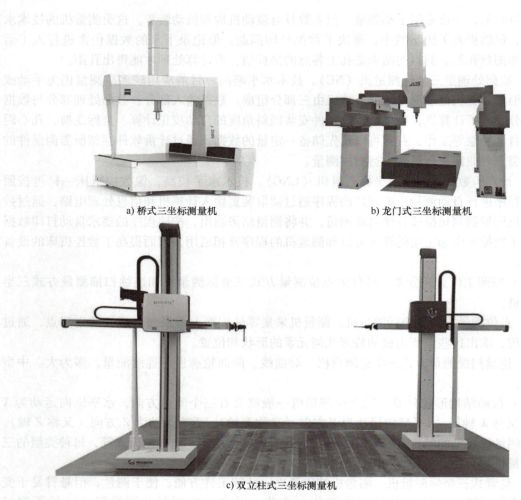

a) 桥式三坐标测量机　　b) 龙门式三坐标测量机

c) 双立柱式三坐标测量机

图 8-48　常见的三坐标测量机

量时根据被测零件的形状调用相应的测量指令，以手动或 NC 方式采样。其中 NC 方式是把测头拉到接近测量部位，系统根据给定的点数自动采点，然后测量机通过接口将测量点坐标值送入计算机进行数据处理，并将结果输出显示或打印。

（2）程序测量方式　将测量一个零件所需要的全部操作，按照其执行顺序编程，以文件形式存入磁盘，测量时运行程序，控制测量机自动测量。此方式适用于成批零件的重复测量。

（3）自学习测量方式　操作者对第一个零件执行直接测量的正常测量循环中，借助适当命令使系统自动产生相应的零件测量程序，对其余零件测量时重复调用。该方法与手工编程相比，省时且不易出错，但要求操作者熟练掌握直接测量技巧，操作的目的是获得零件测量程序，要注重操作的正确性。

检测实例如图 8-49 所示。

3. 典型设备介绍

（1）PRIMA C1 水平臂式测量机　该测量机是水平臂产品，整机机械结构具有很高的刚

a) 测量连接件

b) 测量阀体件

c) 测量壳体件

d) 测量立体曲面

图 8-49 三坐标测量机检测实例

性,不要求特殊的地基。它的精度非常高,采用了新一代的控制系统,可以配置多种测头,在控制系统的优化控制下,实现点对点、接触式和非接触式测量。PRIMA C1 测量机能够使用 DEA 公司独有的 CW43L 连续伺服关节实现多种测量。

产品特点如下:

1) 水平臂型结构。
2) 单水平臂配置。
3) 使用 ISO 10360-2—2009 标准检测。
4) 允许的测量温度范围很宽。
5) 侧面安装在 X 向导轨上。
6) 整体铸铁工作平台。
7) 基础平台的平衡性很好(三点),安装时不需要地基。
8) 可使用多种测头系统(接触式模拟测头、激光测头、非接触式测头)。
9) 所有类型都支持 DEA 连续伺服关节。

性能指标见表 8-3。

表 8-3 性能指标

型号	行程范围/mm			ISO 10360-2—2009 性能指标/m	
	X	Y	Z	MPE_E	
20.12.16	2000	1200	1600	$18+15L/1000$	50
20.14.16	2000	1400	1600	$20+15L/1000$	55

(续)

型　号	行程范围/mm			ISO 10360-2—2009 性能指标/m	
	X	Y	Z	MPE_E	
30.14.16	3000	1400	1600	$20+15L/1000$	55
30.16.21	3000	1600	2100	$25+20L/1000$	65
40.16.21	4000	1600	2100	$25+20L/1000$	65

　　(2) MC003-MCMS654S 三坐标测量机　此测量机的测量范围为 X 轴 600mm、Y 轴 500mm、Z 轴 400mm，探测系统为 RENISHAW 测头系统，分辨率为 0.5μm，示值误差为 $(3.0+L/200)$ μm，探测误差为 4.5μm。此测量机利用坐标测量技术、计算机测控技术及最先进的动态测量系统进行工件表面点的采集和数据处理，可使用双旋转测头系统及不同测杆、测头的组合，配合各种通用或专用测量软件，方便地实现对三维工件的测量，结构简单，数据采集快，操作简便。该机非常经济实用。

　　1) 主机部分技术描述。MC003-MCMS654S 三坐标测量机具有经济、准确、高效、高可靠性的优点，能有效完成零件的检测计量工作，出具人性化、互动式的检测报告，为车间的质量控制提供了经济实用的解决方案。

　　花岗岩工作台、环抱式硬铝合金铸造立柱和花岗岩横梁，构成了高速运行的移动桥式三坐标测量机的稳定结构，确保工件装卸方便，提高了工作台的工件承载能力。

　　采用金属光栅尺，保证与大多数工件保持相同的线膨胀系数，分辨率 0.5μm 保证了良好的重复精度。选用花岗岩材料基体粘贴光栅尺，保证该三坐标测量机不具备温度敏感性，使其三轴具有同样的线膨胀系数，从而增加仪器的稳定性。自粘式带状金属光栅尺与花岗岩导轨、花岗岩横梁与花岗岩 Z 轴基体融为一体，粘贴在基体的中心位置，符合阿贝原则。

　　无摩擦的全气浮轴承导轨中选用优质的预载荷空气轴承，对灰尘不具敏感性，具有自洁作用。

　　各轴在机械上相对独立，最大限度地减少了单轴运动对其他坐标轴运动精度的影响。

　　2) 软件部分技术描述。AC-DMIS EXT（扩展版）测量软件包含德国世界领先的设计理念及技术，是功能强大的计量检测软件。具有国际先进水平的测量软件包 AC-DMIS 将现代坐标测量技术、现代 CAD 工业设计技术和现代工业加工技术的几何量尺寸、公差评定测试要求进行了最佳结合，不管是针对简单的箱体类工件还是复杂的轮廓曲面类工件，AC-DMIS 软件都为其提供了完美的测量解决方案。

　　AC-DMIS 软件提供全中文界面和中文在线帮助，支持多种测头系统：触发测头、光学 CCD 测头、激光测量系统。具有多轴运动状态优化控制与机械几何误差修正功能、软件系统环境优化设置功能。另外，完善的直观化图形界面为软件应用水平不同的操作者提供了便捷的执行功能，具有自学习模式功能和脱机编程功能。

　　测针校正及测头库数据管理采用可视化的动态测头库，即测头座、测头、测针可视化配置及测针自动校正系统。

AC-DMIS 软件还具有坐标系找正管理功能,即多种工件坐标系找正方法。如 PLP(3-2-1)找正、迭代法找正、最佳拟合法找正及坐标系的建立、转换、存取功能。模型坐标系与机器坐标系统一。

AC-DMIS 软件对几何元素的评价包括如下几方面:

基本几何元素测量及评定,如点、直线、平面、圆、椭圆、圆柱、圆锥、球。

基本几何元素关系计算,如相交、距离、对称、垂直、夹角。

形状误差的评定,如直线度、平面度、圆度、圆柱度。

位置和方向误差的评定,如平行度、垂直度、同轴度(同心度)、对称度、位置度、轴向圆跳动、全跳动。

AC-DMIS 软件可实现动态图形化的探测路径模拟及同步的、仿真化的测量模拟运行,具有零件模型自动拾取几何元素特征功能,可自动生成检测程序;可实现测头探测方向的自动选择,即依工件斜面角度自动选择测头最佳探测方向;可实现多种可视化测量结果的保存、报告输出、虚拟打印及特征测量检测报告输出,具有三维 CAD 数据双向导入、导出转换功能,支持 .IGES、.STEP、.DXF 等格式文件,可实现 UG、Pro/E、Mastercam、CATIA 等 CAD 系统数据的双向导入、导出;具有逆向工程测量功能、曲线、曲面测量功能,并支持所有通用标准,符合 ISO 标准的公差评判要求。

AC-DMIS 测量软件通过国际权威的德国物理研究院 PTB 认证,采用智能化的模块设计方法,可方便地加挂专用测量软件,满足用户 CAD 系统接口的二次开发需求。

3) 接触式测头系统技术描述。

① RENISHAW MH20i 手动分度测头座。

② RENISHAW 测针共 3 组。

测针 PS49R（ϕ1.5mm×20mm/12.5）	1 根
测针 PS27R（ϕ2.5mm×20mm/14）	5 根
测针 PS17R（ϕ4mm×20mm/20.2）	1 根
测针 PS3R（ϕ6mm×δ2mm）	1 根
测针 PS20R（30°×15）	1 根
测针 PS68R（ϕ5mm×50mm/50 陶瓷）	1 根
加长杆 SE4（10mm）	1 根
加长杆 SE5（20mm）	1 根
加长杆 SE18（40mm）	1 根
测针中心 SC2	1 个
校准球 $S\phi$19mm	1 个
万向球座	1 个

习 题

1. 简述数控车床的组成、分类、工艺范围与特点。
2. 简述数控铣床的组成、分类、工艺范围与特点。
3. 简述加工中心与数控铣床之间的区别与联系。
4. 简述数控电火花线切割机床的组成、分类、工艺范围与特点。
5. 简述数控磨床的组成、分类、工艺范围与特点。
6. 简述三坐标测量机的分类与使用。

附录

FANUC 0i-D报警表

1. 与程序操作相关的报警（PS 报警）、与后台编辑相关的报警（BG 报警）、与通信相关的报警（SR 报警）

报警号	信息	内容
0001	TH 错误	输入设备的读入过程中检测出了 TH 错误 引起 TH 错误的读入代码和是从程序段数起的第几个字符，可通过诊断界面进行确认
0002	TV 校验错误	在单程序段的 TV 检测中检测出了错误 通过将参数 TVC（No.0000#0）设定为 0 可以使系统不进行 TV 检测
0003	数位太多	指定了比 NC 指令的字更多的允许位数。此允许位数根据功能和地址有所不同
0004	未找到地址	NC 语句的地址+数值不属于字格式，或者在用户宏程序中没有保留字、不符合句法时也会发出此报警
0005	地址后无数据	不是 NC 语句的地址+数值的字格式，或者用户宏程序中没有保留字、不符合句法时会发出此报警
0006	负号使用非法	在 NC 指令的字、系统变量中指定了负号
0007	小数点使用非法	在不允许使用小数点的地址中指定了小数点，或者指定了两个或更多个小数点
0009	NC 地址不对	指定了不可在 NC 语句中指定的地址，或者尚未设定参数（No.1020）
0010	G 代码不正确	指定了不可使用的 G 代码
0011	切削速度为 0（未指令）	切削进给速度的指令被设定为 0 刚性攻螺纹指令时，F 指令相对于 S 指令非常小的情况下，由于刀具不能在编程的导程下进行切削，因此会发出此报警
0015	同时控制轴数太多	发出了比可同时控制的轴数多的移动指令 请将程序指令的移动轴分割为两个程序段
0020	半径值超差	指定了起点端和终点端的半径值之差比参数，（No.3410）的设定值更大的圆弧 请检查程序的圆弧中心指令 I、J、K，使参数（No.3410）的值变大情况下的移动路径成为螺旋形状
0021	非法平面选择	平面选择 G17～G19 有误。重新审视程序，检查是否没有同时指定三个基本轴的平行轴。在圆弧插补的情况下，包含有平面选择以外的轴指令时，会发出此报警。FANUC 0i-TD 的情况下，要能够对 G02/G03 程序段进行 3 轴以上的指令，需要有螺旋插补选项
0022	未发现 R 或 I、J、K 指令	在圆弧插补中，没有设定 R（弧半径）或 I、J 和 K（从起点到弧心的距离）

(续)

报警号	信息	内容
0025	在快速移动方式圆弧切削	在圆弧插补方式（G02、G03）下，指令了F0（F1位进给或者反向进给的快速移动）
0027	G43/G44中没有轴指令	在G43/G44程序段中没有为C形刀具长度补偿指定轴。没有取消偏置，但是另一个轴试图进行C形刀具长度补偿。在相同程序段中为C形刀具长度补偿指定了多个轴指令
0028	非法的平面选择	平面选择G17~G19有误。重新审视程序，检查是否没有同时指定三个基本轴的平行轴。在圆弧插补情形下，如果包含平面选择以外的轴指令，会发出此报警。FANUC 0i-TD的情况下，要能够对G02/G03程序段进行三轴以上的指令，需要有螺旋插补选项
0031	G10中的P指令非法	G10的L号所属的数据输入，或者相应的功能没有处在有效状态。没有数据设定地址P、R等的指令。存在着与数据设定无关的地址指令。根据L号，指定的地址分别不同。指令地址值的符号、小数点、范围有误
0032	G10中的刀偏值非法	在偏置值程序输入（G10）中，或在用系统变量写入偏置值时，指定的偏置值过大
0033	G41/G42无交点	不能为刀尖圆弧半径补偿或刀鼻半径补偿求出交点。请修改程序
0034	在起刀/退刀段不允许切圆弧	在刀具半径补偿或刀尖半径补偿中，试图在G02/G03方式下执行启动或取消指令。请修改程序
0039	G41/G42中不允许倒角/倒圆	在G41/G42指令（刀尖半径补偿）中，在切换启动/取消、G41/G42的同时，指令了倒角/倒圆，或者有可能在倒角/倒圆中产生过切。请修改程序
0041	G41/G42中发生干涉	在刀具半径补偿或刀尖圆弧半径补偿中会出现过切。请修改程序
0045	在（G73/G83）中未找到地址Q	在高速深孔钻削循环、深孔钻削循环中，没有基于地址Q指令每次的进刀量，或者指令Q0。请修改程序
0046	第2/3/4参考点返回指令非法	第2、第3、第4返回参考点指令非法（地址P指定有误）
0050	在第3段不允许倒角/拐角	在螺纹切削的程序段中，指令了（任意角度）倒角/倒圆。请修改程序
0051	倒角/倒圆后无移动	指令（任意角度）倒角/倒圆的程序段的下一程序段中移动或移动量不恰当。重新审视程序指令
0052	倒角/拐角后不是G01	指令了紧跟倒角/倒圆的程序段不是G01（或者垂直的直线）。请修改程序
0053	地址指令太多	在倒角/倒圆指令中，指定了二个以上I、J、K、R
0054	倒角/拐角后不允许锥形加工	指令了倒角/倒圆的程序段中含有圆锥指令。请修改程序
0055	倒角/倒圆后无移动值	在指令了（任意角度）倒角/倒圆的程序段中，移动量小于（任意角度）倒角/倒圆的量。请修改程序

（续）

报警号	信息	内　　容
0057	不能计算出程序段终点	在图样尺寸直接输入中，没有正确计算程序段的终点。请修改程序
0058	找不到终点	在图样尺寸直接输入的程序中，没有找到程序段的终点。请修改程序
0060	找不到顺序号	[外部数据输入/输出] 在程序号、顺序号搜索中没有指定的编号。虽然有刀具数据的偏置量输入/输出请求，但在通电后尚未执行一次刀具号输入。没有对应于所输入的刀具号的刀具数据。[外部工件号搜索] 找不到与指定的工件号对应的程序
0061	多重循环程序段中未指令P或Q	复合形车削固定循环（G70、G71、G72、G73）指令程序段中没有指定地址P或Q
0062	粗车循环中切削量无效	复合形车削固定循环的粗削循环（G71、G72）中切削量为0或者负值
0063	未找到指定顺序号的程序段	在复合形车削固定循环（G70、G71、G72、G73）指令程序段的P、Q中找不到指定顺序号的程序段
0064	精车形状不是单调变化的	复合形车削固定循环的粗削循环（G71、G72）的形状程序中，平面第1轴的指令不是单调增加或者单调减少
0065	形状程序的第1段不是G00/G01	由复合形车削固定循环（G70、G71、G72、G73）的P指定的形状程序的开头程序段中尚未指定G00或者G01
0066	多重循环程序段有不允许的指令	复合形车削固定循环（G70、G71、G72、G73）的指令程序段中不可使用的指令
0067	多重循环指令不在零件程序存储区中	复合形车削固定循环（G70、G71、G72、G73）的指令尚未登录到程序存储区
0069	形状程序的最后程序段是无效指令	复合形车削固定循环（G70、G71、G72、G73）的形状程序的最后程序段的指令处在倒角/倒圆指令的中途
0070	存储器无程序空间	存储器的存储空间不足。删除不需要的程序，然后重新进行程序登录
0071	数据未找到	找不到要搜索的地址数据。在外部程序号搜索中，找不到指定的程序号。在程序再启动的程序段号指定中，找不到指定的程序段号。重新检查将被搜索的数据
0072	程序太多	已登录的程序数超过了400个（1路径统）或800个（T系列2路径系统）。删除不必要的程序，重新进行程序登录
0073	程序号已使用	试图登录一个与已被登录的程序号相同的程序号。改变程序或删除不需要的程序，重新进行程序登录
0076	程序未找到	没有子程序调用/宏程序调用中所指定的程序。无论是M98、M198、G65、G66，中断型用户宏指令的P指定以外的情形，无论是M/G/T代码、特定地址，也都调用程序。在这些调用中没有程序时，也会发出此报警
0077	子程序，宏程序调用嵌套层数太多	超出了子程序调用和用户宏程序调用的嵌套最大值。外部存储器或子程序调用中又指定了子程序调用

(续)

报警号	信息	内容
0078	顺序号未找到	在顺序号搜索中，找不到指定的顺序号。找不到以 GOTO __、M99 P __指定的跳转目的地的顺序号
0079	存储卡和内存中程序不一致	试图读入的程序无法与存储器内的程序进行核对。参数 NPE（No. 3201#6）设定为 1 时，不可连续核对多个程序。在将 NPE 设定为 0 后进行核对
0085	通信错误	在从连接于阅读机/穿孔机接口 1 的输入/输出设备读取接收到的字符之前，接收到了下一个字符。用阅读机/穿孔机接口 1 读入数据时，发生超程、奇偶校验错误或帧错误。输入数据的位数或波特率的设置或 I/O 设备规格号不正确
0090	未完成回参考点	返回参考点不能正常进行，一般是因为返回参考点的起点离参考点太近或速度太低。使起点离参考点足够位置，或为返回参考点设定足够快的速度后再执行返回参考点作 无法建立原点的状态下，试图执行基于返回参考点的绝对位置检测器的原点设定。手动运行电动机，使其旋转 1 周以上，暂时断开 CNC 和伺服放大器的电源，然后再进行绝对位置检测器的原点设定
0091	在进给暂停状态不能手动回参考点	在自动运行暂停状态，不能进行手动返回参考点。请在自动运行停止状态或者复位状态下进行手动返回参考点
0092	回零检查（G27）错误	G27 中指定的轴尚未返回参考点。重新审视为返回参考点而编写的程序
0099	检索后不允许用 MDI 执行	在程序再启动的过程中，完成检索之后，通过 MDI 下达移动指令
0109	G08 格式错误	在 G08 后的 P 值为 0 或 1 以外的数值，或没有指定该数值
0110	溢出：整数	运算过程中整数值超出了允许范围
0111	溢出：浮点	运算过程中小数值（浮动小数点格式数据）超出了允许范围
0113	指令不对	指定了不能用于用户宏程序的功能。请修改程序
0114	宏程序表达式格式非法	用户宏程序语句的表达式描述有误。参数程序的格式有误
0115	变量号超限	指定了不可在用户宏程序的局部变量、公共变量或者系统变量中使用的编号
0116	变量写保护	在表达式的左边使用了只可在用户宏程序语句的表达式的右边使用的变量
0118	括号重数太多	用户宏程序语句的括弧 [ ] 的嵌套超出允许范围。[ ] 的嵌套包括函数的 [ ] 为 5 层
0119	变量值超限	用户宏程序的函数的自变量值超出允许范围
0122	宏程序调用重数太多	用户宏程序调用的嵌套超出了允许范围
0123	GOTO/WHILE/DO 的使用方式非法	DNC 方式的主程序中有 GOTO 语句或者 WHILE – DO 语句
0124	没有"END"语句	找不到与用户宏程序语句的 DO 指令对应的 END 指令

（续）

报警号	信息	内容
0125	宏程序语句格式错误	用户宏程序语句的格式错误
0126	DO 非法循环数	用户宏程序的 DO 语句和 END 语句的编号有误，或者超出了允许范围（1～3）
0128	非法的宏程序顺序号	在顺序号搜索中，没有发现指定的顺序号。找不到以 GOTO __、M99 P __指定的跳转目的地的顺序号
0129	用"G"作为变量	用户宏程序调用的自变量使用 G。无法将 G 用作自变量
0130	NC 和 PMC 的轴控指令发生竞争	NC 指令和 PMC 轴控制指令相互冲突。请修改程序，或者梯形程序
0136	主轴定位轴与其他轴同时指令	在相同程序段指定了主轴定位轴和其他轴
0139	不能改变 PMC 控制轴	针对 PMC 轴控制中的轴进行了 PMC 轴的选择
0140	程序号已使用	试图在后台选择或删除在前台选择的程序。请正确进行后台编辑的操作
0142	非法缩放比	缩放比为 0 倍，或者大于或等于 10000 倍。请修改缩放比设定值（G51 P __…，或者 G51 I __ J __ K __…，或者参数 No. 5411、No. 5421
0143	指令数据溢出	CNC 内部数据的存储长度发生溢出。比例缩放（M 系列）、坐标旋转（M 系列）、圆柱插补等。内部计算结果溢出数据存储长度的情况下发生此报警。此外，在读入手动干预量的过程中也会发出此报警
0144	平面选择非法	坐标旋转平面和圆弧或刀具半径补偿平面必须是相同的。请修改程序
0148	设定数据有误	自动拐角倍率减速比速度以及判断角超出可设定范围。请修改参数（No. 1710～1714）的设定值
0149	G10 L3 中格式错误	在刀具寿命管理数据的登录（G10 L3～G11）中，指令了 Q1，Q2，P1，P2 以外的地址或者不可使用的地址
0150	刀具寿命组号非法	刀具组号超过最大允许值。刀具组号（G10 L3；指令后的 P）或者加工程序中的刀具寿命管理用 T 代码指令所指定的组号超过最大值
0151	未找到该组刀具寿命数据	加工程序中所指令的刀具组尚未设定在刀具寿命管理数据中
0152	超过最大刀具数量	一组内的登录刀具数量超过了可以登录的最大数量
0153	未找到 T 代码	登录刀具寿命数据时，在应该指定 T 代码的程序段中，尚未指定 T 代码。或者在换刀方式 D 下，单独指令了 M06。请修改程序
0154	未使用寿命组中的刀具	没有使用属于组的刀具时，指定了 H99 指令、D99 指令或参数（No. 13265、No. 13266）中所设定的 H/D 代码
0155	M06 中的 T 代码非法	在加工程序中，指令在与 M06 处在相同程序段中的 T 代码与当前使用的组不对应。请修改程序
0156	未发现 P/L 指令	在设置刀具组的程序开头，没有指定 P、L 指令。请修改程序

（续）

报警号	信息	内　容
0157	刀具组数太多	刀具寿命管理数据的登录中，P（组号）、L（刀具的寿命）的组设定指令程序段数超过了最大组个数
0158	非法的刀具寿命数据	试图设定的刀具寿命值太大。请修改设定值
0160	等待M代码不匹配	等待M代码不匹配。作为等待M代码，在路径1和路径2中指定了不同的M代码
0163	G68/G69中非法指令	在均衡切削中，没有单独指定G68/G69
0169	非法刀具几何形状数据	在干涉检查中，刀具形状的数据不正确。正确设定数据，或者选择正确的刀具形状
0190	轴选择非法（G96）	G96的程序段中指定的P值或者参数（No.3770）的值有误
0194	在主轴同步方式指令了其他主轴指令	在主轴同步控制方式中，指令了Cs轮廓控制方式、主轴定位指令或者刚性攻螺纹方式。在主轴同步控制方式、主轴简易同步控制方式中，指令了Cs轮廓控制方式或者刚性攻螺纹方式
0199	宏指令字未定义	使用未定义的宏语句。请修改用户宏程序
0200	非法的S代码指令	在刚性攻螺纹时，S的值超出范围或没有设定。刚性攻螺纹时S的可指定的最大值由参数（No.5241～No.5243）设定。请改变参数设定值或修改程序
0201	在刚性攻螺纹中未指令进给速度	切削进给速度的指令F代码被设定为0。刚性攻螺纹指令时，F指令相对于S指令非常小的情况下，由于刀具不能在编程导下下进行切削，因此会发出此报警
0203	刚性攻螺纹的指令错误	在刚性攻螺纹时，刚性M代码（M29）的位置不对，或S指令不正确。请修改程序
0204	非法的轴运行	在刚性攻螺纹时，在刚性M代码（M29）和G84（G74）程序段之间指定了轴运行。请修改程序
0207	攻螺纹数据不对	在刚性攻螺纹中所指定的距离太短或太长
0210	不能指令M198/M99	在预定运行中执行了M198、M99。或在DNC运行中执行了M198请修改程序在复合形固定循环的型腔加工过程中，指定了中断型宏程序并执行了M99
0213	同步方式指令非法	在进给轴同步控制中，同步运行中发生了如下异常： 1）程序向从属轴发出移动指令 2）对从属轴执行了手动运行 3）接通电源后，程序在不执行手动返回参考点的情况下发出自动返回参考点指令
0214	同步方式指令非法	在同步控制中执行了坐标系设定或位移类型的刀具补偿（M系列）。请修改程序
0220	同步方式中的指令非法	在同步运行中，对同步轴的移动指令是由NC程序或PMC轴控制发出的。请修改程序或者检查PMC梯形程序
0221	同步方式指令非法	试图同时进行多边形加工同步运行和Cs轮廓控制或均衡切削。请修改程序

(续)

报警号	信息	内　容
0222	不允许在背景编辑中执行 DNC	在后台编辑中试图同时执行输入和输出操作。请执行正确操作
0224	回零未结束	在自动运行开始之前,没有执行返回参考点。 (限于参数 ZRNx (No.1005#0) 为 0 时) 请执行返回参考点操作
0230	未找到 R 代码	在 G161 的程序段中尚未指令切削量 R,或者 R 的指令值为负。请修改程序
0231	G10 或 L52 的格式错误	在可编程参数输入中存在指令格式错误
0232	螺旋轴指令太多	在螺旋插补方式中,将三个或更多个轴指定为螺旋轴
0233	设备忙	试图使用诸如通过 RS232-C 接口连接的设备时,别的用户正在使用这些设备
0245	本段不允许 T 代码	在与 T 代码相同的程序段中,指定了不能指定的 G 代码,如 G04,G10,G28,G29(M 系列),G30,G50(T 系列),G53
0247	数据输出代码中发现错误	在输出加密的程序中,穿孔代码成为 EIA 请在指定 ISO 后输出
0250	换刀的 Z 轴指令错误	在与 M06 指令相同的程序段中指定了 Z 轴的移动指令
0251	换刀的 T 指令错误	在 M06T□□ 中指令了无法使用的 T 代码
0302	不能用无挡块回参考点方式	不能为无挡块返回参考点设定参考点。可能是下列原因引起的: 1) 在 JOG 进给中,没有将轴朝着返回参考点方向移动 2) 轴沿着与手动返回参考点方向相反的方向移动
0304	未建立零点即指令了 G28	在尚未建立零点时指令了自动返回参考点 (G28)
0305	中间点未指令	通电后在没有执行一次 G28 (自动返回参考点)、G30 (返回第 2、第 3、第 4 参考点) 的状态下,指令了 G29 (从参考点返回)
0306	倒角/倒圆指令轴不符	在指令了倒角的程序段中,移动轴和 I、J、K 指令的对应关系不匹配
0307	不能用机械挡块设定回参考点	试图对使用无挡块参考点设定功能的轴进行撞块式参考点设定
0310	文件未找到	在子程序/宏程序调用中找不到指定的文件
0312	图样尺寸直接输入中指令非法	图样尺寸直接输入的指令非法。指定了不能在图样尺寸直接输入中指定的 G 代码。在连续的图样尺寸直接输入的指令中,没有移动的程序段有两个或更多个;或者在图样尺寸直接输入中以没有指定 "," 的方法 (参数 CCR (No.3405#4) =1) 指定了 ","
0313	螺距指令非法	在可变螺距螺纹切削中,以地址 K 指定的螺距的增减值超过了最大指令值,或者发出使螺距成为负值的指令

(续)

报警号	信息	内容
0314	非法设定多面体轴	多边形加工的轴设定非法 多边形加工的情形：尚未指定刀具旋转轴（参数 No. 7610） 主轴间多边形加工的情形 1）尚未设定有效的主轴（参数 No. 7640～7643） 2）指定了串行主轴以外的主轴 3）尚未连接主轴
0316	螺纹切削循环的切削量错误	这是在复合形车削固定循环的螺纹切削循环（G76）中，指定了最小切削量比螺纹牙高度更大的值
0317	螺纹切削循环螺纹指令错误	复合形车削固定循环的螺纹切削循环（G76）中，螺纹牙的高度或者切削量为0或者负
0318	钻孔循环的空刀量不对	复合形车削固定循环的切断循环（G74、G75）中，虽然缩回的方向没有确定，但 Δd 为负
0319	钻孔循环的终点指令错误	复合形车削固定循环的切断循环（G74、G75）中，虽然 Δi 或者 Δk 的移动量为0但 U 或者 W 为非0值
0320	钻孔循环的移动量/切削量错误	复合形车削固定循环的切断循环（G74、G75）中，Δi 或者 Δk（移动量/切削量）为负
0321	重复循环次数错误	复合形车削固定循环的闭环循环（G73）中，重复次数为0或者负
0322	精车形状超过起始点	在复合形车削固定循环的粗削循环（G71、G72）的形状程序中，指定了超出循环开始点的形状
0323	形状程序的第1段为2型指令	用复合形车削固定循环的粗削循环（G71、G72）的 P 指定的形状程序的开头程序段中指定了类型Ⅱ。若是 G71，则为 Z（W）指令。若是 G72，则为 X（U）指令
0324	在复合循环中指令了中断型宏指令	在复合形车削固定循环（G70、G71、G72、G73）中执行了中断型宏指令
0325	不能用于形状程序的指令	指定了不可在复合形车削固定循环（G70、G71、G72、G73）的形状程序中使用的指令
0326	形状程序的最后段是直接图样尺寸编程	复合形车削固定循环（G70、G71、G72、G73）的形状程序的最后程序段的指令处在图样尺寸直接输入指令的中途
0327	复合循环不能模态	在不可指定的模态状态下指定了复合形车削固定循环（G70、G71、G72、G73）
0328	刀尖半径补偿工作位置不对	刀尖半径补偿的工件侧指定（G41、G42）对于复合形车削固定循环（G71、G72）的工件端不合适
0329	精车形状不是单调变化的	平面第2轴的指令在复合形车削固定循环的粗削循环（G71、G72）的形状程序中不是单调增加或者单调减少的
0330	车削固定循环中角度指令错误	在单一形固定循环（G90、G92、G94）中指定了平面以外的轴指令
0334	输入值超出有效范围	指定了超出有效设定范围的偏置数据（误动作防止功能）

（续）

报警号	信息	内　　　容
0336	刀具补偿指令多于2轴	没有取消偏置，但是另一个轴试图进行C形刀具长度补偿，或在G43/G44程序段中没有为C形刀具长度补偿指定轴
0337	超过最大增量值	指令值超出了最大增量值（误动作防止功能）
0338	执行顺序检查异常	在程序检查代码和中检测出了非法（误动作防止功能）
0345	换刀的Z轴位置错误	换刀的Z轴位置错误
0346	换刀的刀具号错误	换刀的刀具号错误
0347	换刀指令错误（在同一段）	换刀同时指令错误
0348	换刀Z轴位置未建立	换刀Z轴位置尚未建立
0349	换刀时主轴未停止	换刀时主轴尚未完全停止
0350	同步控制轴号参数设定错误	同步控制轴号（参数 No. 8180）的设定错误
0351	由于轴在移动，不能开始/解除控制	在同步控制对象轴处在移动中时，试图通过同步控制轴选择信号开始或者解除同步控制
0352	同步控制构成错误	试图对已经处在同步/混合/重叠控制中的轴执行同步控制时发生此报警 试图对"母子孙"关系进一步使其"曾孙"同步时发生此报警 在"母子孙"关系尚未建立的设定下，试图开始同步控制时发生此报警
0354	在同步控制方式参考点未确立时指令了G28	同步控制中对于停止中的主动轴指定了G28时，在尚未建立从孔轴的参考点的情况下发生报警
0355	混合控制轴号参数设定错误	混合控制轴号（参数 No. 8183）的设定错误
0356	由于轴在移动，混合控制不能使用	在混合控制对象轴处在移动中时，试图通过混合控制轴选择信号开始或者解除混合控制
0357	混合控制轴构成错误	试图对已经处在同步/混合/重叠中的轴执行混合控制时发生此错误报警
0359	在混合控制方式参考点未确立时指令了G28	混合控制中对混合轴指定了G28时，在混合对方的参考点尚未建立的情况下发生报警
0360	重叠控制轴号参数设定错误	重叠控制轴号（参数 No. 8186）的设定错误
0361	由于轴在移动，重叠控制不能使用	在重叠控制对象轴处在移动中时，试图通过重叠控制轴选择信号开始或者解除重叠控制

(续)

报警号	信息	内容
0362	重叠控制轴构成错误	试图对已经处在同步/混合/重叠控制中的轴执行重叠控制时发生此报警 试图对"母子孙"关系进一步使其"曾孙"重叠时发生此报警
0363	对重叠控制的从属轴指令了 G28	对于重叠控制中的重叠控制从属轴指定 G28 时发生报警
0364	对重叠控制的从属轴指令了 G53	重叠控制中,主动轴处在移动中而对从属轴指定了 G53 时发生报警
0365	各轨迹的伺服轴/主轴数太多	在一个路径内使用的控制轴数或控制主轴数的设定不正确。请确认下面的参数。(No. 981,982) 发生了此报警的情况下,无法解除紧急停止
0369	G31 格式错误	在转矩限制跳转指令(G31P98/P99)中,尚未指定轴指令,或者指定 2 轴或更多轴的轴指令 无法指令 G31 P90
0372	未完成回参考点	在倾斜轴控制中的手动返回参考点或者通电后尚未执行一次返回参考点的状态下,试图执行参考点自动返回操作,或在倾斜轴的返回参考点尚未结束的状态下,执行正交轴的返回参考点操作。在完成倾斜轴的返回参考点操作的状态,执行正交轴的返回参考点操作
0373	高速跳跃信号选择不正确	在各跳跃指令(G31、G31 P1~G31 P4)以及暂停指令(G04、G04 Q1~G04 Q4)中,在不同的路径中选择了相同高速跳跃信号
0375	无法进行倾斜轴控制(同步:混合:重叠)	轴构成为不能进行倾斜轴控制 倾斜轴控制的相关轴全都没有处在同步控制方式;或者需要进行设定,使倾斜轴与倾斜轴进行同步控制,正交轴与正交轴进行同步控制 倾斜轴控制的相关轴全都没有处在混合控制方式;或者需要进行设定,使倾斜轴与倾斜轴进行混合控制,正交轴与直交轴进行混合控制 已将倾斜轴控制的相关轴设定为重叠控制方式
0376	原点光栅:参数不正确	外置脉冲编码器的参数 OPTx(No. 1815#1)有效时,参数(No. 2002#3)无效 绝对位置检测器的参数 APCx(No. 1815#5)有效
0412	使用非法 G 代码	使用了不可使用的 G 代码
0445	轴进给命令不正确	旋转控制方式中指令了定位。请确认 SV 旋转控制方式中信号(Fn521)
0447	设定数据有误	基于伺服电动机的主轴控制轴的设定不正确 请确认基于伺服电动机的主轴控制功能的参数
0455	磨削用固定循环中命令错误	I,J,K 指令的符号不一致 尚未指定磨削轴的移动量
0456	磨削用固定循环中参数设定错误	与磨削用固定循环相关的参数设定错误。可能是由于下列原因所致: 1) 磨削轴的轴号设定(参数 No. 5176~5179)错误 2) 修整轴的轴号设定(参数 No. 5180~5183)错误 3) 切削轴、磨削轴、修整轴(仅限 M 系列)的轴号重叠
0601	对伺服电动机主轴发出了进给命令	在基于伺服电动机的主轴控制轴中指定了移动指令。请修改程序
1001	轴控制方式非法	轴控制方式非法

（续）

报警号	信息	内容
1013	程序号位置错误	地址 O 或者 N 被指定在本来不该存在的场所（宏语句后等）
1014	程序号格式错误	地址 O 或者 N 后没有编号
1016	没有 EOB	没有 MDI 方式下输入的程序最后的 EOB（程序段末尾）
1077	程序在使用	试图在前台执行后台编辑中的程序。不能执行正在编辑中的程序，因此，请在结束编辑后重新运行
1079	未找到程序文件	指定文件号的程序尚未被登录在外设中（外设子程序调用）
1080	外设子程序调用重复	从外设程序调用中被调用的子程序以后的子程序又进行了外设子程序调用
1081	外设子程序调用方式错误	这是不能够进行外设子程序调用的方式
1091	子程序调用字重复	子程序调用指令在相同程序段中出现 2 次或更多次
1092	宏程序调用语句重复	宏程序调用指令在相同程序段中出现 2 次或更多次
1093	NC 字/M99 重复	在宏模态调用状态下，在与 M99 相同的程序段中，指定了 O、N、P、L 以外的地址
1095	2 型变量太多	在用户宏程序的自变量指定 II（A，B，C，I，J，K，I，J，K，…）中，虽然 I、J、K 只有 10 组却指定了 11 组或更多组
1096	非法变量名称	指令了不可使用的变量名称。指令了不可作为变量名称指令的代码。[#_ OF-Sxx] 的指令与当前使用中的刀具补偿存储器的类型（A/C）不一致
1097	变量名太长	指定的变量名称太长
1098	没有变量名称	指定的变量名称由于尚未登录而不可使用
1099	[ ] 中的后缀非法	尚未对需要基于 [ ] 的后缀的变量名称指令后缀。对不需要基于 [ ] 的后缀的变量名称指令了后缀。基于所指令 [ ] 的后缀的值超出范围
1100	取消错误（无模态调用）	虽然不是宏模态调用方式（G66）而指令了调用方式取消（G67）
1101	非法 CNC 语句分割	在包含移动指令的不可进行用户宏程序中断的状态下，执行了中断
1115	读取被保护变量	在表达式右边使用了只能在用户宏程序语句的表达式左边使用的变量
1120	非法变量格式	在具有二个自变量的函数（ATAN、POW）中，自变量指定有误
1124	没有 DO 语句	找不到对应于用户宏程序的 END 指令的 DO 指令
1125	宏程序表达式格式非法	用户宏程序语句表达式的描述有误。参数程序的格式有误。输入定期维护数据或者项目选择菜单（机床）数据时所显示的界面与数据的种类不匹配
1128	顺序号超限	用户宏程序语句的 GOTO 指令等的跳转目的地顺序号为超出 1～99999 范围的值
1131	没有开括号 [	用户宏程序语句中"["的个数比"]"的个数少
1132	没有闭括号]	用户宏程序语句中"]"的个数比"["的个数少
1133	没有 "="	用户宏程序语句的运算指令中，"="的代入指令空缺
1134	没有 ","	用户宏程序语句中没有","的指令

(续)

报警号	信息	内容
1137	如果文件格式错误	用户宏程序的 IF 语句格式错误
1138	WHILE 语句格式错误	用户宏程序的 WHILE 语句格式错误
1139	SETVN 语句格式错误	用户宏程序的 SETVN 语句格式有误
1141	变量名中非法字符	用户宏程序的 SETVN 语句中使用了不可在变量名中使用的字符
1142	变量名太长（SETVN）	试图在用户宏程序的 SETVN 语句中登录的变量名的字符数超过 8 个
1143	BPRNT/DPRNT 语句格式错误	BPRNT 语句或者 DPRNT 语句格式有误
1144	G10 格式错误	G10 的 L 号所属的数据输入或者相应的功能没有处在有效状态。没有数据设定地址 P、R 等指令。存在着与数据设定无关的地址指令。根据 L 号，指令的地址各不相同。指令地址值的符号、小数点、范围有误
1160	指令数据溢出	CNC 内部的位置数据溢出。此外，坐标变换、偏置或手动干预量的读入等计算结果，如果目标位置超过最大行程的指令，也会发生报警
1180	所有平行轴处于驻留状态	通过自动运行指定的轴，所有轴都处在驻留状态
1196	钻孔轴的选择非法	钻孔用固定循环的钻孔轴的指令不正确 固定循环的 G 代码指令程序段中没有钻孔轴的 Z 点指令
1200	脉冲编码器非法回零	栅格方式回零中，一转信号没有来到距离减速用挡块之前的位置，因此不能求出栅格位置。或者在松开减速用的极限开关（减速信号 * DEC 返回为 "1"）之前，一次也没有达到参数（No. 1836）中所设定的超过伺服错误量的进给速度时，会发出此报警
1202	G93 中未指令 F	在反比时间指定方式（G93）下，不将 F 代码作为模态码来处理，因此，必须在每个程序段中指定
1223	主轴细则错误（主轴选择错误）	在控制对象的主轴尚未正确设定的状态下，执行了使用主轴的指令
1298	米制/英制转换指令非法	在米制/英制变换时发生了错误
1300	非法地址	在从外部登录参数或者螺距误差补偿数据，或者通过 G10 进行参数输入时，虽然参数不是轴型却指定了轴号地址。螺距误差补偿数据不指定轴号
1301	地址丢失	在从外部登录参数或者螺距误差补偿数据，或者通过 G10 进行参数输入时，虽然参数是轴型却没有指定轴号；或者没有数据号地址 N、设定数据地址 P 或者 R 指令
1302	非法数据号	在从外部登录参数或者螺距误差补偿数据，或者通过 G10 进行参数输入时，被设定为一个不存在数据号指令的编号。其他字的数值非法时，也会发出此报警

（续）

报警号	信息	内容
1303	非法轴号	在从外部登录参数，或者通过 G10 进行参数输入时，轴号地址的指令超出最大控制轴数的范围
1304	数位太多	在从外部登录参数或者螺距误差补偿数据时，数据的位数超出允许值
1305	数据超限	在从外部登录参数或者螺距误差补偿数据时，数据超出范围。在通过 G10 输入数据时，与 L 号对应的每个数据设定地址的值超出范围。NC 指令的字中有的也具有指令范围，如果超过此范围，就会发出此报警
1307	负号使用非法	在从外部登录参数或者螺距误差补偿数据，或者通过 G10 进行参数输入时，数据符号的使用方法非法。为不可使用符号的地址指定了一个符号
1308	数据丢失	在从外部登录参数或者螺距误差补偿数据时，没有在地址之后指令数值
1329	非法机械组号	在从外部登录参数，或者通过 G10 进行参数输入时，路径号地址的指令超出最大控制路径数的范围
1330	非法主轴号	在从外部登录参数，或者通过 G10 进行参数输入时，主轴号地址的指令超出最大控制主轴数的范围
1331	轨迹号不对	在从外部登录参数，或者通过 G10 进行参数输入时，路径号地址的指令超出最大控制路径数的范围
1332	数据写入锁住错误	在从外部登录参数、螺距误差补偿数据、工件坐标系数据时，不能加载数据
1333	数据写入错误	在从外部登录各类数据时，不能写入数据
1508	M 代码重复（分度台反向）	具有设定了与此 M 代码相同代码的功能（分度台分度）
1509	M 代码重复（主轴位置定向）	具有设定了与此 M 代码相同代码的功能（主轴定位、定向）
1510	M 代码重复（主轴定位）	具有设定了与此 M 代码相同代码的功能（主轴定位、定位）
1511	M 代码重复（主轴定位方式解除）	具有设定了与此 M 代码相同代码的功能（主轴定位、方式解除）
1533	地址 F 未溢出（G95）	在每转进给方式下，由 F 指令/S 指令计算出来的钻孔轴的进给速度过慢
1534	地址 F 溢出（G95）	在每转进给方式下，由 F 指令/S 指令计算出来的钻孔轴的进给速度过快
1537	地址 F 未溢出（倍率）	给 F 指令应用倍率的速度过慢
1541	地址 F 溢出（倍率）	给 F 指令应用倍率的速度过快
1543	齿轮比设定错误	在主轴定位功能中，主轴和位置编码器之间的齿轮比，或者位置编码器的脉冲数的设定非法
1544	S 指令过大	S 指令超过最高主轴转速
1548	控制轴方式不对	在切换控制轴方式的中途指定了主轴定位（T 系列）轴/C_s 轮廓控制轴的指令
1561	非法分度角	所指定的旋转角度不是最小分度角度的整数倍

(续)

报警号	信息	内容
1564	分度台分度轴与其他轴同时指令	分度台分度轴与其他轴指定在相同程序段中
1567	分度台轴轴指令重复	对移动中或者分度台分度的顺序尚未结束的轴指定了分度台分度的指令
1590	TH 错误	在从输入设备读入数据时检测出了 TH 错误。引起 TH 错误的读入代码和从程序段起的第几个字符，可以通过诊断界面进行确认
1592	记录结束	在程序段的中途指定了 EOR（记录结尾）代码。在读出 NC 程序最后的百分比时也会发出此报警。在程序再启动功能中找不到指定的程序段时会发出此报警
1594	EGB 格式错误	EGB 指令的程序段格式错误： 1) 没有在 G81 的程序段中指定 T（齿目数） 2) 在 G81 的程序段中用 T、L、P、Q 任一方指定了超出指令范围的数据 3) 在 G81 的程序段中指定了 P 或 Q
1595	EGB 方式指令非法	在基于 EGB 的同步中指定了不得指定的指令： 1) 基于 G27、G28、G29、G30、G33、G53 等的从属轴指令 2) 基于 G20、G21 等的英制/米制变换指令
1805	输入/输出 I/F 指令非法	［输入/输出设备］试图在输入/输出设备的输入/输出处理中指定非法的指令。［G30 返回参考点］指定了第 2～第 4 返回参考点的 P 地址号分别超出 2～4 的范围。［每转暂停］每转暂停指令时，主轴旋转指令为 0
1806	设备型式不符	在设定中指定了所选输入/输出设备无法执行的指令。不是 FANUC 磁盘而指定了倒带到文件开头，就会发出此报警
1807	输入/输出参数设定错误	指定了非有效的输入/输出接口。针对与外部输入/输出设备之间的波特率、停止位、通信协议选择，参数设定有误
1808	有二个设备打开	对于输入/输出中的设备，执行了打开操作
1820	信号状态不正确	基于各轴工件坐标系预置信号的包含进行预置路径的轴没有全轴停止，或者在指令中的状态下，接通了各轴工件坐标系预置信号 在指令了通过各轴工件坐标系预置信号进行预置的 M 代码时，尚未输入各轴工件坐标系预置信号 辅助功能锁定处在有效状态
1968	非法文件名（存储卡）	存储卡的文件名非法
1969	格式化不对（存储卡）	请进行文件名的检查
1970	卡型不对（存储卡）	这是不能使用的存储卡
1971	擦除错误（存储卡）	擦除存储卡时发生错误
1972	电池电压低（存储卡）	存储卡的电池不足

（续）

报警号	信息	内　　容
1973	文件已经存在	存储卡上已经存在同名文件
2032	嵌入式以太网/数据服务器错误	在嵌入式以太网/数据服务器功能中，返还了错误。详情请确认嵌入式以太网或数据服务器的错误消息界面
2051	#200～#499P 代码公共宏变量输入错误	试图输入系统中不存在的用户宏程序公共变量
2052	#500～#549P 代码公共宏变量选择错误（不能用 SETVN）	不能输入变量名称。不可对 P–CODE 宏公共变量#500～#549 指定 SETVN
2053	P–CODE 变量号码在范围外	试图输入系统中不存在的 P–CODE 专用变量
2054	扩展 P–CODE 变量号码在范围外	试图输入系统中不存在的扩展 P–CODE 专用变量
4010	输出缓冲器实数值非法	输出缓冲器的实数值指定有误
5006	一段中的字数太多	一个程序段中指定的字数超过允许范围。最大为 26 个字，但随 NC 系统而不同。请将指令字分割为二个程序段
5007	距离太长	移动量由于用以补偿、交点计算、插补的计算等原因而超出最大指令值。确认程序指令的坐标、补偿量等
5009	进给速度为 0（空运行速度）	空运行速度的参数（No. 1410）或者各轴的最大切削进给速度参数（No. 1430）被设定为 0
5010	记录结束	在程序段的中途指定了 EOR（记录结尾）代码。在读出 NC 程序的最后的百分比时也会发出此报警
5011	进给速度为 0（最大切削速度）	最大切削进给速度（参数 No. 1430）的设定值被设定为 0
5014	未找到跟踪数据	由于没有跟踪数据而不能进行数据传送
5016	M 代码组合非法	在同一程序段中组合指定了属于同一组的 M 代码，或者在含有单独指令 M 代码下被指定
5020	程序再启动参数错误	在空运行下指定移动到重新开始加工位置的轴顺序的参数（No. 7310）设定值错误。设定范围为 1～控制轴数
5046	非法参数（平直度补偿）	与平直度补偿相关的参数设定错误。可能是由于下列原因所致： 1）设定了在移动轴或者补偿轴的参数并不存在的轴号 2）平直度补偿的补偿点号大小关系不正确 3）平直度补偿的补偿点没有处在螺距误差补偿点的最负端和最正端的范围内 4）为每个补偿点指定的补偿量过大或太小

(续)

报警号	信息	内　　容
5064	平面上指令轴的设定单位不同	在一个由设定单位不同的轴构成的平面上指定了圆弧插补
5065	指令轴设定单位不同	在基于 PMC 的轴控制中，为相同的 DI/DO 组设定了采用不同设定单位的轴。请修改参数（No. 8010）
5073	没有小数点	在必须指定带有小数点的指令中没有输入小数点
5074	地址重复	在相同程序段中，相同的地址出现两个或更多个，或者指定了两个或更多个属于相同组的 G 代码
5110	不合适的 G 代码	在先行控制/AI 先行控制/AI 轮廓控制方式中指令了无法指令的 G 代码
5131	NC 指令不兼容	同时指定了 PMC 轴控制和极坐标插补。请修改程序或梯形程序
5220	参考点调整方式	自动设定参考点位置的参数 DATx（No. 1819#2）被设定为 1。在手动运行下将机床定位于参考点，而后再执行手动返回参考点操作
5257	MDI 方式不允许 G41/G42	通过 MDI 方式指定了刀具半径补偿或刀尖圆弧半径补偿（基于参数 MCR（No. 5008#4）的设定）
5303	触摸板错误	触摸板的连接不正确，或者通电时不能进行触摸板的初始化。排除上述原因，重新通电
5305	主轴选择 P 指令错	在基于多主轴控制中的地址 P 的主轴选择功能中： 1）尚未指定地址 P 2）选择主轴的 P 代码尚未设定的参数（No. 3781）中 3）指令了不能与 "S＿＿ P＿＿;" 指令同时指令 G 代码 4）由于参数 EMS（No. 3702#1）为 1，多主轴控制没有处在有效状态 5）尚未在参数（No. 3717）中设定各主轴的主轴放大器号 6）从禁止指令的路径执行了主轴指令（参数 No. 11090） 7）参数（No. 11090）的设定值非法
5306	方式转换错误	没有正确执行启动时的方式切换。不在复位状态时，在复位中以及紧急停止中执行了一个接触式宏
5329	M98 和 NC 指令在同一段	在固定循环方式中指定了非单独程序段的子程序调用。请修改程序
5339	程序进行的同步/混合/重叠控制中命令格式错误	由 G51.4/G50.4/G51.5/G50.5/G51.6/G50.6 指令的 P，Q，L 的值非法 参数（No. 12600）的值重复
5362	请在原点处进行英寸/米制的切换	在参考点以外的位置进行了英制/米制切换。请在移动到参考点位置后进行英制/米制切换

（续）

报警号	信息	内 容
5391	G92 不能指令	处在无法指令工件坐标系设定 G92 的状态： 1）刀具长度补偿位移类型中刀具长度补偿发生变化后，在没有绝对指令的状态下指令了 G92 2）在与 G49 相同的程序段中指令了 G92
5395	Cs 轴数过多	Cs 轮廓控制的设定轴数超出了基于系统的最大值。请确认下列参数设定：（No. 1023）发生了此报警的情况下，无法解除紧急停止
5445	G39 中不能指令移动命令	刀具半径补偿或刀尖圆弧半径补偿的拐角圆弧插补（G39）不是单独指令，而是与移动指令一起指定的指令。请修改程序
5446	G41/G42 中无避免干涉让刀	由于在刀具半径补偿或刀尖圆弧半径补偿的干涉检查避开功能下不存在干涉让刀矢量，不能避开干涉
5447	G41/G42 干涉让刀危险	在刀具半径补偿或刀尖圆弧半径补偿的干涉检查避开功能下，被判为若进行让刀动作就存在危险
5448	G41/G42 让刀发生干涉	在刀具半径补偿或刀尖圆弧半径补偿的干涉检查避开功能下，对于已经创建的干涉检查矢量继续进行干涉

2. 参数写入状态下的报警（SW 报警）

报警号	信息	内 容
SW0100	参数写入开关处于打开	参数设定处在允许状态。（设定参数 PWE（No. 8900#0）＝1）希望设定参数时，将此参数置于 ON。除此之外的情形下将其置于 OFF

3. 伺服报警（SV 报警）

报警号	信息	内 容
SV0401	伺服 V——就绪信号关闭	位置控制的就绪信号（PRDY）处在接通状态而速度控制的就绪信号（VRDY）被断开
SV0403	硬件/软件不匹配	轴控制卡和伺服软件的组合不正确，可能是由于如下原因所致： 1）没有提供正确的轴控制卡 2）闪存中没有安装正确的伺服软件
SV0404	伺服 V——就绪信号通	位置控制的就绪信号（PRDY）处在断开状态而速度控制的就绪信号（VRDY）被接通
SV0407	误差过大	同步轴的位置偏差量超出了设定值（仅限同步控制中）
SV0409	检测的转矩异常	在伺服电动机或者 Cs 轴、主轴定位（T 系列）轴中检测出异常负载。不能通过 RESET 来解除报警
SV0410	停止时误差太大	停止时的位置偏差量超过了参数（No. 1829）中设定的值
SV0411	运动时误差太大	移动中的位置偏差量比参数（No. 1828）设定值大得多
SV0413	轴 LSI 溢出	位置偏差量的计数器溢出
SV0415	移动量过大	指定了超过移动速度限制的速度

(续)

SV0417	伺服非法 DGTL 参数	数字伺服参数的设定值不正确 [诊断信息 No. 203#4 = 1 的情形] 通过伺服软件检测出参数非法。利用诊断信息 No. 352 来确定要因 [诊断信息 No. 203#4 = 0 的情形] 通过 CNC 软件检测出了参数非法。可能是因为下列原因所致：（见诊断信息 No. 280） 1）参数（No. 2020）的电动机型号中设定了指定范围外的数值 2）参数（No. 2022）的电动机旋转方向中尚未设定正确的数值（111 或 −111） 3）参数（No. 2023）的电动机每转的速度反馈脉冲数设定了 0 以下的错误数值 4）参数（No. 2024）的电动机每转的位置反馈脉冲数设定了 0 以下的错误数值
SV0420	同步转矩差太大	在进给轴同步控制的同步运行中，主动轴和从属轴的转矩差超出了参数（No. 2031）的设定值。此报警只发生在主动轴
SV0421	超差（半闭环）	半（SEMI）端和全（FULL）端的反馈差超出了参数（No. 2118）的设定值
SV0422	转矩控制超速	超出了转矩控制中指定的允许速度
SV0423	转矩控制误差太大	在转矩控制中，超出了作为参数设定的允许移动积累值
SV0430	伺服电动机过热	伺服电动机过热
SV0431	变频器回路过载	共同电源：过热。伺服放大器：过热
SV0432	变频器控制电压低	共同电源：控制电源的电压下降 伺服放大器：控制电源的电压下降
SV0433	变频器 DCLINK 电压低	共同电源：DCLINK 电压下降 伺服放大器：DCLINK 电压下降
SV0434	逆变器控制电压低	伺服放大器：控制电源的电压下降
SV0435	逆变器 DCLINK 低电压	伺服放大器：DCLINK 电压下降
SV0442	变频器中 DCLINK 充电异常	共同电源：DCLINK 的备用放电电路异常
SV0443	变频器冷却风扇故障	共同电源：内部搅动用风扇的故障 伺服放大器：内部搅动用风扇的故障
SV0444	逆变器冷却风扇故障	伺服放大器：内部搅动用风扇的故障
SV0445	软断线报警	数字伺服软件检测到脉冲编码器断线
SV0446	硬断线报警	通过硬件检测到内装脉冲编码器断线
SV0447	硬断线（外置）	通过硬件检测到外置检测器断线
SV0448	反馈不一致报警	从内装脉冲编码器反馈的数据符号与外置检测器反馈的数据符号相反
SV0453	串行编码器软断线报警	α 脉冲编码器的软件断线报警。请在切断 CNC 的电源之状态下，暂时拔出脉冲编码器的电缆。若再次发生报警，则请更换脉冲编码器

（续）

SV0454	非法的转子位置检测	磁极检测功能异常结束 电动机不动，未能进行磁极位置检测
SV0456	非法的电流回路	所设定的电流控制周期不可设定，所使用的放大器脉冲模块不适合于高速HRV，或者系统没有满足进行高速HRV控制的制约条件
SV0458	电流回路错误	电流控制周期的设定和实际的电流控制周期不同
SV0459	高速HRV设定错误	伺服轴号（参数 No.1023）相邻的奇数和偶数的两个轴中，一个轴能够进行高速HRV控制，另一个轴不能进行高速HRV控制
SV0460	FSSB断线	FSSB通信突然脱开。可能是因为下面的原因： 1) FSSB通信电缆脱开或断线 2) 放大器的电源突然切断 3) 放大器发出低压报警
SV0462	CNC数据传送错误	因为FSSB通信错误，从动端接收不到正确数据
SV0463	送从属器数据失败	因为FSSB通信错误，伺服软件接收不到正确数据
SV0465	读ID数据失败	接通电源时，未能读出放大器的初始ID信息
SV0466	电动机/放大器组合不对	放大器的最大电流值和电动机的最大电流值不同。可能是因为下面的原因： 1) 轴和放大器连结的指定不正确 2) 参数（No.2165）的设定值不正确
SV0468	高速HRV设定错误（AMP）	针对不能使用高速HRV的放大器控制轴，进行使用高速HRV的设定
SV1026	轴的分配非法	伺服的轴配列的参数没有正确设定。参数（No.1023）"每个轴的伺服轴号"中设定了负值、重复值，或者比控制轴数更大的值
SV1067	FSSB：配置错误（软件）	发生FSSB配置错误（软件检测）。所连接的放大器类型与FSSB设定值存在差异
SV5134	FSSB：开机超时	初始化时并没有使FSSB处于开的待用状态。可能是轴卡不良
SV5136	FSSB：放大器数不足	与控制轴的数目比较时，FSSB识别的放大器数目不足。轴数的设定或者放大器的连接有误
SV5137	FSSB：配置错误	发生了FSSB配置错误。所连接的放大器类型与FSSB设定值存在差异

4. 与超程相关的报警

OT0500	正向超程（软限位1）	超出了正端的存储行程检测1
OT0501	负向超程（软限位1）	超出了负端的存储行程检测1
OT0502	正向超程（软限位2）	超出了正端的存储行程检测2，或者在卡盘尾架屏障中，正向移动中进入了禁止区
OT0503	负向超程（软限位2）	超出了负端的存储行程检测2，或者在卡盘尾架屏障中，负向移动中进入了禁止区
OT0504	正向超程（软限位3）	超出了正端的存储行程检测3
OT0505	负向超程（软限位3）	超出了负端的存储行程检测3
OT0506	正向超程（硬限位）	启用了正端的行程极限开关。机床到达行程终点时发出报警。发出此报警时，若是自动运行，所有轴的进给都会停止。若是手动运行，仅发出报警的轴停止进给
OT0507	负向超程（硬限位）	启用了负端的行程极限开关。机床到达行程终点时发出报警。发出此报警时，若是自动运行，所有轴的进给都会停止。若是手动运行，仅发出报警的轴停止进给

参 考 文 献

[1] 裴炳文. 数控系统 [M]. 北京：机械工业出版社，2002.
[2] 郑晓峰. 数控原理与系统 [M]. 2版. 北京：机械工业出版社，2022.
[3] 刘启中，蔡德福. 现代数控技术及应用 [M]. 北京：机械工业出版社，2005.
[4] 王侃夫. 数控机床控制技术与系统 [M]. 3版. 北京：机械工业出版社，2017.
[5] 余仲裕. 数控机床维护 [M]. 北京：机械工业出版社，2005.
[6] 孙汉卿. 数控机床维修技术 [M]. 北京：机械工业出版社，2001.
[7] 王润孝，秦现生. 机床数控原理与系统 [M]. 西安：西北工业大学出版社，2001.
[8] 廖效果. 数控技术 [M]. 武汉：湖北科学技术出版社，2000.
[9] 李善术. 数控机床及其应用 [M]. 2版. 北京：机械工业出版社，2012.
[10] 杜国臣. 数控机床编程 [M]. 3版. 北京：机械工业出版社，2015.
[11] 王爱玲. 现代数控机床 [M]. 北京：国防工业出版社，2003.
[12] 全国数控培训网络天津分中心. 数控机床 [M]. 北京：机械工业出版社，1997.
[13] 王贵明. 数控实用技术 [M]. 北京：机械工业出版社，2001.
[14] 张学仁. 数控电火花线切割加工技术 [M]. 哈尔滨：哈尔滨工业大学出版社，2004.